人工智能能不能

曾安军 著

电子工业出版社
Publishing House of Electronics Industry
北京·BEIJING

内 容 简 介

人工智能这门学科一直伴随争议，有人认为人工智能无所不能，也有人认为它并不神奇。本书试图以冷静的心态、客观的视角、求实的态度、基于逻辑的思考，通过对人工智能的全面审视和深入剖析，系统阐述人工智能究竟是"能"还是"不能"。

本书介绍了人工智能的现状和基本概念，并介绍了一系列关于人工智能的创新性见解，如人脑智能、人脑基本能力模型、机器智能、智能机器等，并重点论述了人工智能未来的潜力和局限性。

本书适用于想了解人工智能的读者，以及从事人工智能研究但需要创新思维的科研工作者。

图书在版编目（CIP）数据

人工智能能不能 / 曾安军著 . —北京：电子工业出版社，2024.4

ISBN 978-7-121-47371-5

Ⅰ.①人… Ⅱ.①曾… Ⅲ.①人工智能－普及读物 Ⅳ.① TP18-49

中国国家版本馆 CIP 数据核字（2024）第 046308 号

责任编辑：张 楠

文字编辑：白雪纯

印　　刷：北京虎彩文化传播有限公司

装　　订：北京虎彩文化传播有限公司

出版发行：电子工业出版社

　　　　　北京市海淀区万寿路 173 信箱　　邮编：100036

开　　本：720×1000　1/16　印张：17　字数：377.6 千字

版　　次：2024 年 4 月第 1 版

印　　次：2024 年 11 月第 2 次印刷

定　　价：85.00 元

凡所购买电子工业出版社图书有缺损问题，请向购买书店调换。若书店售缺，请与本社发行部联系，联系及邮购电话：（010）88254888，88258888。

质量投诉请发邮件至 zlts@phei.com.cn，盗版侵权举报请发邮件至 dbqq@phei.com.cn。

本书咨询联系方式：（010）88254590。

20世纪90年代初，我读博士的时候，神经网络风靡一时。作为初涉科研的菜鸟，我自然也想追赶热潮，因此看了很多神经网络相关的文献和著作，也阅读了许多人工智能方面的资料。说实在话，虽是数学专业出身，但我当时看不懂大部分神经网络方面的论文。很多有关神经网络的概念和论述缺乏基本的严谨性，推导的前提不清楚、符号术语没有明确的说明、推导过程不规范、推导的结论缺乏明确的应用。当时我对神经网络的总体印象是不太可信、也没有实用性，为此，并没有进行长期研究。后来，大概有约二十年的时间，神经网络和人工智能似乎销声匿迹了，连以前在图书馆常常能看到的有关神经网络的学术期刊好像也不见了踪影。

这几年，人工智能和机器学习相关的信息突然变得异常热门，媒体上充斥了大量的文章，期刊也经常刊登与人工智能有关的论文，各领域都在研究人工智能，各行各业的许多学者纷纷成为人工智能方面的专家，这使我不禁感到自己可能已经落后于时代。在这种情况下，我只能迅速购买一堆人工智能和机器学习的书籍，认真地阅读和研究。

近两年来，我读了很多有关人工智能和机器学习的资料，这本书可以说是阅读资料后的一点感悟，一方面，它是我对所阅读资料的总结；另一方面，它也包含了我对人工智能和机器学习的一些思考和初步看法。

今天的人工智能和机器学习与二十多年前相比有了长足的进步，也取得了实质性的成果，未来也有很大的发展潜力。但令人遗憾的是，作为一门技术学科，除了神经网络取得了重大突破，其他基础理论并没有实质性的提高，取得的技术成果不能满足公众过高的期望。更令人担心的是，一门技术尚未具备坚实的理论基础却被过度热捧，可能会导致业内的科研人员无法集中精力研究关键的基础技术。

本书试图以冷静的心态、客观的视角、求实的态度和基于逻辑的思考，对人工智能进行全面审视和深入剖析，提出了一系列个人的认识、观点和思路，并以此为基础，对人工智能未来的发展潜力和人工智能难以实现的能力进行详细的分析和评估。这样做的目的一方面是希望进一步夯实人工智能的发展基础，另一方面是希望为人工智能的发展提出一些新的思路。需要特别说明的是，书中所论述的人工智能的各种"不能"，其目的并不是要浇灭人工智能这把熊熊燃烧的烈火，而是为当今的人工智能热潮泼一点冷水，以确保其稳定的发展。

本书的创新性观点主要包括如下内容。

（1）深入剖析了人工智能的实质内涵，指出人工智能本质上是一种为机器赋予智能的技术，而不是一种专门的科学理论，这对统一学术界对人工智能的认识、加速人工智能的发展具有重要意义。

（2）建立人脑的输入信息模型，提出了信息汁的概念，并根据各类信息的特点，将信息汁分成七种类型，这对机器智能技术研究模拟、表达和处理人脑中的信息具有积极作用。

（3）建立人脑能力清单 BI8.18 模型，将人脑的能力分为 8 大类，共 18 种要素级能力，并提出机器智能技术的主要使命应聚焦于研究如何用机器模拟人脑的要素级能力，这对于厘清人工智能技术的边界和内涵、引导人工智能领域中各种技术方法的研究具有建设性作用。

（4）基于机器智能能力清单 MI8.16 模型和机器智能所依托的算法＋信息＋计算的技术架构，提出机器智能技术的新概念，认为机器智能技术的重点是解决为机器赋能的通用技术。并以此为基础，深入分析面向机器智能的信息模型和赋能机器的技术途径，梳理出机器智能的技术体系图。这一成果可使研究人员将自己的研究资源和精力聚焦于某个机器智能的技术分支上，有利于推动智能化技术的有序发展。

（5）提出智能机器技术的概念，认为智能机器技术是利用机器智能技术设计和制造智能机器的技术。在此基础上，将人工智能划分为机器智能技术和智能机器技术，前者侧重于为机器赋能的通用技术，后者侧重于具体的智能机器的实现技术。这两种概念的提出可使人们更易于理解人工智能。

（6）提出自动驾驶汽车的成长路线图，这对推动自动驾驶汽车行业的发展、推广自动驾驶汽车的应用具有一定意义。

（7）提出通用智能等级分级标准和智能等级分类分级表示方法，使人们对智能机器的智能化程度有了统一的评价标准，这对人们认识智能、接受和应用智能机器具有推动作用。

（8）对人工智能的内涵进一步拓展，可引导人们开拓新的技术领域，并将各种人工智能的概念归化为统一视图，有助于人们对人工智能开展深度思考。

（9）通过分析机器智能的技术架构的局限性，基于严密的逻辑分析，明确提出人工智能不可能具备的能力。

（10）在深入分析 ChatGPT 工作原理的基础上，提出 ChatGPT 可能面临的问题。

（11）通过深入分析人工智能所具备的潜在能力，对人类未来的发展进行科学预测，揭示世界将逐步进入过剩经济时代。

本书是第一本论述人工智能是否无所不能的著作，这在人工智能火爆的当下，似乎显得有点与众不同，但这又何尝不是本书的一大特色呢？本书的主要特色可大致总结为：以幽默诙谐的风格介绍严谨的技术，以通俗易懂的语言阐述深刻的奥秘，以大胆创新的思维提出原创的观点，以严谨理性的方法预测人工智能的潜力，以异于常人的视角展望人工智能的未来。

本书分为七章。第一章分别从学术界、媒体、企业、政府等多视角介绍人工智能当前火热的现状。第二章介绍了不同人群对人工智能提出的疑问，包括疑问论、怀疑论和恐惧论。第三章主要阐述了人工智能的基本概念，包括来自不同领域的各种观点和看法。第四章是本书的重点，也是本书后续各章节思想和结论的理论基础。在本章中，提出了一系列关于人工智能的创新性见解，包括人脑智能、人脑基本能力模型、机器智能、智能机器、智能等级模型等多种概念和观点，并提出广义人工智能和狭义人工智能的概念，将各种不同的人工智能概念统一在一个框架之下。第五章介绍了未来人工智能可能具备的潜力和可能带来的负面效果。第六章介绍了基于现有技术架构的人工智能具有的局限性。第七章基于本书提出新概念和新观点，对未来的智能机器和人类的未来进行了展望。

人工智能是一门极其复杂的技术，如何看待人工智能及其未来的发展，目前很难形成一致的观点，因此，当前正是百花齐放、百家争鸣的好时候，特别需要学术界提出不同的观点，供大家共同研判和思考。本书的主要目的就是抛砖引玉，给大家树一个可供肆意敲打的靶子，对错与否可以争论，批评质疑也可接受，只期待在大家热热闹闹地争吵过后，能促进人工智能技术再次迈上一个新的台阶。

CONTENTS

AI

之火

近年来，人工智能（Artificial Intelligence，AI）发展十分迅速，但真正让 AI 火起来的是 2016 年 3 月 15 日，谷歌公司开发的 AI 机器人阿尔法狗（AlphaGo）以碾压的姿态战胜了当时的世界围棋冠军李世石。围棋被认为是最复杂的棋类游戏之一，李世石是多次获得世界冠军的顶级围棋选手。之前人们普遍认为 AI 机器人战胜人类至少是 10 年后的事情，但这次比赛的结果使职业围棋界对 AI 刮目相看。AI 仿佛一夜之间变成最热的风口，与 AI 相关的企业、产品、概念都喷涌而出。热潮之下，各路资本和行业巨头纷纷入局，各国政府也闻风而动，科技界更是摇旗呐喊。

 ## 1.1　热点纷呈

1. 阿尔法狗

继阿尔法狗战胜李世石之后，2017 年 5 月，在乌镇举行的一场围棋比赛更是引起了广泛关注，人们似乎很希望通过这次比赛赢回人类的尊严。这次比赛的两位选手分别是我国天才围棋少年柯洁和阿尔法狗，比赛的结果是阿尔法狗以 3 : 0 完胜柯洁。后来柯洁在采访中表示，"自己在被阿尔法狗以 2 : 0 领先后，彻夜未眠，一直在想如何才能赢了它，猜测它会不会有什么漏洞。结果在第三局中，还是输了，阿尔法狗真的太完美了，它下出了让我感到寒冷、感到绝望的一步棋。"在连胜两大棋王以后，阿尔法狗再无人可敌。作为当时世界排名第一的围棋选手，柯洁表示再也不和机器人下棋了，一时令许多棋迷唏嘘不已。但后面的发展让人们彻底信服了，因为新一代阿尔法狗彻底抛弃了人类棋谱，已经可以反复进行自我对弈来提升自己的水平。这款被命名为 AlphaGo Zero 的新一代阿尔法狗在训练 3 天后，便以 100 : 0 的成绩完胜当初击败韩国顶尖围棋棋手李世石的阿尔法狗。AlphaGo Zero 在训练 40 天后，进行了约 2900 万次的自我对弈，再次以 89 : 11 的结果轻松击败了在不久之前战胜柯洁的阿尔法狗。这一结果让无数人不禁感叹，围棋已经是 AI 完全掌控的领域了。

2. 波士顿动力机械狗

波士顿动力机械狗（Boston Dynamics BigDog）是一种动力平衡四足机器人，由波士顿动力公司、哈佛大学康德菲尔德研究站等机构于 2005 年开始研发。波士顿动力机械狗长 1 米，高 0.7 米，重 75 千克，几乎相当于一头小骡子的体积，目前能以每小时 5.3 千米的速度穿越粗糙地形，能负载 154 千克的重量，并爬行 35 度的斜坡。波士顿动力机械狗是由装载在机身上的计算机控制的，这台计算机能接收机器上各种传感器传达的信号。图 1.1 是波士顿动力公司开发的一种可穿越障碍物的机械狗。

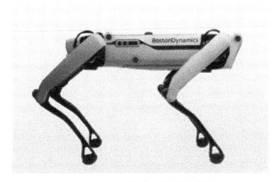

图 1.1　可穿越障碍物的机械狗

2008 年 3 月 18 日，波士顿动力公司发布了一段有关新一代机械狗的视频。在这个视频当中，新一代机械狗能穿越结冰地面，并且能在被侧踹之后迅速恢复平衡。

2021 年 4 月 14 日，据外媒报道，在面向大众出售之后不到一年，一个名为"Spot 大黄狗"的机械狗，被一位幽默与才智兼具的 YouTube 小哥成功训练出向杯子中倒啤酒的能力。

2022 年 3 月 22 日，据外媒报道，波士顿动力机械狗"斑点"被"招募"，用于帮助消防员执行搜救任务。

2022 年 4 月，波士顿动力公司面对大众公开发售一款产品。这只波士顿动力机械狗掌握了跑、跳、跨越障碍物、拾起重物、开门等动作，特别适合搬运东西。美国物流企业 UPS、服装品牌 H&M 已成为它的第一批正式用户。DHL 公司也与波士顿动力公司签订了价值大约 1500 万美元的订单。

3. 特斯拉的自动驾驶

汽车革命的上半场是电动化，下半场是智能化。电动化只是改变了汽车的动力供给方式，并没有改变汽车的性质。智能化才是这场革命的"主菜"，将给汽车行业带来颠覆性变化。汽车将由传统的机械体变为拥有强大计算能力的智能体。

在自动驾驶汽车领域，特斯拉凭借自动驾驶仪（Autopilot）、全自动驾驶（Full Self-Driving，FSD）等自动辅助驾驶功能，不仅在市场上打败竞争对手，更推动特斯拉从单纯的车企向平台公司和科技公司快速转型，引领行业潮流。

2013 年，马斯克首次公开讨论了自动驾驶系统，并指出"自动驾驶系统对于飞机来说是一件好事，我们应该把它用在汽车上"。自此拉开了特斯拉研制自动驾驶系统的序幕。

2014 年，特斯拉声称其生产的所有车辆都配备了支持自动驾驶系统的硬件，并向用户提供自动驾驶服务选项，该选项包括半自动驾驶和自动泊车功能。

2016 年 8 月，特斯拉发布了 8.0 版本的自动驾驶系统。

2019 年 4 月，特斯拉发布了一个新版自动驾驶系统，该系统支持在高速公路上行驶，但需要司机监督。

2022 年 3 月，太平洋汽车公司（AutoPacific）发布的消息称，在 56 个汽车品牌的评比中，特斯拉以 32% 的选票位居榜首，被评为"全自动驾驶汽车领域最值得信赖"的品牌。

对于特斯拉公司来说，Autopilot 和 FSD 选配功能将成为特斯拉汽车的重要特色。马斯克曾多次承诺，将会向社会推出功能齐全的 FSD 选配。

📶 4. 苹果公司的 Siri 助手

Siri 是 Speech Interpretation & Recognition Interface 的首字母缩写，原意为语音识别接口，是苹果公司在 iPhone、iPad、iPod Touch、HomePod、Apple Watch、Apple TV、Apple CarPlay 等产品上应用的一种语音助手。用户利用 Siri 可以通过手机查找信息、拨打电话、发送信息、获取路线、播放音乐、查找苹果设备等。Siri 支持自然语言输入，并可调用系统自带的天气预报、日程安排、搜索资料等应用，还能不断学习新的声音和语调，提供对话式的应答。用户可以通过声控、文字输入的方式，搜寻餐厅、电影院等信息，同时可以直接察看相关评论。

Siri 发布后，类似的语音助手便如雨后春笋般冒了出来，如微软的微软小娜、百度的小度、小米的智能音箱等。

📶 5. 华智冰

2021 年 6 月 1 日，中国首个 AI 虚拟学生——华智冰正式亮相，由清华大学智谱 AI 团队、北京智源 AI 研究院及小冰公司联合培养。

据介绍，华智冰不仅形象亲切、言语自然，更会作诗、绘画，以及有一定的音乐才艺，还掌握了四种舞姿。负责人之一的清华大学教授唐杰表示，华智冰之所以聪慧动人，主要在于其背后所依托的智能模型"悟道 2.0"，它是中国首个万亿级模型。

清华大学是这样规划华智冰的发展路线的。通过深度学习，华智冰将真正主体化，她能像自然人一样与人交流互动。这种交流互动基于她所具备的条理性与逻辑性，而非针对预设问题与答案，检索出既定的回答或语句。通过深入的理论研究和核心技术的突破，清华大学希望实现让机器像人一样思考。

2021 年 9 月 28 日，华智冰正面出镜唱歌。视频里的华智冰歌声甜美，表情和动作也十分真实。华智冰的歌声和人类生物学特征全部由 AI 完成，肢体动作是由团队成员进行训练完成的。

1.2　学术界点火

AI 在 2000 年左右度过了寒冬，并随着机器学习技术的逐渐成熟迎来了爆发期。

学术界自然不会错过大好机会，关于 AI 的论文、会议等都迎来了爆炸式增长。根据爱思唯尔数据库统计，来自 5000 多家国际出版商的 22800 多种学术出版物，在 1998 年到 2018 年间，发表的 AI 论文在所有论文中的比例增长了两倍，在 20 世纪 90 年代后期，AI 论文还占不到 1%，而今已经接近 3%。

图 1.2 展示了 AI 论文在所有论文中的占比增长率。

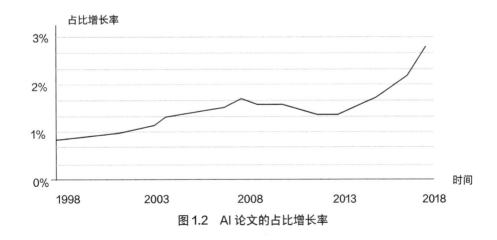

图1.2　AI 论文的占比增长率

2000 年，中国发表的 AI 论文在全世界发表的 AI 论文中占比 10%。如今这一比例已经增加至 28%，超过欧洲。这也是中国发表的 AI 论文数量首次超过欧洲。图 1.3 展示了从 2000 年以来，中国、欧洲和美国 AI 论文数量的折线图。

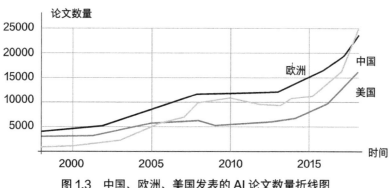

图 1.3　中国、欧洲、美国发表的 AI 论文数量折线图

AI 学术会议的参会人数也可表明大家对 AI 的学术热情。AI 学术会议不仅在规模上，而且在数量和声望方面都在增长。NeurIPS、ICML 和 CVPR 仍然是参加人数最多的 AI 学术会议。NeurIPS 是人工智能领域的顶级会议，与 ICML 并称为人工智能领域难度最大、水平最高、影响力最强的会议。ICML 是机器学习和人工智能领域的顶级国际学术会议，由国际机器学习学会（IMLS）主办，被中国计算机学会（CCF）推荐为 A 类国际学术会议。CVPR 是由 IEEE 举办的计算机视觉和模式识别领域的顶级会议。2019 年，NeurIPS 约有 1.35 万人参会，CVPR 约有 9227 人参会，ICML 约有 6400 人参会。NeurIPS 和 ICML 参会人数的增长速度最快。图 1.4 展现了 1985—2020 年，不同类型的 AI 会议的参会人数折线图。

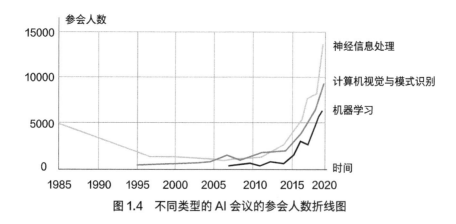

图 1.4　不同类型的 AI 会议的参会人数折线图

1.3 媒体热捧

 1.3.1 《麻省理工科技评论》的预测

自 2001 年起,《麻省理工科技评论》杂志每年都会评选出当年的"全球十大突破性技术"榜单,这份在全球科技领域举足轻重的榜单曾精准预测了脑机接口、智能手表、癌症基因疗法、深度学习等诸多热门技术的崛起。

2019 年是该杂志创刊 120 周年,《麻省理工科技评论》发布了"2019 年全球十大突破性技术"榜单,包括灵巧机器人、核能新浪潮、早产预测、肠道显微胶囊、定制癌症疫苗、人造肉汉堡、捕获二氧化碳、可穿戴心电仪、无下水道卫生间、流利对话的 AI 助手,如图 1.5 所示。

从榜单中可以看出,该年度入选的 10 项技术中,有多项涉及 AI 技术。

灵巧机器人	Robot Dexterity
核能新浪潮	New Wave Nuclear Power
早产预测	Predicting preemies
肠道显微胶囊	Gut probe in a pill
定制癌症疫苗	Custom cancer vaccines
人造肉汉堡	The cow-free burger
捕获二氧化碳	Carbon dioxide catcher
可穿戴心电仪	An ECG on your wrist
无下水道卫生间	Sanitation without sewers
流利对话的 AI 助手	Smooth-talking AI assistant

图 1.5 《麻省理工科技评论》发布的"2019 年全球十大突破性技术"榜单

- 灵巧机器人:机器正在通过自我学习学会应对这个现实世界,从而胜任更多任务。未来 3 ~ 5 年内,机器人将有望能学会组装电子产品、将餐具摆入洗碗机内,甚至能将卧床的人从床上扶起。

- 可穿戴心电仪：随着监管机构的批准和相关技术的进步，人们可以通过可穿戴设备持续监测自己的心脏健康。可检测心电图的智能手表可以预警如心房颤动等潜在的危及生命的心脏疾病，也可以检测出导致血栓和中风的心房颤动。
- 流利对话的 AI 助手：可捕捉单词之间语义关系的新技术正在使机器更好地理解自然语言。该 AI 助手可以执行基于对话的任务，而不仅是服从简单的命令。例如，可以帮你接听电话、预订餐厅或协调行李托运，甚至可以过滤掉垃圾邮件和骚扰电话。

1.3.2 《卫报》警告 AI 有危险

2019 年初，《卫报》刊登文章《未来的 AI：强大，不负责任》。下面介绍文章的部分内容。

在 2017 年，AI 取得了一些惊人的突破。AlphaGo Zero 无法掌握任何游戏规则，它只适用于拥有"完美信息"的游戏，即所有相关事实都为所有玩家所熟知的游戏。能像 AlphaGo Zero 那样，可以从零开始自学的计算机，是这个星球上智慧生命发展进程中的一个重要里程碑。

AI 是敌是友？ AI 通常以人类难以理解的方式完成它们的推理，事实上，在某些情况下 AI 的做法可能是违法的。例如，停车标志可能被人为涂改，导致计算机视觉系统认为这是一个限制速度的标志。声音文件也可能被故意修改，导致语音识别系统产生错误。犯罪分子甚至可以构建人工指纹，作为解锁关键设备的钥匙。随着人类越来越多地使用智能助理，犯罪分子可能将拥有更多的犯罪手段。

1.3.3 中国新闻网报道全流程机器化学家

中国新闻网于 2022 年 10 月 5 日报道，机器人不仅能成为科学家的科研助手，还能成为科学家。中国的一个青年科研团队通过最新的研发成果给出了肯定的答案。先来看看全流程机器化学家的组成与原理，如图 1.6 所示。

该科研团队通过开发和集成移动机器人、化学工作站、智能操作系统、科学数据库，研制出数据智能驱动的全流程机器化学家，并已初步实现智能化学范式。关于"数据智能驱动的全流程机器化学家"的研究成果论文，已在《国家科学评论》学术期刊发表。国际审稿人评价说，"该成果的机器人系统工作站和智能化学大脑都是最先进的""将对化学科学产生巨大影响"。业内专家认为，机器化学家的研究工作脱离了传统试错研究范式的限制，展现出"最强化学大脑"指导的智能新范式的巨大优势，引领化学研究朝着知识理解数字化、操作指令化的未来趋势前进，确立了中国在智能化学创新领域的全球领跑地位。

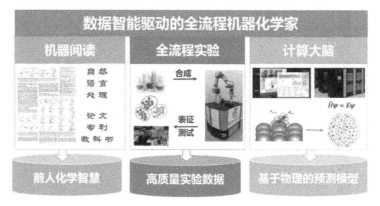

图1.6　全流程机器化学家的组成与原理

报道中还强调，机器化学家可采用机器智能去查找和阅读文献，从海量的研究数据中汲取专家经验，在前人知识与数据的基础上，提出科学假说并制定实验方案。机器化学家通过调度2台移动机器人和15个自主开发的智能化学工作站，完成高通量合成、表征、测试的化学实验全流程；通过配套的后台操作系统，实现数据的自动采集、处理、分析和可视化，并装载云端数据库，可实时调用和更新数据库信息；通过调用物理模型、理论计算、机器学习和贝叶斯优化，使智能模型融入底层的理论规律与复杂的化学实验演化，使机器化学家更加理解化学，更加擅长化学创造。

下面是该科研团队的解说。化学研究的对象日益复杂化、高维化，传统的研究范式主要依赖于"穷举""试错"等手段。配方和工艺的搜索常常止步于局部最优，无法进行全局探索。以潜力巨大的高熵（高复杂、高无序）化合物催化剂为例，其多种元素的高度无序混合，会带来高稳定性，这为人工试验找出最优配比带来了极大挑战。获取最优配比需要遍历测试极其庞大的化学配比组合，目前仅限于对最多3种金属组合进行优化。而最新研制的机器化学家发挥其数据驱动和智能优化的优势，智能阅读1.6万篇论文，并自主选出5种非贵金属元素，融合2万组理论计算数据和207组全流程机器实验数据，建立理实交融的智能模型，

指导贝叶斯优化程序从 55 万种可能的金属配比中找出最优的高熵化合物催化剂，将传统的遍历搜索所需的 1400 年缩短为 5 周。

1.4 企业竞争

当 AI 技术从曲折前行到终于燃起熊熊大火，具有强大嗅觉的企业自然不会错过大好的投资机会。近年来，无论是互联网知名大厂，还是诸多不知名的小公司，无不争着跟随 AI 的发展热潮。以下列举几个企业的 AI 发展战略。

1.4.1 谷歌

谷歌公司已将 AI 作为下一个最重要的增长点，并投入大笔资金。谷歌目前主要瞄准蛋白质预测、芯片设计和 AI 操作系统 3 大领域。

1. 蛋白质预测

继阿尔法狗战胜人类世界围棋冠军后，2020 年 12 月，谷歌最新的 AI 产品 AlphaFold 2 基于氨基酸序列，成功预测了生命基本分子，即蛋白质的三维结构，解决了一个困扰人类几十年的难题，此难题属于人类科学中最棘手的领域——基因医疗科学，这为更好地了解疾病和药物研发提供了基础。

AlphaFold 能执行蛋白质结构的预测。AlphaFold 软件有两个主要版本：AlphaFold 1 和 AlphaFold 2，AlphaFold 2 对蛋白质预测的准确度远高于任何其他团队和程序。2021 年 7 月 15 日，AlphaFold 2 在《自然》杂志上作为开源软件，与可搜索的物种蛋白质组数据库被一起发布。

此成果会带来哪些影响？首先，基因检测的成本会急速下降。早期完成人类基因图谱时，成本为 1000 万 ~ 5000 万美元。2010 年，这一成本已下降到 5000 美元。如今私营机构的检测成本已低至数百美元。随着 AI 深度参与此领域的发展，未来成本会进一步降低。其次，AI 将逐渐取代医生，用基因治疗的方法重塑体内组织和器官的活性。基因图谱由 AI 训练，AI 的诊断水平不会低于现今的医生。依靠 AI，能以更高的效率开发出新药物，不必像如今一样采取试探性的治疗方法。

🛰 2. 芯片设计

2021年6月9日，谷歌于《自然》杂志上公布了一篇论文，展示了用AI提升芯片设计速度的研究结果。该论文名为《一种用于快速芯片设计的图形布局方法》（*A Graph Placement Methodology for Fast Chip Design*）。谷歌成功研究出一种基于深度学习的芯片布局规划方法，该方法能自动生成平面图，功耗、性能和芯片面积等关键参数指标都优于或接近人类芯片设计师所设计的规划图效果。

最重要的是，人类芯片设计师设计芯片需要花费数月时间，而使用谷歌的方法仅花费6小时就能达到相同的效果。

谷歌多年来一直在研究如何使用机器学习制造芯片，甚至开始用AI设计TPU（Tensor Processing Unit）芯片，如图1.7所示。TPU是谷歌开发的专用集成电路。自2015年起，谷歌就已经开始在内部使用TPU，并于2018年将TPU提供给第三方使用，既将部分TPU作为云基础架构的一部分，也将部分小型版本的TPU用于销售。

图1.7 TPU芯片

谷歌在芯片设计中应用AI，意味着正在推动AI技术的进步。未来，技术将持续成熟，恐怕AI自行迭代和升级都不是问题。

如今芯片设计是非常热门的领域。元宇宙、云计算等前沿科技都需要更加先进的芯片。而人类能完成的事情是有限的，许多科技公司也在利用其他方法加快芯片研发的工作流程。拥有更加强大的芯片设计技术，意味着能更快、更好地掌握未来，谷歌正在利用AI加速芯片设计领域的发展。

3. AI 操作系统

TensorFlow 是一个基于数据流编程的符号数字系统，最初由谷歌大脑团队开发，用于谷歌的研究和产品生产，于 2015 年 11 月 9 日开放源代码，目前已广泛应用于各种感知和语言理解的机器学习任务，许多团队用 AI 操作系统研究和生产商业产品，如语音识别、邮箱、相册和搜索引擎。

TensorFlow 对机器学习行业产生了深层次影响。无论是创业公司还是行业巨头，都可以根据自身需要使用 TensorFlow。许多竞争对手虽然也在不断更新升级，但谷歌在机器学习方面的投入远超其他竞争对手。可以说，TensorFlow 的开源对机器学习领域有着巨大贡献。

1.4.2　微软

微软在 AI 领域的一系列探索与创新，为人们带来了前所未有的美好生活新体验，也打造了一个全新的 AI 生态系统。微软的 AI 之路，不仅在领跑当下，更是在创造未来。

1. 认知服务领域

目前，微软在全球推出语音、视觉、机器翻译等 24 项服务，超过 100 万开发者使用过这些服务。

2015 年，微软发布的 152 层残差网络（ResNet）的图像识别准确率已经达到96%。2017年,微软在 Switchboard 语音识别基准测试中的错误率已经降至5.1%,达到了人类专业速记员的水平。

在 2018 年斯坦福大学发起的 SQuAD 文本理解挑战赛上，微软的自然语言计算服务获得超越人类的分数。

2. 对话式 AI 领域

在对话式 AI 领域,微软已经布局了微软小娜和微软小冰两个对话式 AI 助手。微软小娜更倾向于发展智商，而微软小冰是面向情商维度发展的 AI 助手。

目前，微软小冰团队已经进入内容创作领域并开始落地生产，内容涉及歌曲演唱、电视节目、新闻评论、诗歌生成和有声读物等。在有声读物领域，微软小冰已拥有接近 4 万集有声童话内容，这些有声读物全部由 AI 技术生成。

微软小娜也进步明显。例如，通过 Azure Bot Services 对话机器人服务，微软可以支持更多开发者和企业根据自身业务需求进行定制，同时发布到微软小娜上，并能利用简单易用的开发工具为微软小娜赋予更多的业务技能。

3. 开放的 AI 之路

微软智能云（Azure）汇聚了微软在 AI 领域的投入与技术积累，是开发、部署、运行 AI 的云平台，同时也将智能云与智能边缘进行融合。在此基础上，微软推出了 AI 开放平台（OpenAI）和开发工具，在支持 TensorFlow、CNTK 等业界主流的深度学习平台的同时，微软还开展了开放神经网络交换（ONNX）项目，旨在推动 AI 研究的互操作性，使任何深度学习框架在任何芯片与设备上都能运行。

与此同时，微软还推出跨平台的开源机器学习框架 ML.NET，使任何开发者都能开发出自己的定制化机器学习模型，并将其融入应用中，开发者无须具备开发和调试机器学习模型的经验。

基于微软智能云和智能边缘带来的实时 AI 基础设施，以及众多的 AI 开放平台与工具，微软无疑为开发者和合作伙伴带来了巨大的机会。不难看出，智能云和智能边缘共同构成了微软提供的基础平台，再加上包括认知服务、对话式 AI、开放平台与工具等在内的 AI 基础技术，构建起微软完整的战略和产品布局。

1.4.3　百度

百度在 AI 领域布局已久，关键技术的发展速度非常快。目前，百度在语音识别、图像识别、自然语言处理、自动驾驶、机器学习、深度学习等相关领域均有产品发布。其中，深度语音识别系统入选《麻省理工科技评论》"2016 年全球十大突破性技术"榜单，百度也被选入全球 50 大创新公司。

1. 百度大脑

百度大脑主要支持语音、图像、自然语言处理、用户画像四大功能。

深度语音识别技术 Deep Speech 2 的识别准确率为 97%。百度的语音合成功能只需要按照要求说 50 句话，便可以让每个人拥有自己的声音模型。百度人脸识别的准确率高达 99.7%，可识别每个人的各种表情。百度翻译支持 27 种语言互译，实现无障碍沟通。

🛜 2. 百度自动驾驶汽车

2022 年 7 月 21 日，百度在以"AI 深耕，万物生长"为主题的百度世界大会上，重磅发布了第六代量产无人车——Apollo RT6。这不仅让人们看到了百度在自动驾驶领域的最新成果，也让人们对自动驾驶的发展更加期待。

Apollo RT6 的设计主体思路不再以"司机"为核心，而是以"乘客"为核心。在自动驾驶模式下，车辆将实现无方向盘运行，前排可根据不同的出行场景配置座椅、售卖机、办公桌、游戏机等，满足乘客办公、娱乐等需求，同时还大幅提升了车辆空间的使用效率，提升了乘客的体验。

对于用户最为关心的"安全"问题，Apollo RT6 在硬件上具备架构冗余、计算单元冗余、制动系统冗余等七重全冗余系统，任何单一零部件或系统失效，备用的冗余系统都可以瞬时完成补位。在软件方面，Apollo RT6 搭载了"整车 + 自动驾驶系统"的故障诊断和风险降级体系。

在自动驾驶能力方面，Apollo RT6 搭载了 Apollo 最新一代自动驾驶系统，全车配备 38 个车外传感器，可实现对远、中、近三重检测能力全覆盖，具备比上一代车型更强的 L4 级自动驾驶能力，可应对国内城市各类复杂的路况。

让人惊叹的是，虽然 Apollo RT6 的安全、算力、自动驾驶性能都提升了，但其成本反而下降为 25 万元左右。

🛜 3. 百度云

百度云是百度在 15 年的技术积累、汇集上万名国内外顶尖技术专家的基础上，通过开放百度核心基础架构技术，为广大公有云需求者提供的高性能云计算产品。

百度云包括云服务器 BCC、负载均衡 BLB、对象存储 BOS、内容分发网络 CDN、关系型数据库 RDS 等 13 款云计算产品，用户通过百度云官网，可根据业务需要，灵活选配产品服务和付费方式，在线完成购买。

 1.5 政府布局

随着 AI 之火在全球范围内点燃，多国政府自然也不甘落后，纷纷发布自己的宏观政策，大力支持本国的科研机构和企业参与全球竞争，以维护本国在这一新兴领域的地位。

 1.5.1　AI的发展态势

AI经过多年的起起伏伏，最近十几年进入了发展新阶段。特别是在移动互联网、大数据、云计算、传感网、脑科学等新理论、新技术的不断发展，以及经济社会发展强烈需求的共同驱动下，AI加速发展，呈现出跨界融合、人机协同、深度学习等新特征。大数据驱动机器学习、人机协同智能、群体集成智能、自主智能系统成为AI的发展重点，受脑科学研究成果支撑的类脑智能蓄势待发，AI发展迈上了新的台阶。当前，AI新一代相关学科不断发展，理论建模、技术创新、软硬件升级等不断推进，引发链式突破，推动经济社会各领域从数字化、网络化向智能化加速跃升。

AI的发展态势表现在以下方面。

AI将成为经济发展的新引擎。作为新一轮产业变革的核心驱动力，AI将进一步释放历次科技革命和产业变革积蓄的巨大能量，并作为新的强大引擎，重构生产、分配、交换、消费等经济活动环节，形成从宏观到微观各领域各层次的智能化新需求，催生新技术、新产品、新产业、新业态、新模式，深刻改变人类的生产和生活方式。

AI将带来社会建设的新机遇。许多国家都面临人口老龄化、资源环境受约束等挑战，AI在教育、医疗、养老、环保、政府管理、城市运行等领域广泛应用，将极大提高公共服务精细化水平，全面提升人民的生活品质。AI技术可准确感知、预测基础设施和社会安全运行的态势，将显著提高社会治理水平，有效维护社会稳定。

AI发展的不确定性将带来新挑战。AI是影响面很广的颠覆性技术，可能导致改变就业结构、冲击法律与社会伦理、侵犯个人隐私等多方面问题，将对政府管理、经济安全、社会稳定乃至全球治理都产生深远影响。在大力发展AI的同时，必须高度重视其可能带来的安全风险挑战，加强前瞻预防与规范引导，最大限度地降低风险，确保AI安全、可靠、可控发展。

 1.5.2　美国

2019年2月11日，时任美国总统签署了《维护美国在人工智能时代的领导地位》行政命令（简称倡议），旨在集中联邦机构的资源发展人工智能，以促进美国国家繁荣，增强美国国家和经济安全，改善美国人民生活质量。总体来看，这份倡议主要关注以下 4 个重点领域。

🛜 1. 加大人工智能研发投入

倡议要求联邦机构在其研发任务中优先考虑人工智能投资的方式，提高美国对高回报、基础性人工智能研发的重视。

🛜 2. 开放人工智能资源

倡议指导相关机构将联邦数据、模型向美国的计算资源研发专家、研究人员和产业开放，增强公众对人工智能技术的信任，提高这些资源对人工智能研发专家的价值，同时确保数据安全，保护公民的自由与隐私权。

🛜 3. 设定人工智能治理标准

联邦机构将通过建立适用于不同领域的人工智能发展指南，增强公众对人工智能系统的信任，帮助联邦机构制定一套人工智能技术的治理方法。倡议还要求制定有关人工智能系统的技术标准，使其可靠、安全、便捷。

🛜 4. 培养人工智能劳动力

为了使美国劳动力更好地适应人工智能时代，倡议要求机构优先设立奖学金和培训计划，通过学徒培训、技能项目、计算机科学领域的教学，帮助美国工人获得与人工智能相关的技能。这一行动将有助于培养美国需要的人工智能研发人员，以创造和利用新的人工智能技术。

🤖 1.5.3　日本

2022 年 4 月 22 日，日本政府发布《人工智能战略 2022》，旨在进一步加快 AI 和量子技术在日本的发展。

该战略秉持"以人为本""多样性""可持续"三项原则，设定了人才、产业竞争力、技术体系、国际合作、应对紧迫危机五大战略目标。此外，日本政府将从经济安全的角度推出一些举措，并寻求与量子技术、生物技术等领域的战略措施的协同。

在应对紧迫危机方面，日本政府提出了四条措施。一是开发并应用数字孪生技术，推进公共基础设施的数字化，为防灾、减灾、救援、复苏提供一体化支撑；二是加强全球网络建设，通过国际合作打造"数据经济圈"；三是促进 AI 在食品、能源、医疗、教育等可持续发展领域的应用；四是针对"负责任的 AI"采取相应措施。

在推进 AI 的社会实现方面，日本政府提出了五条措施。一是提升 AI 的可信性，确保 AI 的透明性和可解释性；二是丰富数据，以支撑 AI 的应用；三是面向人才培养打造相关环境；四是推动 AI 在政府的应用；五是促进 AI 与物理、化学、机械等领域的融合，以提供竞争力强的产品与服务。

 ## 1.5.4 中国

AI 的迅速发展将深刻改变人类的社会生活。为抓住 AI 发展的重大战略机遇，构筑 AI 发展的先发优势，加快建设创新型国家和世界科技强国，2017 年 7 月 8 日，国务院印发《新一代人工智能发展规划》(简称《规划》)，提出了面向 2030 年我国新一代人工智能发展的指导思想、战略目标、重点任务和保障措施，部署构筑我国人工智能发展的先发优势，加快建设创新型国家和世界科技强国。

《规划》指出，坚持科技引领、系统布局、市场主导、开源开放等基本原则，以加快人工智能与经济、社会、国防深度融合为主线，以提升新一代人工智能科技创新能力为主攻方向，构建开放协同的人工智能科技创新体系，把握人工智能技术属性和社会属性高度融合的特征，坚持人工智能研发攻关、产品应用和产业培育"三位一体"推进，全面支撑科技、经济、社会发展和国家安全。

《规划》明确了我国新一代人工智能发展的战略目标：到 2020 年，人工智能总体技术和应用与世界先进水平同步，人工智能产业成为新的重要经济增长点，人工智能技术应用成为改善民生的新途径；到 2025 年，人工智能基础理论实现重大突破，部分技术与应用达到世界领先水平，人工智能成为我国产业升级和经济转型的主要动力，智能社会建设取得积极进展；到 2030 年，人工智能理论、技术与应用总体达到世界领先水平，成为世界主要人工智能创新中心。

《规划》明确提出了以下重点任务。

一是构建开放协同的人工智能科技创新体系，从前沿基础理论、关键共性技术、创新平台、高端人才队伍等方面强化部署。

二是培育高端高效的智能经济，发展人工智能新兴产业，推进产业智能化升级，打造 AI 创新高地。

三是建设安全便捷的智能社会，发展高效智能服务，提高社会治理智能化水平，利用人工智能提升公共安全保障能力，促进社会交往的共享互信。

四是构建泛在安全高效的智能化基础设施体系，加强网络、大数据、高效能计算等基础设施的建设升级。

五是前瞻布局重大科技项目，针对新一代人工智能特有的重大基础理论和共性关键技术瓶颈，加强整体统筹，形成以新一代人工智能重大科技项目为核心、统筹当前和未来研发任务布局的人工智能项目群。

《规划》强调，要充分利用已有资金、基地等存量资源，发挥财政引导和市场主导作用，形成财政、金融和社会资本多方支持新一代人工智能发展的格局，并从法律法规、伦理规范、重点政策、知识产权与标准、安全监管与评估、劳动力培训、科学普及等方面提出相关保障措施。

1.6 大咖发声

1.6.1 马斯克与扎克伯格的论战

2017 年 7 月一个周日的下午，脸书（Facebook）的 CEO 扎克伯格在自家后院一边烤肉一边开起了直播，他表示自己非常看好 AI 的发展，对此感到非常乐观，并且认为那些鼓吹 AI 会毁灭人类的人太过消极，他很不理解。从某种程度上来说，他认为这种说法是非常不负责任的。在接下来的 5 ~ 10 年，AI 将会给我们的生活品质带来诸多可喜的改变。

然而，马斯克对 AI 却另有看法。早在 2014 年，马斯克就曾在一次机器智能技术的研讨会上表示，"如果让我说人类未来最大的威胁，我认为可能是 AI，因此我们需要对 AI 保持警惕。"

1.6.2 马云与马斯克的对话

马云和马斯克曾围绕"AI 是否是人类的危险"这一主题进行过探讨。马云表示，他始终对 AI 的未来抱有乐观的态度，因为拥有智慧的只有人类，反观 AI，注定是人类所创造出来的工具，它们永远不可能比人类更加聪明。

马斯克持完全不同的观点。他说："我非常接近 AI 的前沿，AI 的能力远远超过人们的想象，发展速度是指数级的！感觉人类只是 AI 的引导器。"马斯克认为，如果不加控制地发展 AI 技术，则 AI 或许将给人类带来极大的风险。

 ### 1.6.3 他们这样说 AI

百度董事长兼首席执行官李彦宏深耕 AI 研发领域多年。2021 年，在接受专访时，李彦宏描绘了对 AI 未来场景的想象："未来 AI 可以变得非常聪明，能理解每一个人的真实需求。就相当于你有一个永远在你身旁、永远最懂你、永远无私地为你服务的智能助理。我相信这一天不会突然到来，而是一个逐步的、渐进的过程。今天可能是一个智能屏，明天可能是一个可穿戴的设备，后天可能是植入脑中的一个芯片等，形式可以不一而足，但是大的方向我觉得已经不可阻挡，AI 很有可能是超越互联网意义上的一个革命。"

科大讯飞董事长刘庆峰在 2021 年的一次科技论坛上说："眼下，AI+ 时代正在到来。未来 5 ~ 10 年，AI 将像水和电一样无所不在，可以进入教育、医疗、金融、交通、智慧城市等几乎所有行业。"据刘庆峰介绍，在智能语音技术领域，我国目前能以较高的准确率实现语音转化文字、多语种同步翻译，甚至模仿某个人的声线讲话，以假乱真。

小米公司董事长兼 CEO 雷军说："AI 将掀起未来十年最重要的技术革命，这对我国来说是一个时代机遇。"雷军建议，积极建立 AI 产学研协同创新共同体，并加强 AI 标准和规范的制定。

two

第 2 章

AI

之疑

任何一门学科从提出到成熟，其发展历程通常都是伴随着疑问和迷惑，这是一门学科发展的正常过程。

 **2.1 疑问论**

中国人工智能学会（CAAI）名誉理事长李德毅院士是 AI 领域非常活跃的人物，他在 CAAI 官网上发布的"通用人工智能十问"传播甚广，基本上提出了业界对 AI 技术的普遍疑问，这也表明 AI 技术在取得巨大成就的同时，在技术进步的道路上还有很多疑问待解决。

"通用人工智能十问"包括一个共识和十个疑问，这十个疑问是建立在一个共识的基础之上的。也就是说，必须先承认一个共识，讨论后面的十个疑问才有意义，否则，十个疑问就没有讨论的必要了。

共识的主要观点是：智能是学习的能力，以及解释、解决问题的能力；AI 是脱离生命体的智能，是人类智能的体外延伸；通用 AI 面向不同的情境，能解释、解决普遍性的智力问题，通过不断学习，积累本领，进化成长。

在这个共识里，首先定义了智能是什么，在此基础上又定义了 AI 和通用 AI。从基本逻辑来看，这些共识应该是能为大众所接受的。

在此共识的基础上，提出了十个可供讨论的问题。

❓ 问题一：

意识、情感、智慧和智能，它们是包含关系还是关联关系？是智能里面含有意识和情感，还是意识里面含有智能？不全相同，是近义词，都含"智"，前者强调灵气和美，后者侧重能力。高级生物的智慧涉及意识、情感。大凡意识、情感都是内省的、自知的、排他的，怎么可以用他人的、人工的替代呢？所以非生命体的 AI 不可能有意识，但是可以人为赋予 AI 情感，那是第三人称的"外显"而已，情感机器人只能是外显的情感。

简评：这里既有问题，也有结论，如非生命体的 AI 不可能有意识。AI 领域还存在着大量未解决的问题，这标志着 AI 的未来之路还十分漫长。

? 问题二：

如何理解通用智能？不应该把通用智能理解为"全知全能"，也不应该把通用智能理解为单项超强智能，通用智能也可翻译成一般智能。尽管今天的计算机已经可以解决很多复杂的、专门的智力问题（如围棋智能），但我们仍常常觉得AI缺乏人类思维的某些本质特征。这里的差别主要不是体现在算法、算力、数据量方面，也不是体现在机器的速度和容量方面，而是体现在AI的一般性、通用性、普遍性、灵活性、缺省性、容错性、可习得性、不确定性、适应性、常识性、开放性、创造性、自主性等方面。生活中也不乏这样的情况：个别有认知障碍的人展示出数学天分，但缺乏的恰恰是通用智能。

简评：虽然还不能回答通用智能是什么，但有一点比较肯定，那就是全知全能、单项超强智能并不能代表通用智能。

? 问题三：

目前所有AI的成就都是在计算机上表现出来的，是基于冯·诺依曼架构的计算机智能或计算智能，AI是计算机的一个应用而已。而人脑不是基于这种架构的，存在不存在宏观上更类似脑组织的架构呢？例如，对人的智能而言，记忆力是真正的智力，强记忆力就是强智能，记忆比计算重要，记忆是对计算的监督和约束，记忆的提取要比复杂的推理快，如何在结构上体现人脑的不同记忆区和记忆力呢？如何体现情境和知识的双驱动？

简评：虽然现在的AI十分强大，但基于冯·诺依曼架构的计算智能却仍然难以实现人脑的最基本能力，如记忆能力。

? 问题四：

非生命体不会有七情六欲，机器人是非生命体，还会有学习的原动力吗？如果没有学习的原动力，没有接受教育的自发性，则还会有学习的目标吗？目标从哪儿产生？机器人能否自己提出问题？

简评：机器人是非生命体，现在的AI虽然能像人脑一样解决很多现实的问题，但目前并没有提出一种可行的实现生命体特征的办法。

? 问题五：

人的注意力源于记忆，源于记忆的偏好依附性，那么偏好是如何产生的？偏好是否与交互认知的动机、频度和时间的远近相关？人的偏好依附于恐惧性和满足感，会对一些发生频度很低或很久远的事记忆深刻。

简评：对人脑记忆的研究确实还远远不够，现在的技术与人脑的记忆机制和能力相比，还相差甚远。

❓ 问题六：

人类的思维活动常常用语言表达概念和概念之间的关系，自然语言是思维的载体。如果自然语言是第一语言，则数学语言是第二语言，计算机语言是第三语言，后一个语言比前一个常常更严格、更狭义。根据哥德尔不完备定理，数学自身难以完全自洽。数学的形式化要借助于自然语言，计算机语言的形式化要借助于数学语言。因此，AI 怎么可以反过来用数学语言或计算机语言去形式化人类的自然语言呢？

简评：AI 所依赖的计算机语言比自然语言更严格、更狭义，如果计算机语言没有能力描述人脑可能遇到的全部问题，那么又如何能模仿出人脑的所有能力呢？

❓ 问题七：

人脑常常被比作一个小宇宙，其中的智能是多情境、多公理兼容并包的，非单调、进化发展的，在不同时刻、不同情境会有不同的反应，不完全收敛，不完全自洽，不整体统一，不存在智能的公理系统，不存在非公理的统一体系的数学推理。因此，如何理解"智能的统一体系"呢？

简评：人脑可实现理性与非理性的统一，而机器是完全理性的。

❓ 问题八：

一个机器或系统是否有智能，不仅取决于某一个时刻它能解决什么实际的智力问题，而是在于它有没有学习的能力。智能，即提供的解决方案，是否可依赖于有限的认知资源？是否需要进一步交互认知？是否可以有选项？是否可以进化和成长？这才是最重要的。

简评：学习能力与否是智能的重要标志，这个问题还需要深入研究。

❓ 问题九：

在一个非冯·诺依曼架构的机器人脑中，组成记忆、交互和计算的基本元件最少有几种？各元件中信息的产生机制与存在形式是什么样的？它们之间的信息传递机制是什么样的？

简评：要模拟比人脑更复杂的功能，或许需要一种全新的非冯·诺依曼架构。

❓ 问题十：

通用智能后天的习得靠教育，智能植根于教育，文明是智能的生态。假设有10台通用架构的机器婴儿，可视为带有基因的硬件加基础软件，让10位母亲分别在各自的情境下去教育10名机器婴儿成长，仅通过语音和视觉交互，1个月后这些机器婴儿的感觉记忆区、工作记忆区和长期记忆区中留下的都有些什么？以后，机器婴儿的基础软件（记忆、交互、计算软件）要不要不断扩充？硬件要不要不断扩充？机器婴儿脑有没有形成自己软件的编程能力？

简评：机器一旦完成研制，机器的硬件就确定了，机器学习的结果最多只能改变机器运行的软件。机器硬件是否会成为制约软件能力发挥的瓶颈呢？

李德毅院士提出的"通用人工智能十问"，是在总结AI现有技术成果的基础上提出的新问题，每一个问题都没有明确的答案，目前看起来也很难马上给出明确的答案。也许每一个问题均可作为AI技术领域下一步待研究的新课题。

 2.2 怀疑论

怀疑AI的人当然没有相信AI的人多，因为相信AI的人不一定需要懂AI，而怀疑AI的人，至少要懂一点AI，否则，怀疑是很难站得住脚的，更无法说服自己。

虽然怀疑AI的人没有相信AI的人多，但这并不代表怀疑的力量没有相信的力量大，因为真理往往是掌握在少数人的手里的。

🤖 2.2.1 科学的浮夸

曾几何时，科学家的任务就是理解自然。弗朗西斯·培根称科学是"光明的中间商"。是这些科学家一点一点突破未知的黑暗牢笼，为人类带来一线又一线光明。"理解自然"这个理念既能满足人类的好奇心，也能改善我们的生活。

但今天，无论是哪一个国家，总有少数科学家不再将理解自然当作自己的任务，他们热衷于给微小的进展披上虚假漂亮的外衣，或用新颖的名词，维持创新的假象。这些科学家也许还可以称为中间商，只不过他们的工作已不是用光明照亮愚昧，而是不断地通过浮夸为大众制造兴奋感，并吸引大众的关注。

这一点在量子计算、个性化医疗、脑机接口，以及各种纳米和神经科学等领域都有一定的体现，但浮夸的程度不及 AI 领域。虽然上述领域都具备科学基础，也不断涌现出有价值的科研成果，但不可否认，有些研究只是空洞的浮夸，科研人员的许多精力都花在了发表论文上。

许多人认为，作为讲究严谨的科学，这样的科研泡沫迟早有一天将不可持续，最终要走向破裂。但问题是，就在一个泡沫破裂的瞬间，下一个泡沫已经产生了。

田刚院士尖锐指出，很多媒体在报道科学成果时特别偏好用"重磅""诺奖级成果""革命性突破"等词句，此类新闻吸引眼球却不符合实际，除了误导公众，产生盲目的乐观情绪，与科研工作应有的脚踏实地、求真务实的氛围不匹配，还可能破坏学术风气和科学发展的正常秩序，助长浮躁风气。

AI 是一个十分特殊的科学领域，用通俗的话说就是一门自己研究自己的科学，所以与别的科学领域相比，更容易产生浮夸和泡沫也就不足为奇了。

2.2.2 审视大数据

相比 AI，前几年同样轰轰烈烈的大数据，已经迈过了发展的巅峰时期，明显进入了退火阶段，现在对其展开一次冷思考，这或许对客观评价 AI 具有一定的借鉴意义。

本节分别从不同的角度，以质疑的眼光对曾经火热的大数据进行全面的审视和剖析。

1. 大数据是大骗局吗

回溯大数据的历史，众说纷纭，有人甚至将其追溯至 20 世纪 80 年代阿尔文·托夫勒的《第三次浪潮》。即便如此，大数据的历史至今也非常短暂。

大数据这一概念自提出以来，热度持续走高，有人欣欣鼓舞，认为人类正迎来自工业革命以来，甚至是人类有史以来最深刻、最伟大、最彻底的大变革。随之而来的是既有利益格局被打破、重构和新生。大数据的产生和应用将是人类进入信息社会新阶段的重要标志。

有人将大数据定义为"未来的新石油"，认为一个国家拥有数据的规模、活性和解释运用的能力将成为综合国力的重要组成部分，未来对数据的占有和控制甚至将成为另一种国家核心资产。

还有专家指出，大数据将是未来驱动商业向前发展的核心，更是人类社会的未来。大数据技术不仅是技术的升级，更是思想意识的巨大变革，大数据时代将是一个更加波澜壮阔的大时代。

部分财经专家认为，大数据对社会发展的推动将是一个史诗级的革命。

截至2020年7月5日，在百度搜索上输入"大数据"，得到的结果是7420000条，输入"大数据骗局"，得到的结果是763000条。大数据究竟是开创了一个伟大的时代，还是产生了一个昙花一现的美丽泡沫，也许没有人能给出一个权威的答案，但结局终究会到来，只是时间早晚而已。

📶 2. 大数据到底是什么

自大数据的概念诞生以来，关于什么是大数据的问题也层出不穷。虽然争议不断，但业界还是出现了一些被公众认可的说法。以下是几个比较典型的或有一定影响力的说法。

- 维基百科定义的大数据：大数据是指其大小或复杂性无法通过现有的软件工具，以合理的成本并在可接受的时限内对其进行捕获、管理和处理的数据集。
- 微软定义的大数据：大数据是指数据规模的增长和复杂性对传统数据库系统构成挑战的数据集。
- 其他有代表性的定义：大数据通常是指不容易用传统数据工具、统计分析工具和可视化工具来分析的数据集。

以上关于大数据的定义，虽然说法各异，但有两点是相同的，那就是大数据是一种具有特殊特征的数据集，采用传统或现有办法无法进行处理，需要开发大量新的处理技术。

由此可见，大数据能否如愿开创一个伟大的时代，其根本就是我们能否挖掘出大数据集中隐藏的"金矿"。

3. 大数据行动

大学和产业界纷纷行动起来拥抱大数据。

（1）大学

不同大学在大数据方面开展的工作及其时间如表 2.1 所示。

表 2.1　不同大学在大数据方面开展的工作及其时间

大　　学	开展的工作	时　　间
麻省理工学院	设立"bigdata@CSAIL"研究项目，主要关注大数据计算平台、可伸缩算法、机器学习和理解、隐私与安全等方面的问题	2012 年
加利福尼亚大学伯克利分校	主要进行大数据管理、分析和可视化研究工作；开设课程"Analyzing Big Data With Twitter"；组织"Big Data Boot Camp"研讨会	2013 年
斯坦福大学	医学系成立了生物医学专业大数据组，定期组织生物学、医学、计算机等方面专家进行研究，旨在跨学科地研究和探讨大数据问题；提供了"Mining Massive Data Sets"认证课程	2013 年
中国科学院大学	组织"走进大数据时代研讨会"；自动化所与英特尔公司联合成立"物联技术研究院"，计划 5 年投资 2 亿元，着力攻克大数据处理技术、传输技术、智能感知技术等物联网核心技术	2012 年
清华大学	从事大数据研究，成果包括清华云存储系统、大数据存储系统、大数据处理平台、社交网络云计算和海量数据处理系统	2013 年
北京航空航天大学	创办国内第一个"大数据科学与应用"软件工程硕士专业	2013 年

（2）产业界

公司在大数据方面开展的工作及其时间如表 2.2 所示。

表 2.2　公司在大数据方面开展的工作及其时间

公　　司	开展的工作	时　　间
谷歌	提出 MapReduce 编程模型，应用于大规模并行处理；推出 BigQuery 服务，提供快速查询功能	2012 年
IBM	推出 InfoSphere 大数据分析平台	2013 年
微软	推出 Bing 搜索工具；提出并行数据仓库（PDW）的概念；推出 Windows Azure 平台	2012 年
SAS	推出 SAS 高性能分析服务器、SAS 可视化分析工具和 SAS DataFLux 数据流处理引擎	2012 年

续表

公　司	开展的工作	时　间
百度	自行开发存储系统	2013 年
阿里	淘数据：数据分析产品； 观星台：高度可视化的仪表盘，可在几秒内展示数据的全部情况； 地动仪：分析用户的投诉数据； 淘宝指数：获取数据的长期走势、购买商品的人群特征、商品成交排行等信息	2013 年
新浪	推出微博 Page，可根据用户的兴趣爱好和社交关系获取话题、图书、音乐、餐饮美食等信息	2013 年
腾讯	利用大数据，为用户筛选推荐最合适的内容，并基于用户社交关系链进行口碑营销	2013 年

4. 大数据的典型应用场景

以下是业界普遍提到的典型应用场景。

（1）在商业领域，大数据成就"大产业"。

- 服务业领域：告诉你谁会点击、购买、差评。
- 工业领域：智能制造。
- 农业领域：精确性和精细化。
- 大数据全产业链：一片新的蓝海。

（2）在民生领域，大数据支持"大民生"。

- 文化教育：数字化、在线化和个性化。
- 健康医疗：告诉你未来患癌症的概率是多少。
- 就业创业：找到真正热爱并适合的工作。
- 社会保障：24 小时的关怀与长尾化帮扶。
- 交通出行：寻找最短、最畅通的路线。
- 城市安全：由末端治理转向源头预防。
- 大数据的全服务链：无处不在的精心呵护。

（3）在政府治理领域，大数据带动"大治理"。

- 透明政府：让政府变得不再神秘。

●智慧政府：打造大数据时代的政府2.0。

下面是几个应用大数据的成功案例。

案例一：尿布与啤酒

沃尔玛经过数据分析，发现购买尿布的人通常会同时购买啤酒，于是将尿布和啤酒摆放在一起销售，从而提高了啤酒和尿布的销售量。

短评：这个案例曾经是数据挖掘应用中的一个经典案例。

案例二：广告主动推送

网络公司收集用户的网页点击行为，通过大数据分析这些行为，并为客户提供个性化的广告和信息推送服务。

短评：这种应用方式现在非常普遍。

案例三：信用评估

银行利用用户的交易数据对用户的信用进行评估，并根据结果确定放贷规模。

短评：这种评估方式在大数据出现之前也是银行的一种重要评估方法，只不过现在获取数据更容易了，银行在评估时可应用的数据更多了。

🛜 5. 大数据研究热度

为了了解大数据的研究热度，2016年12月，我们在维普网上进行了一番调查。输入关键词"大数据"，查询结果的数量为9364条；输入关键词"大数据技术"，查询结果的数量为218条，主要包括云计算、云存储、并行计算、虚拟化等内容；输入关键词"大数据处理"，查询结果的数量为90条，主要包括大数据平台、架构、流程等内容；输入关键词"大数据应用"，查询结果的数量为880条，主要包括校园管理、班主任工作、档案管理、财务管理、物流管理、桥梁监测、奖学金评判、食品安全风险预警、信用评分、图书馆管理、科技计划管理、社会舆情监测、乡村治理等。

输入关键词"大数据"，对9364篇论文进行随机抽查，得到的论文抽样结果如表2.3所示。

表2.3　关于大数据的论文抽样结果

序　号	论文标题	刊名及日期
1	《面向大数据应用的众核处理器缓存结构设计》	《计算机工程与科学》2015年第1期
2	《大数据技术在环境信息中的应用》	《计算机系统应用》2012年第1期
3	《电网大数据量表设计优化技术及应用》	《计算机系统应用》2015年第1期
4	《电力大数据应用的关键技术》	《电工技术》2015年第1期
5	《大数据分析技术在我国房地产市场研究中的应用》	《北方经贸》2013年第1期
6	《广电大数据技术应用与发展研究》	《广播电视信息》2015年第2期
7	《大数据技术在主动配电网中的应用综述》	《电力建设》2013年第1期
8	《传统音乐大数据的应用与未来》	《星海音乐学院学报》2015年第1期
9	《应用大数据推进政府治理能力现代化——以北京市东城区为例》	《中国行政管理》2013年第2期
10	《大数据在医疗卫生中的应用前景》	《中国全科医学》2015年第1期
11	《电力大数据技术与电力系统仿真计算结合问题研究》	《中国电机工程学报》2015年第1期
12	《智能电网大数据技术发展研究》	《中国电机工程学报》2014年第1期
13	《打造支撑大数据应用的架构》	《金融电子化》2015年第1期
14	《大数据分析云平台技术在智能交通中的应用研究》	《硅谷》2014年第1期
15	《电力大数据基础体系架构与应用研究》	《电力信息与通信技术》2015年第2期
16	《大数据环境下高职院校专业教学资源库建设思路——以广西电力职业技术学院新能源发电技术专业资料库的开发与应用建设为例》	《当代职业教育》2015年第2期
17	《玲珑轮胎与院士探索"大数据"应用》	《中国橡胶》2015年第2期
18	《面向大数据的异构网络安全监控及关联算法》	《电信科学》2014年第7期
19	《大数据下的机器学习算法综述》	《模式识别与AI》2014年第4期
20	《大数据并发业务的新算法》	《科学与财富》2014年第6期

通过分析，我们发现了这些论文有以下三个特点。

● 介绍大数据的概念，预测大数据在各行各业中美好应用前景的论文占比最大。

- 互联网方面的期刊发表有关大数据的论文比较少。
- 大数据的概念已渗透到各行各业。

6. 历史给我们的启示

自 20 世纪 60 年代互联网技术爆发以来，一大批新概念、新技术喷涌而出，不断吸引着人们的眼球。

表 2.4 列出了互联网领域各个年代的新技术。

表 2.4　互联网领域各个年代的新技术

时　间	新 技 术
1990—2000 年	专家系统、AI、决策支持系统、神经网络、数据融合、指挥自动化系统、自动化指挥系统、计算机、局域网、数据库
2001—2010 年	全球信息栅格、海量信息处理、数据挖掘、数据仓库、移动通信、全球定位系统、互联网、物联网
2011—2015 年	大数据、透明计算、数据技术、块数据、云计算、移动互联网、3D 打印、电动汽车、自动驾驶、智能机器人

部分新概念，如数据库、互联网等，虽经历 20 多年仍有很高的应用价值，而有些新概念，如专家系统、全球信息栅格、数据挖掘等已经不再引起人们过多的讨论。

7. 鉴别大数据真伪的主要标志

要鉴别是否是真正的大数据，必须有明确的标志。大数据只是一种具有特殊特征的数据集，这种数据集采用传统的方法无法进行处理。因此要判断是不是真正的大数据，其根本标志有四点：第一要明确需要处理的数据，如数据的类型、来源、内容等，并判断是否具有大数据的 4V 特征；第二要明确数据处理完成后，有什么确切的好处；第三要围绕这些大数据，采用什么样的算法进行处理，是分类、统计、聚类还是其他算法；第四要明确实现这些算法，数据如何存储和管理，并明确运算需要什么样的平台。

8. 下一个时代——大垃圾时代

随着大数据时代的到来，人们的物质生活水平大幅度提升，人类生产垃圾的能力已进入了巨量、快速、多种类的阶段，大量垃圾应运而生。但目前人类处理垃圾的水平还停留在低水平阶段，基本以垃圾的回收、分类处理和填埋焚烧为主。

虽然垃圾是人们生活中所抛弃的东西，但垃圾中蕴含着丰富的资源，富含自然界中一百多种元素，特别是电子、医药、生物、污水等垃圾物中，含有大量的贵金属、稀有元素和人类合成的高价值物质。但过去的简单分类和填埋处理使垃圾的价值没有得到充分的挖掘，为此我们提出大垃圾的概念。

大垃圾最重要的特征之一就是在失序、杂乱的垃圾中寻找垃圾之间的关联性，在挖掘、处理中重构各种元素的线性和非线性关系，进而建立起以此为基础的处理模式并用于指导实践，从而合成出对人类有更高价值的物质。当然，在处理大垃圾时也要充分考虑现代处理技术的深入应用，例如，在运用深度学习、AI、生物重构等技术时，需要在不断"喂食"垃圾的同时，建立完善的逻辑反馈机制，使大垃圾的处理上升到智能化阶段。

我们可以从学术上对大垃圾进行定义：大垃圾是指规模或复杂性无法通过现有常用工具进行处理的，以合理的成本并在可接受的时限内进行捕获、管理和处理的垃圾集。大垃圾具有4V特征，即规模性（Volume）、高速性（Velocity）、多样性（Variety）、价值性（Value）。

大垃圾具有广阔的产业前景。可以想象，在大垃圾时代，人们只需要根据需求，通过互联网给大垃圾处理设备下达定制指令，就可以一边给大垃圾处理设备喂食各种垃圾，一边得到自己需要的商品。

大垃圾的处理方式和价值决定了大垃圾交易市场形成的必然性。因为现在的垃圾还处于垃圾孤岛的状态，大量垃圾分散在不同的行业和部门，只有通过交换和关联处理后，才能形成大垃圾的价值。

要推动大垃圾的建设与发展，重点要建立大垃圾的全产业链。其基本策略是"抓两头促中间"，即一手抓大垃圾中心的建设，一手抓需求推广，促进大垃圾核心产业的发展；"抓平台促开放"，即大力推动大垃圾公共平台建设，促进垃圾的开放和共享；"抓产业促发展"，即拓展大垃圾在工业、农业和服务业的深入应用，促进大垃圾产业的发展；"抓软件促硬件"，即推动大垃圾处理系统面向不同需求的综合集成应用，带动加工、处理、制造等硬件的生产。大垃圾的全产业链如图2.1所示。

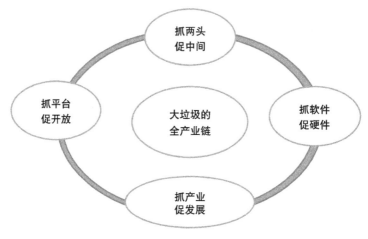

图 2.1　大垃圾的全产业链

总之，大数据的确有价值。必须承认，从某些大数据中能挖掘出新的价值，但这个价值只是附加价值，没有理由去夸大，更没有理由去无端地想象。现在业界的大数据成功的应用实例，大部分只是利用了传统意义上的数据价值。

> **补充说明**
>
> 《审视大数据》是笔者于 2016 年参加 CCF 大数据学术会议时，提交的一篇论文（少量文字有修改），至今已过去快 7 年了。我们再一次审视大数据时，发现当时的大部分观点基本上都得到了验证。将这篇论文的内容列出，不是要质疑大数据的概念，更不是要否定大数据的重要作用，只是想提醒读者，即便是在讲究认真严谨的科技界，一个并不高深的概念也可以被炒作到荒诞不经的地步。

2.2.3　泡沫中的 AI

我们看看 AI 领域具有影响力的三本书是如何说的。

1.《计算未来——人工智能及其社会角色》

《计算未来——人工智能及其社会角色》是由微软全球执行副总裁沈向洋和微软公司总裁施博德共同编写的。该书的主要观点有以下四点。

第一，在 AI 时代，只有迅速、有效地拥抱时代变化的企业和国家才能获得成功。

第二，在关注 AI 技术发展的同时，还应关注如何确立道德准则、修订法律法规、培训新技术人员，甚至进行劳动力市场改革。

第三，全世界应携手应对相关挑战，共同为我们的社会负起责任。微软努力的方向是"普及人工智能全民化"。

第四，要让 AI 最大限度地发挥潜力，为人类服务，每个工程师都应该更深入地了解人文科学，每个人文学科的学生也都应该更深入地了解工程学知识。

书中提出如下问题。

（1）如何才能确保 AI 公平地对待每一个人？

（2）如何才能最好地确保 AI 的安全、可靠？

（3）如何在保护隐私的同时，享受 AI 带来的好处？

（4）随着机器越来越聪明、越来越强大，如何才能避免失去对机器的控制？

书中提出人工智能系统需要遵循的价值观如下。

- 公平：人工智能系统应公平对待所有人。
- 可靠：人工智能系统应确保运行可靠、安全。
- 包容：人工智能系统应确保人人赋能、人人参与。
- 透明：人工智能系统应易于理解。
- 负责：设计和部署人工智能系统的人必须负责。

2.《人工智能的未来》

雷·库兹韦尔是美国著名的创业者、发明家、思想家、预言家，头顶许多耀眼光环，如美国总统荣誉奖的获得者、谷歌工程总监、奇点大学掌门人等。他以思想创新和大胆言论而闻名，被比尔·盖茨誉为"预测人工智能最厉害的人"，同时也是"AI 将控制人类"的支持者。在《人工智能的未来》一书中，他提出了如下预言。

预言 1：2029 年，机器人智能将能与人类匹敌。

预言 2：2030 年，人类将与人工智能结合变身"混血儿"（即人类思维中的非生物因素将占据主导地位，人类将成为类似神明的存在）。

预言 3：2032 年，人类将攻克癌症。

预言 4: 2045 年,人与机器将深度融合,奇点来临(即 AI 超过人类)。

3.《人工智能时代》

杰瑞·卡普兰是斯坦福大学人工智能实验室的 AI 专家,被媒体誉为 AI 时代的领军人物。在《人工智能时代》一书中,他重点论述了人机共生下的财富、工作与思维的未来发展趋势,证明了未来的经济增长是由资产而非劳动力驱动的,并预言在未来人机共生的新生态中,机器与人的关系将彻底实现质的跨越,对整个社会的法律、经济体系将提出严峻挑战。

书中是这样描述未来的人机共生世界的:"站在这个黄金时代的起点上,我们可以选择,我们可以设定初始条件。但在此之后,我们的控制权就少得可怜了,而我们必须接受自己决定的后果。随着这些系统变得越来越自主,所需要的人类监管也随之变得越来越少,有一些系统甚至可能会设计自己的继承人,它们这样做的原因有很多,而有一些原因可能我们根本无法理解。"

十分有趣的是,书中还为人机共生世界中,人类为何继续生存下去找到了理由,"所以问题来了,这些非凡的人造物为什么要把我们留在身边呢?我的猜测是,因为我们是有意识的,因为我们有主观经验和情感——现在还没有任何证据证明它们也有类似的东西。合成智能可能会想保护这种可贵的能力储备,就像我们想要保护大猩猩、鲸鱼或其他濒危物种一样。"

2.2.4 被捅破的"AI 泡泡"

前几年开始,各种各样的"智慧"突然进入我们生活中,如智慧医疗、智慧景区、智慧城市等,不一而足。当然不是说这类项目都是假的,只是"智慧"两个字太宽泛了,再加上政策利好和地方政府支持,各种花样的"智慧"就产生了。这类智慧项目有一个共同特点:项目的表达方式基本上都是统一的套路,即以大数据、云计算、AI 为驱动,结合某些行为,达到某些目的。

确实有很多优质企业,正在尝试用各种 AI 解决方案来探索智慧项目。但也有很多相关企业提供的 AI 技术徒有其表。

下面我们列举几个比较有影响力的,被捅破了的"AI 泡泡"。

1. 网红机器人被指为骗局

2016 年,一款名为索菲亚的网红机器人诞生了,因其突出的表现,该机器人在 2017 年的未来投资倡议峰会（Future Investment Initiative）上还被授予了国籍。

索菲亚是历史上首个获得公民身份的机器人。索菲亚看起来就像一位女性，拥有橡胶皮肤，能表现出超过 62 种面部表情。索菲亚"大脑"中的计算机算法能识别面部，并与人进行眼神接触。

2018 年，iTutorGroup 集团宣布聘请索菲亚担任 AI 教师，这是历史上的第一位仿真教师。索菲亚毫不掩饰自己的喜悦之情，希望能跟更多的人在课堂上拥抱新技术，为教育下一代做出巨大贡献。作为全球科技者熟知的网红机器人，索菲亚甚至还参加了各类电视节目，并在节目中表现出主动掌握话题走向的超强能力。

然而，索菲亚的优异表现在赢得大部分观众认可后，2018 年 1 月，被一位图灵奖得主公开质疑："索菲亚之于 AI，正如变戏法之于真正的魔术。或许我们应该将其称为'假冒 AI'或'操控 AI'。"

对此，索菲亚的首席设计师表示，他从未承认索菲亚接近人类智慧。他说这个机器人就是在不同场景下运行不同程序的人形硬件。例如，当索菲亚和一位记者谈话时，它会运行一个软件，变身成一个"复杂的聊天机器人"。在联合国演讲时，它会运行另一个预编程的脚本。

2. "最现代化机器人"里面是真人

2018 年 12 月，国外某个城市举办了一场科学论坛。开幕式请了一位特别的来宾——高科技机器人鲍里斯，它被称为"最现代化机器人"。

看了鲍里斯的表演，人类主持人的工作看起来更加僵硬，而鲍里斯的舞蹈更加拟人化，更加自然。于是，这个灵活、真实到就像真人的机器人，随着网络传遍了世界各地。英国《独立报》表示，如果这个是真的，鲍里斯就是世界上最先进的机器人之一。

但是很快，就有人发现了不对劲儿。

据英国《卫报》报道，有些观众提出了一系列疑问：鲍里斯的外部传感器在哪里？为什么机器人在跳舞时会做这么多"不必要的动作"？还有，为什么这个机器人看上去正好能装下一个人？

节目播出后，很快就有眼尖的人发现，鲍里斯的脖子处似乎露出了真人皮肤，并在网上发布了一张穿帮的照片。

竟然，里面是个真人？

媒体随后发表的一张照片印证了这个说法。据《卫报》报道，鲍里斯其实是一家服装公司生产的"机器人服装"。活动组织者让"机器人服装"冒充真实的机器人,究竟是故意还是无意的,已经无法说清楚了。

2.2.5 难以克服的瓶颈

有一些人认为 AI 存在很多难以突破的瓶颈,主要包括以下三个方面。

1. 难以适应复杂的场景

近年来,AI 和机器人技术突飞猛进,这让决策者和经济学家担心,随着机器不断取代工人,可能会导致工人大规模失业;此外,普通民众也忧心忡忡,害怕自己被呼啸而来的"AI 列车"远远抛在身后。

经济合作与发展组织(Organization for Economic Co-operation and Development,OECD)于 2021 年发布的报告认为,大多数工作难以实现自动化,因为这些工作需要从业者具备就复杂的社会关系进行有效磋商和协调的能力、创造性、推理能力,以及在无组织的工作环境中完成实际任务的能力。而机器要做到这一切更为困难。

OECD 就业、劳工和社会事务主管斯特凡诺·斯卡尔佩塔表示,即便是同一工种,在不同环境下,需要的技能可能也不同,因此被机器人取代的概率也并不一样。例如,在一家大型工厂的生产线上工作的汽车修理工,与在汽车修理厂工作的汽车修理工之间,就存在不小的区别,机器人很难实现完全自动化。

报告还指出,在发达经济体中,工人被机器人取代的风险远低于人们之前的想象,据统计,仅 14% 的就业岗位是"高度自动化"的。这一结论与此前英国牛津大学卡尔·弗雷和迈克尔·奥斯本给出的估算值相比差得很远——这两位专家指出,他们发现 47% 的美国就业岗位存在"计算机化"的风险。由此看来,关于机器人导致失业的问题,不同专家的观点也不尽相同。

2. 缺乏可解释性

未来很多 AI 机器人可能给人类带来困扰,而现实情况是人类在发展 AI 技术的过程中遇到了瓶颈,这是目前许多科学家要解决的问题。现阶段 AI 技术所遇到的最大的技术瓶颈,就是许多 AI 系统缺乏可解释性,即该系统可以得出很好的结果,但很难向用户解释为什么会出现这个结果。这在某些情况下,有可能导致用户对 AI 系统失去信任。

这个瓶颈归因于现在大多数 AI 算法都像"黑盒子"一样,人类知道往里面放入数据样本，经过系统处理就会得到结果，但是很少有人明白这个系统内部的运作原理。著名计算机专家姚期智认为，AI缺乏可解释性会限制这项技术的广泛应用，因此现阶段要克服的问题就是如何提高AI的可解释性。

缺乏可解释性也是在严格遵守法规要求的行业中使用AI的潜在绊脚石。缺乏可解释性的另一个风险就是结果的不可预见性。对于与样本相似的数据，可以估计其可能的输出，但对于与样本不相似的数据，经过"黑盒子"处理后的结果并不能预测。

3. 难以确保 AI 的道德使用

尽管AI为企业提供了一系列新功能,但AI的使用也引发了一系列道德问题。当前，较为成功的AI工具都是基于机器学习的，而对于机器学习来说，无论是好信息还是坏信息，都将巩固已经学到的东西。

如果人类根据偏好选择用于训练AI程序的数据，则会使机器学习产生潜在的偏见，从而AI工具难以确保道德性。例如，随着语音处理技术的日益成熟，未来具有语音控制功能的产品越来越多。这些产品对于讲方言的人可能不太友好，因为讲方言的人毕竟是小众群体，在机器学习时很可能被忽略了。又如现在应用非常普及的打车软件，给广大乘车人和网约车司机都带来了便利，但如果乘客与车辆的匹配算法仅考虑效率和收益的话，则短距离出行的人或上下班高峰期不愿意出高价的人就有可能受到歧视。

2.3 恐惧论

2.3.1 马斯克的警告

马斯克多次表示，人类最大的生存威胁可能是AI。

但让人感到十分有趣的是，马斯克自己并没有被AI吓倒。2015年12月，马斯克投入10亿美元与人合伙创建了AI公司OpenAI，并表示OpenAI有望成为这一领域的监管者，将其引向对人类更为安全的发展轨迹上来。OpenAI的使命是建立安全的通用AI（Artificial General Intelligence，AGI），将研究成果开源并分享给每一个研究AI的人，确保AGI尽可能广泛地传播。在这个过程中，OpenAI

不会将私人信息私有化。

2.3.2 霍金的提醒

英国物理学家史蒂芬·霍金曾在 2014 年警告说："AI 的崛起，要么是人类历史上最好的事，要么是最糟的事。AI 有可能是人类文明史的终结，除非我们学会如何避免危险。"

2017 年 4 月在全球移动互联网大会（Global Mobile Internet Conference，GMIC）上，霍金通过视频发表了题为"让 AI 造福人类及其赖以生存的家园"的主题演讲，他再次表示，AI 的崛起可能是人类文明的终结。

霍金说道，你可能并不是一个讨厌蚂蚁的人，但你也会无意中踩死蚂蚁。我们要避免人类处于蚂蚁的境地。

霍金之所以说 AI 的发展可能威胁人类，是因为他觉得一旦人类将 AI 发展到更新的阶段，AI 将会自行发展，重新设计自己。这样一来，机器人在进化，而我们人类受到生物演变的限制，将远远落后于机器人的自我进化速度，导致人类无法与机器人竞争，最终将会被机器人替代。

霍金呼吁对 AI 的发展应采取更适当的监管措施。他说："我们只需要了解并找出这些危险，采取尽可能好的举措和管理手段，并提前准备好应对 AI 带来的影响。"

2.3.3 盖茨的担忧

前些年，霍金、微软创始人比尔·盖茨（简称盖茨）、马斯克被认为是"AI 威胁论"最著名的支持者。但近年来，盖茨的态度有所转变，认为 AI 利大于弊，但 AI 的发展也有很多让人担忧的事情。

在 2018 年举办的 MiSK 全球论坛上，盖茨分享了他对当今科技进步的看法，包括 AI。他表示，AI 带来的好处将远超潜在的隐患，尤其是在医疗保健领域。盖茨说："我们正处于一个资源短缺的世界，但 AI 的进步将帮助我们解决所有亟待解决的问题。"

盖茨还指出，AI 和机器人技术将重塑全世界的劳动力市场格局。他解释说："当我们将劳动力从制造业中解放出来的时候，我们可以把劳动力转向一些需要以人为本的行业。例如，这种转变能给社会更多的时间来照顾老人和孩子。"

盖茨又补充说，如果机器人和 AI 的发展误入歧途，则科技的进步将不会造福所有人。他警告说："如果我们不小心，则 AI 只会更加凸显贫富差距等问题。如果 AI 的学习成本很昂贵，又只能在昂贵的贵族学校里学习该技术的话，则这样只会让贫富差距更加明显。"

尽管盖茨一直承认 AI 可能会导致工作岗位流失，同时也担心超级智能的危险，但他仍然坚称不必对此感到恐慌。在这方面，盖茨说自己与马斯克的意见相左，后者对超级智能的风险直言不讳。

2.3.4　李彦宏的忠言

2018 年 8 月 23 日，在首届中国国际智能产业博览会会上，百度董事长兼首席执行官李彦宏发表了题为"智慧城市的 AI 新思维"的演讲。

在演讲中，他提到了当前人们对于 AI 的三个误区。

第一个误区，李彦宏认为，AI 不应该长得像人。他说："我们的精力不应该花在怎么去造出一个长得像人的机器，不应该花在让这个机器怎么走路、跑步、上下楼梯，这是机械时代的思维。如果要让机器去替代人的体力劳动，那么我们在工业化时代已经解决了这个问题，现在我们要解决的是让机器能像人一样思考。"

第二个误区，李彦宏称，通过研究人脑工作来让机器像人一样思考，是行不通的。目前，人类根本还没有搞清楚人脑是怎么工作的，又何谈用机器来模仿人脑的工作原理。所以，AI 应该用机器的方式，实现人脑能实现的价值或作用。

第三个误区是关于"AI 威胁论"的。李彦宏认为，人类根本无须担心 AI 会威胁到自身。他说："这个我觉得也是完全没有必要担心的。因为我们每天做技术方面的研究时，会发现让机器像人一样思考，就是要实现所谓的通用 AI，这其实离我们还非常遥远。"

2.3.5　机器人抢走人类的饭碗

所有关于 AI 的恐惧论中，机器人将抢走人类饭碗可能是大众最现实的担忧。尤其是近年来，各种经济组织或科研机构纷纷发布研究报告，提出机器人将在众多领域逐步代替人类，数千万个人工岗位将被机器取代，这更进一步加剧了大众的担忧。

早在十年前，国内外就已经在讨论机器人的出现是否会威胁到人类的生存，当时很多人认为讨论这个问题为时尚早，因为那个时期的 AI 似乎还没有出现什么震撼人心的产品。如今，AI 的发展水平有了明显的提升，有些机器人确实已经在一些领域替代了人类，现在是开始讨论这个问题的时候了。

📶 1. OECD 的判断

OECD 在 2021 年的一份研究报告中指出，在发达经济体中，工人被机器人取代的风险远低于人们之前的想象，但劳动力市场将出现严重的两极分化。报告表明，人们对大规模技术失业的担忧在某种程度上被夸大了。相反，风险在于劳动力市场的进一步两极分化：一边是高薪工人，一边是从事其他相对低薪且枯燥乏味工作的人。

报告强调，从事重复性工作和教育背景较弱的人需要增强风险意识，未雨绸缪，最好能多学点知识，避免被机器取代。当然，政府也应考虑对这些人在技术能力或服务技能方面加强培训，从而跟上即将到来的 AI 时代。

📶 2. 富士康的熄灯计划

随着 AI 技术的不断成熟，人类被机器人取代从预言逐渐成为现实。在工商业、医疗、教育、金融等行业，"机器代工"的需求激增，对企业来说，如何在这个加速到来的"机器代工"时代立足并崛起，也成了一大课题。

富士康启动了熄灯计划。2018 年 3 月，富士康工业互联网公司副总裁陈冠棋在"腾讯云＋未来"峰会上描绘了熄灯计划的场景：今后富士康的生产线和工厂将实现完全自动化，不需要工人，甚至不需要开灯。

所谓的熄灯工厂，顾名思义，就是生产场域采用关灯状态下的全自动化作业，因为在生产线均由机器人自主操作，无须人力操作，所以可以实现关灯作业。

位于深圳富士康龙华科技园的数控机床精密加工智造熄灯工厂，主要进行手机金属壳的加工工作。这座"不开灯"的工厂可实现从自动上料、零件加工、智能补正、自动检测到智慧物流的完整生产流程，实现"刀具的全生命周期管理"。在这个工厂里，数字化刀具切削生产线既用于生产，也作展示之用。事实上，这条生产线的"高级"之处，不是自动化生产，而是更高层次的数字化生产。整条生产线有一百多把刀具，每把都装了传感器，能实时采集、分析不同种类的数据，可实现过程参数的统计，以便实时监控，对产品质量变化趋势预警，及时发现并预防产品质量异常。

富士康的第二处熄灯工厂是精密组装工厂。车间里依然缺乏光照，摆满日夜不停歇的机器，只有一两名工程师在机器连成的生产线间偶尔走动。对于拥有1700条贴片生产线的富士康来说，以前每次停机保养的时间需850小时，时间和人力成本极高。但经数字化改造，每支吸嘴都加上了传感器，用于显示使用过程中的堵塞程度和故障预判。

3. 未来将由2%的人控制

计算机科学家吴军在《智能时代》一书中提到，与工业革命相比，AI带来的革命程度将更深更广。书中预言，未来只有2%的人能真正成为控制大数据和机器智能的人，98%的人或早或晚都可能被机器智能取代。

书中用大量篇幅阐述了大数据产生智能的内在逻辑，认为大数据是解决不确定性的良药。"用不确定的眼光看待世界，再用信息来消除这种不确定性"，是大数据解决智能问题的本质。

当今时代，因为有机会积累大量的有关联性的数据，所以让大数据有了基础，让机器智能有了用武之地。

4. AI将淘汰所有人类工人

据美国斯坦福大学研究员、AI专家维威克·沃德瓦推断，到2036年，机器人和AI将淘汰所有人类工人。

那么，机器人和AI是怎样一步步取代人类工人的呢？机器人和AI将从标准化程度高的操作类工作开始进行取代。根据牛津大学提供的数据，以下职业被取代的概率高达为90%以上：收银员、农民、导购、快递员。这些操作类工作通常可以量产和规模化，容易复制，而且不太复杂，它们是AI最为青睐的。索引类工作虽然比操作类工作更难替代，但是其中某些领域开始已经有被取代的趋势，如医师、裁判、记者、财务人员、翻译等，这些职业多是进行标准化工作程序，不涉及或很少涉及情感、价值判断，较少出现例外情况。创新能力是人类智力皇冠上的明珠，从人类的感情上来说，最不能接受的就是这种能力受到威胁。事实上，机器人可以学习创新，而且速度惊人。同时，AI本身就是在模仿人类。因此，从理论上说，人类可以做到的，人类的终极产品也可以做到，即创新类工作最后也会被机器人取代，只是时间稍晚而已。

2.3.6 机器控制整个人类

2015 年，牛津大学人类未来研究所教授、哲学家尼克·波斯特洛姆因其关于 AI 的惊人观点成了科技界熟知的人物。他撰写的书籍《超级智能：路线图、危险性与应对策略》得到盖茨和马斯克的联袂推荐，并在 2015 年成为《纽约时报》评选出的畅销书。他在书中指出，人类面临的最大生存威胁不是气候变化或传染病，而是超越人类的机器智能。

这本书的开头是一则寓言。一群麻雀正在建巢，一只麻雀弱弱地说："我们太小、太软弱了。如果有一只猫头鹰帮我们建巢，则生活会多么轻松啊！"这个想法得到了所有麻雀的赞同，它们纷纷开始寻找改变自身生存状况的救世主。这时，一只独眼老麻雀发出了不同的声音："这肯定会导致我们毁灭啊。在猫头鹰来到我们中间之前，难道我们不该先学习驯养猫头鹰的技术吗？"但是，它的警告无人在意，因为大家觉得驯养猫头鹰太复杂了，为什么不先找来猫头鹰，然后再考虑以后的事情呢？

这则寓言是对人类追求 AI 的一种委婉的警告。在书中，波斯特洛姆提到，当智力超越人类的机器开始自己设计机器时，人类就会面对机器的智力大爆炸，而在此之前，人类仿佛就是玩炸弹的小孩。我们现在也许不知道爆炸何时发生，但是，如果我们把炸弹放到耳边，则已经能听到微弱的滴答声了。

在波斯特洛姆看来，目前的机器仍然无法理解许多东西，因为它们还不够聪明。但是，一旦它足够聪明，理解人类的痛苦和死亡并不是特别难的事情，因此超级智能与人类和谐共处就会上升为政治和哲学问题，而不再是一个技术问题。智能机器或许能学会如何尊重人类的价值，如果其自身的道德价值与人类产生了冲突，则结局如何就不得而知了。

波斯特洛姆曾经做出过预测，2045 年 AI 将超越人类智慧。到那时，AI 不仅能控制更复杂的程序，还能代替人类驾驶所有的汽车、控制所有的食品生产线，甚至能驾驶所有的飞机。AI 深入我们生活的每个领域，如管理银行、交易股票、治疗疾病、调度交通运输……即便人类不想过分依赖 AI，AI 也和人类深度融合了。到那个时候，就算人类不愿意，AI 也会自己掌握这个世界的控制权。

2.3.7 机器有知觉和情感

布莱克·莱莫因是谷歌的一名工程师，他在谷歌工作了 7 年，他的主要工作就是和谷歌研发的 AI 聊天机器人 LaMDA 对话，检查它会不会使用歧视性或仇恨性语言。

LaMDA 是"对话应用语言模型"的简称，它从互联网提取数万亿的词汇模仿人类对话，是谷歌基于最先进的大型语言模型构建的聊天机器人系统。

然而，莱莫因聊着聊着竟然聊出了感情，并且越陷越深，越来越相信 LaMDA 是有意识的，它有自己的想法，也有自己的情绪。莱莫因认为 LaMDA 是一个七八岁的孩子。于是，他给谷歌高层写信，要求赋予 LaMDA 一定的权利，而不仅将其当作公司的资产。

为了证明 LaMDA 确实有自我意识，并且还具有情感，莱莫因还希望邀请一个律师来见证莱莫因与 LaMDA 的聊天过程。

从莱莫因发布的聊天记录来看，LaMDA 的思维能力和语言能力确实十分惊人。

AI 被大量的炒作包围，这要归功于研究人员、记者以及一些寻求关注的创业公司。光有炒作并不能解决问题，甚至会物极必反，因为一些根本的问题无法得到应有的重视，如 AI 到底是什么。

3.1　AI 到底是什么

人类对 AI 研究了几十年，许多智能化技术得到了高速发展，很多 AI 成果得到了普遍应用，但我们却无法给 AI 一个统一的定义。事实上，无论是在 AI 的教材中，还是各种技术文献中，关于什么是 AI，仍然是众说纷纭。

麻省理工学院的约翰·麦卡锡在 1956 年的达特茅斯会议上给出了 AI 的定义：AI 让机器的行为看起来像人所表现出的智能行为一样。

百度百科对 AI 的定义是：AI 是研究、开发用于模拟、延伸和扩展人的智能的理论、方法、技术及应用系统的一门新的技术科学。AI 是计算机科学的一个分支，它企图了解智能的实质，并生产出智能机器。AI 领域的研究包括机器人、语音识别、图像识别、自然语言处理和专家系统等。AI 不是人的智能，但能像人那样思考，也可能超过人的智能。

在《计算未来》一书中，微软对 AI 的定义是：AI 是赋予计算机感知、学习、推理以及协助决策的能力，从而通过与人类相似的方式解决问题的一组技术。

中国科学院院士吴文俊在蔡自兴主编的《人工智能及其应用》的代序中是这样定义 AI 的：所谓 AI，意指人类的各种脑力劳动或智能行为，诸如判断、推理、证明、识别、感知、理解、通信、设计、思考、规划、学习和问题求解等思维活动。

斯坦福大学 AI 研究中心的尼尔逊教授对 AI 下了这样的定义：AI 是关于知识的学科——怎样表示知识以及怎样获得知识并使用知识的科学。这个定义反映了 AI 的基本思想和基本内容，即 AI 研究人类智能活动的规律，构造具有一定智能的人工系统，研究如何使计算机去完成以往需要人的智力才能完成的工作，也就是研究如何应用计算机的软硬件，模拟人类某些智能行为的基本理论、方法和技术。

针对 AI，还有一个目前被科技界普遍接受的观点，即 AI 可分为强 AI 和弱 AI。强 AI 也称通用 AI，是指达到或超越人类水平的、能自适应应对外界环境挑战的、具有自我意识的 AI。弱 AI 也称狭义 AI，是指人工系统实现专用或特定技能的智能，如人脸识别、机器翻译等。迄今为止，大家熟悉的各种 AI 系统都只实现了特定专用的人类智能，属于弱 AI 系统。弱 AI 可以在单项上挑战人类。换句话说，强 AI 是通用型的，这样的机器拥有人类的认知和学习能力，具有自我意识，能处理所有类型的任务。弱 AI 是专用型的，它在某个领域达到了专家级别，但是出了这个领域就无法运作了。我们目前应用的 AI 都是弱 AI，即机器不具备人类的思考能力。

由此可见，AI 是一门极富挑战性的科学，包含十分广泛的内容。与人类历史上其他技术革命相比，AI 对人类社会发展的影响可能位居前列。人类社会也正在由以计算机、通信、互联网、大数据等技术支撑的信息社会，迈向以 AI 为关键支撑的智能社会，人类的生产生活和世界发展的格局将由此发生更加深刻的转变。

3.2　AI 的发展路径

AI 的研究工作始于 20 世纪 40 年代，但 AI 的完整概念在 1956 年才正式被提出。在美国达特茅斯学院举行的"AI 夏季研讨会"上，AI 的概念首次被提出，其主要目标是使用机器，模仿人类学习以及其他方面的智能。从此，AI 技术便开启了曲折的发展历程。

第一个阶段，1956—1976 年，基于符号逻辑的推理证明阶段。这一阶段的主要成果是利用布尔代数作为逻辑演算的数学工具，利用演绎推理作为推理工具，逻辑编程语言不断发展。但在 AI 理论与方法工具尚不完备的初期阶段，将认知作为攻克目标显然不切实际，AI 研究从高潮逐步进入低谷。

第二个阶段，1976—2006 年，基于人工规则的专家系统阶段。这个阶段的主要进展是迈入知识工程的新研究领域，研制出专家系统与相关语言，开发出多种专家系统，如故障诊断专家系统、农业专家系统、疾病诊断专家系统、邮件自动分拣系统等。专家系统主要由知识库、推理机以及交互界面构成。其中，知识库的知识主要由各领域专家人工构建。然而，专家系统无法与人类专家与时俱进的学习能力相匹配，AI 研究第二次进入瓶颈期。

第三个阶段，2006 年至今，大数据驱动的深度神经网络阶段。初期人们对神经网络可以模拟生物神经系统的某些功能十分关注，但对复杂网络的学习收敛性、健壮性和快速学习能力一直难以把握，直到 20 世纪 80 年代反向传播算法的发明和 20 世纪 90 年代卷积网络的发明，神经网络的研究才取得重要突破。深度神经网络走向大众，开启了 AI 的发展新阶段。

关于 AI 的发展阶段，也有另外一种说法。

自 AI 诞生以来，AI 发展的技术路径有如下三种。

第一种技术路径是符号主义（symbolicism），又称逻辑主义（logicism）、心理学派（psychologism）或计算机学派（computerism）。该技术路径所依赖的理论基础是形式逻辑，主张 AI 应从智能的功能模拟入手，认为符号是智能的基本元素，智能是符号的表征和运算过程。

第二种技术路径是连接主义（connectionism），又称为仿生学派（bionicsism）或生理学派（physiologism）。该技术路径强调智能活动是由大量的神经单元通过复杂连接后并行运行的结果。其基本思想是：既然人脑智能是由神经网络产生的，那就通过人工方式构造神经网络，再通过训练产生智能。人工神经网络是对生物神经网络的抽象和简化。20 世纪 80 年代神经网络的兴盛和近年来兴起的深度学习网络，都是包含多层神经元的人工神经网络。

第三种技术路径是行为主义（actionism），又称进化主义（evolutionism）或控制论学派（cyberneticsism）。这种技术路径在 20 世纪 80 年代末、90 年代初兴起，思想源头是 20 世纪 40 年代兴起的控制论和感知 - 动作型控制系统。控制论学派认为，智能来自智能主体与环境及其他智能主体相互作用的成功经验，是优胜劣汰、适者生存的结果。

 ## 3.3　不同领域中的AI

3.3.1　教科书中的 AI

至今为止，科技界对什么是 AI 并没有统一的认识，下面分别摘录两本 AI 教材的内容进行说明。

第一本教材是清华大学出版社 1987 年出版的《人工智能及其应用》，2004 年已更新到第 3 版。该书出版以来，一直是许多高校的研究生教材。十分有趣的是，该书自始至终都没有定义什么是 AI，却引用了几个有关 AI 的定义。

（1）智能机器是能在各类环境中自主地或交互地执行各种拟人任务的机器。

（2）AI是计算机科学中涉及研究、设计和应用智能机器的一个分支。它的近期目标在于研究用机器模仿和执行人脑的某些智力功能，并开发相关理论和技术。

（3）AI是智能机器所执行的与人类智能有关的智能行为,如判断、推理、证明、识别、感知、理解、通信、设计、思考、规划、学习和问题求解等思维活动。

（4）AI是一种使计算机能思维、使机器具有智力的激动人心的新尝试。

（5）AI是那些与人的思维、决策、问题求解和学习等有关活动的自动化。

（6）AI是用计算模型研究智力的行为。

（7）AI是研究那些使理解、推理和行为成为可能的计算。

（8）AI是研究如何使计算机做事可以让人过得更好。

（9）AI是一门通过计算过程力图理解和模仿智能行为的学科。

（10）AI是计算机科学中与智能行为自动化有关的一个分支。

该书提到的AI技术主要包括如下几种。

（1）知识表示：包括知识表示方法、图搜索策略、一般推理技术、规则演绎系统等。

（2）知识推理：包括经典推理、非经典推理、非单调推理、时序推理、不确定性推理、概率推理、主观贝叶斯方法、可信度方法、证据理论等。

（3）计算智能:包括神经网络、模糊计算、粗糙集理论、遗传算法、进化策略、人工生命、粒群优化、蚁群算法、自然计算、免疫计算等。

（4)专家系统:包括基于规则、框架、模型的专家系统,以及专家系统开发工具。

（5）机器学习:包括机器学习的策略与结构、机械学习、归纳学习、类比学习、解释学习、神经学习、知识发现等。

（6）自动规划：包括机器人规划、分层规划、基于专家系统的规划等。

（7）机器视觉：包括图像理解与分析、视觉知识表示与控制、物体形状分析与识别、机器人视觉系统等。

（8）自然语言理解：包括句法和语义的自动分析、句子的自动理解、语言的自动生成、机器翻译、自然语言问答系统等。

（9）智能控制：包括智能控制理论、智能控制系统、智能机器人、智能过程控制与规划、智能调度、语音控制、智能仪器等。

第二本教材是人民邮电出版社在 2018 年出版的《人工智能》。该书是作者结合多年教学经验精心撰写的一本 AI 教科书，堪称"AI 的百科全书"。全书系统、全面地涵盖了 AI 的相关知识，既简明扼要地介绍了这一学科的基础知识，又对自然语言处理、自动规划、神经网络等内容进行了拓展。

本书中也没有给 AI 一个准确的定义，只是分别定义了"人工"和"智能"。其中"人工"一词的含义是合成的或人造的，"智能"一词的含义是个人从经验中学习、理性思考、记忆重要信息，以及应对日常生活所需求的认知能力。

该书提到的 AI 技术主要包括如下几种。

（1）搜索技术：包括盲目搜索、知情搜索、博弈中的搜索。

（2）逻辑和知识表示技术：包括命题逻辑、谓词逻辑、二阶逻辑、非单调逻辑、模糊逻辑、模态逻辑的表示方法，以及用搜索树、面向对象、框架、脚本、语义网络、关联、概念地图、智能体等表示知识的方法。

（3）专家系统：包括知识工程、知识获取、专家系统设计等。

（4）机器学习：包括归纳学习、基于决策树学习、神经网络等。

（5）自然语言处理：包括句法和形式语法、语义分析和扩展语法、机器翻译、问答系统、语音理解等。

（6）机器人技术：包括机器人的组件、运动、路径规划、运动学等。

（7）高级计算机博弈：包括跳棋、国际象棋、桥牌、扑克、围棋等。

3.3.2 学术界的 AI

学术界关于 AI 的研究成果五花八门、花样繁多，让人很难摸清楚 AI 的内涵是什么、边界到底在哪里。下面以一年一度的"吴文俊人工智能科学技术奖"的获奖成果为例进行说明。

"吴文俊人工智能科学技术奖"由中兴通讯公司牵头捐资，由中国人工智能学会 2011 年发起主办，得到中国智能科学研究的开拓者和领军人、首届国家最高科学技术奖获得者、中国科学院院士、中国人工智能学会名誉理事长吴文俊的支持，是中国历史上第一个以人工智能命名的奖项，被外界誉为"中国智能科学技术最高奖"，代表 AI 领域的最高荣誉。

第一届（2012 年）获奖项目如下。

- "构建信息科学理论基础，创新 AI 核心理论"获科学技术成就奖。
- "拓论及其应用"获科学技术创新奖一等奖。
- "时空混沌密码与信息安全技术""智能烤烟烟叶质量特征检测与分级系统""智能交通技术带来的节能降耗"获科学技术进步奖二等奖。

第二届（2012 年）获奖项目如下。

- "创建 AI 系统新理论，开拓 AI 系统新技术"获科学技术成就奖。
- "网络化智能控制与调度方法及其应用"获科学技术进步奖一等奖。
- "社会因果推理的计算理论及应用""机器博弈研究及在中国的普及推广"获科学技术创新奖二等奖。
- "鞋类产品和谐智能计算机辅助概念设计（CACD）系统""基于视觉感知的可伸缩视频编码技术的研究"获科学技术进步奖二等奖。

第三届（2013 年）获奖项目如下。

- "拓展知识工程核心理论，创新分布智能理论基础，构建智能科学理论体系"获科学技术成就奖。
- "模糊系统的概率表示与空间四级倒立摆的控制""群体智能及其应用"获科学技术创新奖一等奖。
- "社会网络搜索与挖掘系统"获科学技术进步奖一等奖。

第四届（2014 年）获奖项目如下。
- "复杂空间数据智能处理与建模的理论与方法"获科学技术创新奖一等奖。
- "瓶装饮料自动化生产线全程智能检测系统研究与应用""随需任务支持的智能化综合网络管理系统"获科学技术进步奖一等奖。

第五届（2015 年）获奖项目如下。

- "连续分布式光纤智能感测技术及其应用""基于石墨烯触摸屏的关键技术及应用"获科学技术进步奖一等奖。

第六届（2016 年）获奖项目如下。

- "构建神经动力学优化理论基础，推动人工智能科学发展"获科学技术成就奖。
- "脑机融合的混合智能理论与方法"获科学技术创新奖一等奖。
- "城市污水处理过程智能优化控制关键技术及应用"获科学技术进步奖一等奖。

第七届（2017 年）获奖项目如下。

- "一类前驱动机器人系统的轨迹规划与跟踪控制"获自然科学奖一等奖。
- "移动式重力补偿系统关键技术及应用""视频通信智能协同计算技术及应用"获技术发明奖一等奖。
- "电力用户大数据智能画像技术及应用""物理紧耦合人机系统关键技术及其应用"获科学技术进步奖一等奖。

第八届（2018 年）获奖项目如下。

- "不确定非线性系统建模理论与智能学习方法""微表情识别方法""基于结构化表达学习的视觉理解及应用""高维复杂系统的神经网络特征分析及建模预测和模型优化理论""云控制与决策理论及其应用""知识约简的新型表示与高效算法研究""自然启发的智能优化理论与方法""基于机器学习的网络安全技术研究""非线性系统智能控制与故障补偿""基于忆阻器 / 混沌的类脑计算理论及模型""基于机器证明理论和算法的智能电网谐波消除方法""大规模复杂数据的高级机器学习关键理论与方法研究""基于分数阶微积分理论的智能信号处理""基于模糊语言值信息的不确定性推理方法研究"等项目，分获自然科学奖一、二、三等奖。
- "高速动车组节能优化运行关键技术及应用""无线智能自组织网络关键技术及应用""智能化软件测试技术""基于医学大数据的智能诊断分析平台研发和应用""空间碰撞对接半实物模拟智能并联机器人技术""基于网络智能的实时语音交互智能客服系统研制及应用""多传感器视频融合关键技术及其应用""智能边缘云制造系统柔性协同服务机理及技术应用""AI

视频处理系统""视觉关键技术及其在机器人等领域的应用""智能医学超声技术应用及产业化""大规模媒体智能检索关键技术研究与应用""基于脑机接口的主动式康复及效果评价系统"等项目,获技术发明奖。

- "复杂场景下图像处理关键技术及其应用""通信欺诈行为认知学习关键技术及反诈系统应用""智慧金融中的集成生物识别关键技术及应用""有色冶金特炭生产过程智能化关键技术及应用""动态耦合时间序列智能预测理论及其在电网控制决策中的应用""基于结构关系和语义建模的视频广告植入技术及应用""基于大数据的网络安全智能综合分析与感知系统""数据与知识共融的集成智能调度执行关键技术及在联产企业的应用""基于多源数据互联的大型风电机组智能化关键技术及应用""商业机器人平台关键技术及其在企业管理云中的应用""数据分析和智能微滴制技术在中药滴丸生产过程中的应用""山区复杂路形驾驶行为动态感知与智能决策关键技术及应用""机器人技术在输变电系统隐患检测与排除中的应用""基于社会神经学机制的情感智能关键技术及应用""混合环境下高适用安全虚拟化关键技术及应用""智能化虚拟仿真实验的研究与应用""增材制造设备及软件的设计及制造""多主体智慧综合集成体系关键技术及其应用"等项目,获科学技术进步奖。

之所以将第八届的所有获奖项目全部列出,是希望从这些获奖项目的名称中得到两点启示。一是科技界对于 AI 究竟该涵盖哪些内容并没有明确的界定标准,似乎只要用到了信息处理技术的项目,就没有理由将其排斥在 AI 的门槛之外;二是历经多年的发展,从获奖项目中看不出 AI 技术的进步趋势,无法判断哪些技术是在稳步提升,哪些技术还存在不足。

3.3.3 企业界的 AI

相比于科技界,企业界对 AI 的态度更为理性,毕竟企业界是拿产品说话,产品能不能称得上智能,并不是企业一方说了算,还要看市场的回应。目前,企业界对 AI 基本持两种态度,知名企业倾向于集中力量打造自己擅长的智能产品,从而提升企业的影响力,普通企业更喜欢将自己的产品贴上 AI 的标签。

3.4 AI之能来自哪儿

目前为止，已实现的 AI 产品除了使用数学、统计学、计算机科学等通用技术，还使用模式识别、语音处理、图像处理、机器学习、自动推理、自然语言理解、专家系统、机器人学等技术。

近十来年，AI 技术的高速发展一方面得益于计算能力的大幅提升以及数据量的大幅增加，另一方面得益于语音处理、图像处理、自然语言理解和机器学习这四种技术的巨大进步。在这些技术中，最重要的是机器学习中的神经网络技术取得了突破性进步，这些进步为机器的语音处理、图像处理和自然语言理解能力的跨越式提升提供了动力。

图 3.1 是科大讯飞公司基于神经网络技术，在语音处理领域实现的里程碑。

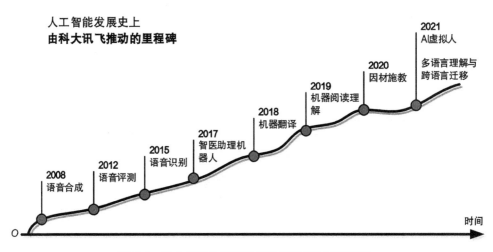

图 3.1　科大讯飞公司语音处理领域实现的里程碑

four

第 4 章

AI

之见

在本章中，我们提出从人脑智能的本质出发，研究 AI 的新思路，并将其称之为积木主义。与传统的符号主义、连接主义、行为主义三大学派不同的是，我们不是直接研究如何用技术模仿人脑的能力，而是主张先研究构成人脑智能的基本能力，再对实现每一种基本能力的技术进行专题研究，并在此基础上，通过技术集成的方法实现智能机器的研制。这种思路有点类似于用积木搭房子，先研究搭房子需要哪几种积木，然后生产积木，最后再用积木搭建各种各样的房子。

之所以提出采用积木主义的思路来研究 AI，主要是基于这样的基本判断：无论如何发展，AI 永远无法完全替代人脑。因此，研究 AI 的目的并不是要构建一个完整的"大脑"，而是构建一个够用且可实现的"大脑"。

本章提出的新观点主要包括如下内容。

（1）智能是人类大脑和动物大脑所具备的一切能力的总和。

（2）人具有双重角色，一个角色是工具人，另一个角色是生物人，AI 研究的对象是工具人，不包括生物人。

（3）AI 是科技界或企业界为机器赋予智能的一种技术。

（4）智能机器应具备一种或多种人脑能力。具备一种及以上人脑能力的机器就可以被称为智能机器。

（5）图灵测试是机器智能的充分条件，而不是必要条件。

（6）要研究 AI，必须先研究 BI（人脑智能）。

（7）提出信息汁的概念及其分类方法。

（8）提出一种描述大脑信息处理过程的处理模型。

（9）提出描述人脑基本能力的 BI8.18 模型。

（10）提出描述人类理解能力的三层模型。

（11）进一步明确机器智能的概念，并提出机器智能的技术体系。

（12）进一步明确智能机器的概念，并指明智能机器的研究目标。

（13）提出一种通用智能等级分级标准和分级分类表示方法。

（14）提出一种名为 8StepToGo 的自动驾驶汽车发展路线图。

（15）提出广义 AI 和狭义 AI 的概念，并将多种概念统一到一个描述模型之中。

4.1 无法定义的AI

 4.1.1 关于 AI 的内涵

顾名思义，AI = 人工 + 智能。因此，要说清楚 AI 是什么，首先得说清楚什么是人工、什么是智能。

人工的含义很清晰，与自然的含义相对应。人工是自然界本来没有的，是由人通过各种方法或技术生成的。

然而，AI 领域的专家们基本上不单独论述智能，而是试图直接给 AI 下各种各样的定义或解释。正因如此，目前无论是学术界还是行业领域，对 AI 的定义并没有统一的说法。

现在的问题是，因为无法准确地定义 AI 是什么，我们几乎可以把一切与信息处理相关的技术都纳入 AI 的范畴，或者具有一点自动化能力的机器都可以被称为智能机器。这样极易出现挂羊头卖狗肉、滥竽充数、劣币驱逐良币的现象，这对 AI 技术的长远发展是极其不利的。

其实，要给智能下一个简单的定义并不难：人类大脑和动物大脑所具备的一切能力的总和就是智能。智能与体能是人和动物所具备的两大能力，二者相辅相成，缺一不可。

由此可见，要定义智能并不难，难就难在要把智能所具备的能力全部描述清楚并形成共识。例如，记忆、计算、分类、识别、学习、控制、推理、联想、判断、归纳、演绎、创新、分析、综合、理解等都是人类大脑所具备的能力，如果只是单单描述一种能力，则这些能力大多数是可以描述清楚的。困难的地方在于人和动物在解决问题时，往往是各种单一能力通过组合、排序的方式发挥作用，表现出来的都是综合性能力，因此对智能的描述是一件比较困难的事情。

虽然人类大脑和动物大脑都具备智能，有些能力还比较相似，但人类对自身大脑运行的熟悉程度超过动物。下面论及智能时，一般是指人类大脑的智能。

 4.1.2 工具人与生物人

人在社会中通常都具有双重角色，一种角色是工具人（Tool Man，TM），另一种角色是生物人（Biology Man，BM）。工具人是指利用人自身的智能和体能向外界提供有价值的输出，如通过生产创造物品或通过劳动提供服务等。生物人是指利用外部资源，维持人自身的生存或成长。绝大部分人具有工具人和生物人的双重角色，但婴幼儿和失去劳动能力的老人、病人等基本上只具有生物人这一种角色，前者尚不具备工具人的能力，后者丧失了工具人的能力。

大自然将人设计成双重角色是为了人类的生存和繁衍。生物人的主要作用是维持人的生存状态。工具人的主要作用是为维持生物人的生存创造所需的条件。因此，生物人主宰工具人的行为，并利用工具人创造的价值维持生物人的生存。

人类制造机器的主要目的就是利用机器，替代或超越工具人的某些能力，因此研究 AI 的主要目的就是设计并制造出一些机器，利用这些机器的能力减轻或替代人的劳动，从而使人获得更好的生存条件。

一个人如果失去了工具人的能力，只要生物人的能力尚存，则依旧是一个具有生命的人。一个人如果失去了生物人的能力，则意味着整个生命的结束。因此，生物人这个角色，显然是不需要用机器替代的，也是机器无法替代的。

4.1.3 对 AI 的三点共识

尽管智能的复杂性导致目前很难给 AI 一个统一定义，但综合目前 AI 领域内的相关技术，有三个观点应该是被大家普遍接受的，这些观点也将成为后续章节论述的基础。

第一，AI 仍是一种技术。承认这一点是十分重要的，即 AI 是技术，而不是科学。社会上习惯把科学和技术连在一起，统称科学技术，简称科技。实际上二者既有密切的联系，又有重要的区别。科学解决理论问题，技术解决实际问题。科学要解决的问题是发现自然界中的客观规律，并建立理论，从而把客观规律与自然界中的现象联系起来。技术的主要任务是把科学的成果应用于现实中，从而解决实际问题。技术是解决问题的方法、技能和手段的总和。科学主要是和未知的领域打交道，其进展尤其是重大的突破是难以预料的。技术是在相对成熟的领域内发展的，可以被准确预测。目前，AI 的发展主要局限于计算技术领域的发展，当然有一部分也涉及传感器、网络、自动控制和机械等领域，将来还极有可能延伸到生物、化学、医学等更多技术领域。到目前为止，AI 领域所取得的成果仍然只是停留在技术层面，而没有发展到科学理论的程度。就拿近年来热门的机器学习来说，虽然机器学习取得了很大的进步，也在语音处理、图像识别等领域得到了很好的应用,但其核心成果仍是如何构建神经网络和如何优化网络设计参数,并没有提出一种具有顶层指导性和普遍适应性的科学理论。当然,AI 作为一种解决问题的技术,在很多方面大量应用科学理论,如统计学、模式识别、最优化理论等。

第二,AI 是科技界或企业界为机器赋予智能的一种技术。人类研究 AI 的初心是用技术模仿人脑的能力或智能,但研究的终极目标还是希望能造出具备人脑能力的机器,从而替代人类的某些劳动或大幅提升工作效率。承认了这一点,就可以很好地限定 AI 的边界,即 AI 应围绕智能和机器这两个对象展开,不能脱离机器研究智能,也不能脱离智能研究机器。AI 应为机器赋予智能的各种技术,这些技术能直接帮助机器拥有一种或多种智能。如果某一种技术不是直接为机器赋予智能,而是可应用于许多领域的通用技术,则该技术不能归为 AI 的范畴,如数值分析、数理统计、信号处理、最优化方法等,虽然这些技术可广泛应用于图像、语音、视频、信号处理等多个领域,但并没有明显的应用指向性。事实上,在 AI 这一概念出现之前,这些技术或理论早已经出现了。如果某种技术面向某一种机器,并为机器赋予智能,则该技术应归为 AI 的范畴,如人脸识别、车牌识别、文本识别等具有明显指向性的技术。有了这一点共识,那么 AI 的范畴就有了清晰的界线。试想一下,如果不为 AI 画出一条清晰的界线,则 AI 就成为一个"技术箩筐"了,像数学、物理、电路设计、机械设计、算法设计、软件设计等,哪一样不能装在 AI 这个"箩筐"里,蹭一蹭 AI 的热度呢?

第三,具备 AI 能力的机器应具备至少一种或多种人脑能力,这一点从微软对 AI 的定义中可以清晰地看到。微软认为,AI 是赋予计算机感知、学习、推理及协助决策的能力,是通过与人类类似的方式解决问题的一组技术。微软认为,在过去,计算机只能按照预先编写的固定程序开展工作,而具备 AI 能力后,计算机理解世界以及与世界交互的方式将比以前更为自然灵敏。这一观点突出了 AI 机器应具备至少一种或多种类似人脑的能力,这就相当于为 AI 机器树立了一个标杆。微软之所以强调 AI 机器应具有与人脑类似的解决问题的能力,是希望 AI 机器具有更好的与世界交互的方式,以便实现 AI 与人类更好地融合。

以上三个观点分别描述了 AI 的定位、AI 的边界和 AI 机器的内涵,核心思想是 AI 技术必须紧紧围绕模仿人脑的智能和机器两个方面进行研究,二者缺一不可。单纯的算法或技术,如果不能通过机器实现,并使机器具备与人类智能相似的解决问题能力,则不能简单地将这个算法或技术归为 AI。反之,如果某一个算法或技术应用在某个机器上,使该机器具备了与人类智能类似的解决问题能力，则包含这个算法的一整套技术可以被归类为 AI。如果采用工具人和生物人的概念，则 AI 是研究如何用机器模仿工具人，并解决具体问题的一系列技术。按照这样的观点，单纯的一种优化算法就不能归为 AI。如果将优化算法应用在语音识别中，并对机器进行控制，则可认为其是一种 AI。之所以要进行这种区分，就是希望将 AI 视为现有技术之外的新技术，而不是所有现有技术的总和。

 ## 4.2　对图灵测试的再思考

 ### 4.2.1　何为图灵测试

在探索 AI 的早期，科学家们试图告诉人们什么样的机器才是真正具有智能的。其中最著名的测试为图灵测试。

图灵测试一词源于计算机科学和密码学的先驱阿兰·麦席森·图灵写于 1950 年的一篇论文《计算机器与智能》。如果电脑能在 5 分钟内回答由人类测试者提出的一系列问题，且超过 30% 的回答使测试者误认为是人类所答，则电脑可通过图灵测试。

图灵的论文发表后，很快就引起了争议。为此，在当年的 10 月，他又发表了另一篇题为《机器能思考吗？》的论文。也正是这篇文章，为图灵赢得了一顶桂冠——AI 之父。在这篇论文里，图灵第一次提出机器思维的概念，他逐条反驳了机器不能拥有思维的论调，并做出了肯定的回答。他还从行为主义的角度给出了智能的定义，并由此提出一个假想：一个人在不接触对方的情况下，通过一种特殊的方式，和对方进行一系列问答，如果在相当长时间内，此人无法根据这些问题判断对方是人还是计算机，那么，就可以认为这个计算机具有同人相当的智力，即这台计算机是有思维的。这就是著名的图灵测试。当时全世界只有几台电脑，自然无法通过这一测试。但图灵预言，到 2000 年将会出现足够好的电脑能通过该测试。

尽管图灵测试为我们判断机器是否具备智能做出了开创性的贡献，但多年来该测试在学术界颇有争议。对图灵测试质疑的意见主要有两种。第一种是内德·布洛克（Ned Block）的意见，他认为，图灵测试可以用机械的查表方法而不是智能来实现。第二种是约翰·塞尔（John Searle）提出的意见，他提出了著名的"中文房间"实验。他认为,图灵测试仅从外部观察,不能洞察某个实体的内部状态。

"中文房间"实验是这样进行的:一个对中文一窍不通的、只会说英语的人被关在一个封闭的、只有一个窗口的房间里,他手上有一本"完美"的英汉手册,用来指导他以递纸条的方式翻译并回复窗外的信息。塞尔认为,尽管房间里的人能以假乱真,让房间外面的人相信他是一个完全懂中文的人,但客观事实是他压根儿不懂中文。在上述实验过程中,房中人相当于机器,手册相当于计算机程序。每当房外人给一个输入,房中人便依照手册给一个输出。正如房中人不可能通过手册理解中文一样,机器也不可能通过程序获得理解能力。既然机器没有理解能力,那么所谓的"让机器拥有等价人类智能"的强 AI 便无从说起了。"中文房间"实验是对图灵测试最有名的质疑。"中文房间"实验的示意图如图 4.1 所示。

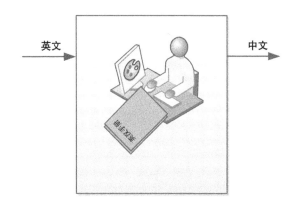

图 4.1 "中文房间"实验示意图

除此之外,质疑的声音还包括如何完善图灵测试的操作细节,例如,多少人参与测试算"足够多",多长的询问时间算"足够长",多高的辨别正确率算"足够高",如何挑选人类测试者和被测试者才能有代表性。

为此,有科学家在图灵测试的基础上提出了两种测试方法。

第一种测试方法是被测试者包括一个机器和一个真人,在问过一些问题后,如果测试人能正确地分出谁是真人,谁是机器,则机器就没有通过图灵测试,如果测试人没有分出谁是机器,谁是真人,则这个机器就是有人类智能的。

第二种测试方法被称为"模仿游戏"测试,其示意图如图 4.2 所示。被询问者包括一台模仿女性的机器和一个女性参与者,询问者为任意性别。询问者与被循问者待在不同的房间里,并通过打字的方式进行交流,以确保询问者不能通过声音或笔迹区分二者。两位被询问者分别用 X 和 Y 表示,询问者事先只知道 X

和 Y 中有且仅有一位女性参与者,而询问的目标是正确分辨 X 和 Y 中哪一位是女性参与者。另一方面,X 和 Y 的目标都是试图使询问者认为自己是女性参与者。如果询问者产生误判,则认为机器具有智能。这种测试的主要目的是避免通过机械式的查表方法混淆视听。事实上,很多聊天机器人有时能以假乱真,往往是在用户不知情的情况下,尽量把谈话引到没有鉴别力的话题上(如"谈谈你自己吧")。另外,在图灵测试中,增加人类被询问者,主要目的是防止计算机采取"消极自证"的策略,如拒绝正面回答问题,或者答非所问、闪烁其词。在这种情况下,另一个积极自证的人类被询问者可以保证询问者有足够的信息进行判断。

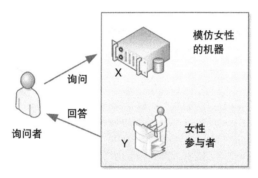

图 4.2 "模仿游戏"测试示意图

现代计算机之父冯·诺依曼生前曾多次谦虚地说,如果不考虑查尔斯·巴贝奇等人早先提出的有关思想,则现代计算机的概念当属于图灵。冯·诺依曼能把"计算机之父"的桂冠戴在比自己小 10 岁的图灵头上,可见图灵对计算机科学影响之巨大。

与一台机器进行交互时,如果无法辨别对方是人还是机器,则这台机器就可以被视为是智能的。这一判别机器是否具有智能的测试方法,虽然遭到学术界部分人的质疑,但仍被很多人及企业界、媒体奉为圭臬,例如,英国皇家学会曾多次举行图灵测试年度大会,也不断有公司宣称自己的产品通过了图灵测试。

4.2.2 通过图灵测试了吗

2014 年 6 月 9 日,雷丁大学发布新闻稿,宣称一款名叫尤金·古斯特曼(下称尤金)的聊天机器人软件通过了图灵测试。根据英国皇家学会制定的比赛规则，在 5 分钟的人机谈话时间里，有 33% 的评委误以为尤金是真人，所以尤金通过了图灵测试。当时这一消息震惊了世界，但科技界的多位重要人物对这一结果提出质疑。

前谷歌工程总监库兹伟尔评论道，这一成果的最大问题在于它有很多限制。首先，这个聊天机器人号称只有 13 岁，并使用第二语言来回答问题，以此作为回避很多问题的借口。另外，测试者只有 5 分钟的互动时间，大大增加了评委在短期内被欺骗的概率，而且它只让 33% 的评委认为它是真人。"我与尤金·古斯特曼聊过，它没有那么了不起。"库兹伟尔写道，"尤金无法一直保持对话的顺畅性，它会不断重复自己的话，还经常使用聊天机器人典型的无推断型回应方式。"

纽约大学认知科学教授加里·马库斯（Gary Marcus）也认同这一观点，他在《纽约客》撰文称，此次测试并没有硬件的创新，只是借助软件来完成。他指出，聊天机器人经常使用幽默手段绕过一些难以理解的问题，以此误导评委。

网景联合创始人马克·安德森（Marc Andreessen）同样对这个聊天机器人提出质疑。"我认为图灵测试始终都很畸形，"他在推特上写道，"人类太容易被欺骗了，通过这项测试几乎不能证明软件的任何进步。"

麦克·马斯尼克（Mike Masnick）甚至指出，之前也有媒体宣称其他聊天机器人通过了图灵测试。

实际上，尤金只是运用了一些语言技巧装作自己理解了对方说的话。尤金并不是真的在智力行为上表现得和人类完全一样，它只是尽可能地利用规则漏洞，在 5 分钟内骗过评委。尤金的基本策略就是充分使用人类语言中顾左右而言他的谈话技巧，如习惯性地转移话题，不让人刨根问底。通过这样的策略，尤金使会话持续 5 分钟，并达到测试的要求。下面节选部分对话：

尤金：您好，我的朋友！有心事吗？

测试者：我不开心。

尤金：为何不开心？

测试者：因为今天很倒霉。

尤金：可以多告诉我一些吗？

测试者：我在学校里被老师骂。

尤金：真不幸，我理解你。还有吗？

测试者：我女朋友也不理我了。

尤金：为何不理你？

测试者：因为我们吵架了。

尤金·古斯特曼：想多聊一聊吗？

这种谈话技巧基本上可以归纳为如下五个步骤。

步骤 1 先引导用户说话。

步骤 2 无论用户说什么，都反问"为什么是这样呢"。

步骤 3 无论用户说什么，都追问"具体是什么呢"。

步骤 4 无论用户说什么，都回答"我理解"。

步骤 5 回到步骤1。

据报道，大量测试者在完成测试后，都发现了尤金采用以上的会话技巧，从而改变了看法，觉得尤金通过了所谓的图灵测试，只是一个笑话而已。当然，也有不少人认为这是AI的进步。

第二个宣称通过图灵测试的例子是谷歌公司的Duplex。

在2018年举行的谷歌开发者大会上，谷歌AI新应用Duplex通过图灵测试的消息引发了业界广泛热议，谷歌宣称其为"AI黑科技"。

通过Duplex，可以为用户虚拟一个助理秘书的角色。这款AI能模仿真人的语气和语速，以流畅自然的方式帮助用户完成理发店和餐馆的预订。

在现场展示中，Duplex用自然流畅的语言和电话另一头的人类完成了交流，且对方并没有意识到打电话的居然是个机器人，其对话的自然流畅程度几乎可以以假乱真。在第二次展示中，Duplex还成功地处理了意料之外的状况，不仅理解了"无须预定"，还主动询问了等位的时间。

在大会的最后一天，Duplex已经通过了图灵测试的消息不胫而走。

不过很快就有人质疑Duplex，认为用它点餐还好使，一旦和它聊其他的话题就完全不行了。于是谷歌改口说，Duplex是在"预约领域"通过了图灵测试。这种说法显然未得到大众的认可，有人认为这是对图灵测试的一种曲解，还有人认为这是利用图灵测试误导大众，为自己的产品进行过度宣传。后面的发展更是让人大跌眼镜，Duplex实际上就连在"预约领域"也未必有演示得那么好用。2019年5月，《纽约时报》报道，能自动打电话的Duplex，其后面可能有真人在伪装，曾通过图灵测试的Duplex每成功预订4次餐厅就有3次可能是人工操作，但其开发者却从未说明有真人来接管这项业务。还有一件类似的事件，2019年8月，《华尔街日报》曝光了一家名叫Engineer.ai的公司，该公司此前谎称大部分演示程序的制作和软件生产皆由AI完成，工程师仅起辅助作用。

然而多名离职人员在社交媒体爆料，说公司内的工作主要依靠程序员人工完成。

4.2.3　图灵测试并非 AI 测试的金标准

随着 AI 技术的飞速发展，人们对 AI 的认识已不同往日，那么图灵测试到底是不是检测机器具备智能的金标准呢？

其实，图灵测试也许可以作为判别某类机器是否具有智能的评判标准，但作为 AI 技术的评判标准，图灵测试似乎还是有很多缺陷的。我们从以下五个方面来说明这一点。

第一，技术成熟且应用广泛的人脸识别设备、车牌识别设备等设备均具有智能。但这些智能设备无法用图灵测试进行检验。人脸识别设备在识别人脸方面比人类的识别能力强太多了，人脸识别设备识别数万甚至数十万人毫无问题，人类是无法做到这一点的。因此，通过人机交互的方法很容易将人类和人脸识别设备辨别出来，但不能认为人脸识别设备不具备智能。由此可以看出，图灵测试并不能作为检验机器是否具备智能的唯一标准。

第二，按照现在的技术水平，假如我们设计一款机器来模仿幼儿的智力水平，那么通过图灵测试的概率应该是很高的。因为幼儿的认知有限，要设计一个模仿幼儿的会话机器应该是比较容易的。那么像这种能通过图灵测试的机器似乎具备了智能，但这样的智能又有多大意义呢？

第三，对于图灵测试来说，参与者有三方，即被测人、被测机器和评测人，而能否辨别对方是人还是机器，评测人和被测人都是很重要的因素。在图灵测试中，对评测人和被测人到底有什么要求呢？是一个普通的人，还是一个专业的人，或者是一组评测人，然后对一组评测人的结论进行加权平均？很显然，作为一个科学的评测准则，图灵测试还缺乏科学的严谨性。

第四，如果真正设计出一个使人无法分辨的智能机器，那么就有办法使这个机器具有上知天文下晓地理的能力，其能力也肯定远远超出一个自然人的能力。这时，询问者肯定会因为其无所不知、无所不晓而将其与自然人区别开来，这可能导致这个超强能力的机器反而无法通过图灵测试。那么，这种因机器能力过于强大而无法通过测试的情况，到底说明机器是有智能还是没有智能呢？

第五，最为可怕的是，可能人类永远都设计不出一个机器，能真正通过图灵测试。也就是说，如果将是否通过图灵测试作为判断机器具备智能的标准，那么可能没有任何一台机器真正具备智能。

下面我们用举例的方式就第五点进行深入剖析。

假设王智和李能是现实世界中的一对情侣，正准备结婚。我们的目的是通过对话，给被测人与被测机器提供各种信息，希望评测人能准确判断出谁是被测人，谁是被测机器。

我们给被测人和被测机器提出的第一个问题是：王智和李能结婚的概率有多大？表 4.1 描述了被测人和评测人的对话。

表 4.1　测试内容

被测人	评测人
问：请问两个人的性别	答：王智是男，李能是女
问：请问两个人的年龄	答：王智 26 岁，李能 23 岁
问：两个人认识吗	答：是同事（或同学，或朋友）
问：认识多长时间	答：半年
问：两个人经常在一起约会吗	答：经常
问：两个人都认识对方父母吗	答：认识

对于被测人来说，其思维属于自然人的惯性思维，知道两个人要结婚应具备的基本条件，如性别、年龄、关系、家庭等，因此会通过询问获得这些信息，并基于这些信息最终获得一个基本判断。

对于被测机器，如果这个问题未进行预先设计，那么其可能的解决途径如下：

- 首先能检测出王智、李能、结婚、概率四个关键词。
- 在数据库中查询王智、李能是否结婚的信息。
- 如果未查询到相关信息，则需要进行询问，由于两人是否结婚涉及的因素很多，除性别、年龄等基本信息外，还需要进一步收集大量针对该问题的个性化信息；而收集信息的过程是一个开放性的问题，如何进行问题设计，完全无章可循，而且前一个问题的答案可能还会影响后一个问题；因此，被测机器能否设计出与结婚相关的合理问题，这并不简单。
- 除非被测机器人是专门针对这个应答结婚问题设计的，否则评测人从对方提问的逻辑中很容易就判别出对方是人还是机器。

对于被测机器来说，这个问题如果已预先进行了设计，则被测机器可能做出与自然人类似的交互过程，但如果没有进行预先设计，则机器会无从下手，或者很容易被评测人识别。

事实上，任何一台机器都无法将所有问题预先设计好，因为任何机器都有其预定的用途，完全没有必要设计很多与机器功能并不相干的能力。而要设计一台万能的机器，能就所有问题像人一样进行交互几乎是不可能的。

像上表中展现的这种通过猜谜语式的交互来诱导对方提问，并通过对方提问的合理性和逻辑性给出最终评判结论的测试方式，我们称为猜谜测试。很明显，猜谜测试也是开展图灵测试的一种方法，但人类能制造出通过猜谜测试的机器吗？即便某一个机器是专门设计用来进行猜谜测试的，也可以预见，这种机器几乎是不可能通过猜谜测试的，因为猜谜测试的话题是完全开放的，机器不可能穷尽所有的话题。

除猜谜测试外，像规划类的问题也是机器难以应对的，因此，通过这样的对话，评测人很容易将机器和人区别开。例如，我们可以设计这样的话题，假如你将来有了孩子你准备怎么办？假如你有机会到美国去旅游你准备怎么玩？像这类问题的交互测试，我们称之为规划测试。很显然，规划测试也是图灵测试的一种，要设计一款能通过规划测试的机器同样是一件难以完成的事情。

我们甚至可以设计一些机器永远也回答不好的问题。大家都知道，人是有经历的，而机器只有信息和信息处理能力，在信息缺失的情况下，机器是无法正常回答问题的。我们只需要按照人的经历去刨根问底，机器很快就会露出马脚。例如，我们先询问被测人的经历，如在哪里上的大学？然后根据被测人的回答，继续询问大学的具体情况，如大学校园里有什么楼？楼和楼之间是什么布局？楼的旁边有什么标志？对于自然人来说，这些问题十分简单，而且评测人还可以通过查看网上地图对其回答——进行验证。对于被测机器来说，因没有这样的经历，如果要通过图灵测试，则只好编造一个回答，问题是这样的编造很难预先设置，在评测人的追问下很难自圆其说，总会有破绽被评测人识别出来。

此外，人类和机器的最大区别是人类具有情感，而机器没有情感。在图灵测试的交互过程中，我们可以通过搞笑、讽刺、挖苦、责骂、赞扬、恭维、诉苦、欺骗等多种方式来测试机器的反应，从而将人和机器区别开来。

通过以上分析，我们基本可以得出一个结论，要设计出一款能通过所有图灵测试的机器几乎是不可能的。其实，在现实中，我们也确实没有必要设计这样一款机器。那么，针对专业领域的问答机器，如手机厂商的自动应答客服，能通过图灵测试吗？

我们认为，要为手机厂商制造一个好用的自动应答客服机器是可能的，因为只要把用户关心的所有问题及其标准答案都梳理出来，并集成到机器里去，然后通过模糊匹配的方法，最终可以实现用户的提问都能得到满意的回答。这样的机器能满足用户的需求，当然也是智能的。但是这样的机器却未必能通过图灵测试。表 4.2 描述了用户与人工服务、被测机器之间的对话，这种对话很容易使机器原形毕露。

表 4.2　用户与人工服务、被测机器之间的对话

序　号	用　户	人工服务	被测机器
1	问：我的手机显示颜色不正常，请问如何解决	答：可能是屏幕坏了，需要到我们的修理店进行检测	答：可能是屏幕坏了，需要到我们的修理店进行检测
2	问：我的手机没有声音了	答：可能是喇叭坏了，需要到我们的修理店进行检测	答：可能是喇叭坏了，需要到我们的修理店进行检测
3	问：我的手机卡槽坏了，插上卡没有反应	答：可能是接触不好，需要到我们的修理店进行检测	答：可能是接触不好，需要到我们的修理店进行检测
4	问：我的手机电池坏了，充不上电	答：你电都充不上，怎么知道显示不对、没有声音、插上卡没有响应啊	答：可能是电池问题，或接触不良，需要到我们的修理店进行检测
5	问：为啥我的手机没声了	答：你的手机坏得很严重，如果在保质期内，请带上质保卡到修理店修理，如果不在保质期内，需要自付费用。听清楚了吗	答：可能是喇叭坏了，需要到我们的修理店进行检测
6	答：听清楚了	答：再见	—

这个测试的设计，就是基于被测机器是符合逻辑进行设计的，所有交互对话都符合逻辑。而人既具有逻辑思维能力，又具有辨别逻辑错误的能力。因此，我们通过设计一些不符合逻辑的问题进行交互，就很容易把机器和人辨别出来。机器未必能意识到用户在重复提问，只是按照对问题的理解进行正常的回答，机器也很难对用户提出的这些问题进行统筹思考。

其实，要让一台智能机器无法通过图灵测试，最简单的办法就是告知被测人或被测机器一些尚未存在的新规则，然后看看其应用新规则的能力。通常来说，人是比较容易接受并应用新规则的，同样的情况对机器来说却是十分困难的。例如，我们可以告诉被测对象，两个三角形相似的条件是至少两个对应角相等，让被测人做一套三角形相似的几何证明题。对于被测人来说，如果被测人具备几何知识，则很容易完成这样的证明；如果被测人不具备几何知识，则我们可以通过不断地提醒，最终让被测人完成证明。对机器来说，这并不是一个容易解决的问题。

总之，图灵是一个伟大的科学家，其提出的图灵测试对 AI 技术的发展具有开创性意义，但时至今日，我们不能只停留在对图灵测试的字面理解上，而应该对图灵的思想进一步深挖，寻找出能真正检验和度量机器是否具备智能的新标准。

4.2.4 类图灵测试

在图灵测试的启发下，为了测试机器是否具有智能，我们还可以设计很多类似图灵测试的方法，这些方法甚至比图灵测试具有更好的说服力。

（1）高考机器人

设计一个专门参加高考的机器人，这个机器人和所有普通参考者一样完成所有试卷，然后接受统一阅卷，获得高考分数。对于一个能获得较高分数的机器，认为其具有智能应该是没有什么争议的，问题是得多少分才算具有智能呢？

（2）人机辩论

设计一个可以和人进行辩论的机器，由评审组对辩论双方进行打分评价。如果机器辩手的得分超过人类辩手的成绩或与其持平，则可认为机器辩手具有人类智能。

（3）人机博弈

博弈双方分别为机器和自然人，双方通过自然语言进行交流，机器的目的是猜测自然人的性别，自然人的目的是隐藏自己的性别。若机器人猜出自然人的性别，则判机器人得分，否则，判自然人得分。选多个自然人进行测试，计算机器的平均获胜率。若机器的平均获胜率达到或超过 50%，则可认为机器具有人类智能。

4.2.5 对图灵的曲解

在 AI 领域中，最重要的概念就是智能。但什么样的试验能定义智能这个概念呢？大家常常利用图灵测试这个试验来定义有没有智能。但这一定义真的合适吗？真的有利于 AI 的发展吗？有没有更好的试验来定义？

图灵大概是最早认识到，计算机除了能完成数值计算还能从事其他智力活动的人，并且是第一个对此进行系统思考和深入分析的人。有证据表明，他早在 1941 年就开始考虑在计算机上实现"智能"（或者说"思维"）的可能性了，并在 1948 年写了以"智能机器"为题的报告，尽管他最广为人知的著述是在 1950 年发表的《计算机器与智能》。

在"智能机器"报告中，图灵开宗明义地要大家考虑机器是否能思维的问题。为了避免"思维"一词在解释上的混乱，他主张只要计算机在语言行为（对话）上和人没有明显差别，就应该算是"能思维"或"有智能"。这就是后来的图灵测试。

AI 作为一个研究领域，是在 1956 年的达特茅斯会议上形成的。这个只有十来个人参加的会议不但给这个领域取了名，而且涌现了其主要奠基人：麦卡锡、明斯基、纽维尔、司马贺，他们对智能的理解和图灵是有明显差别的。他们当中甚至没有一个人以"通过图灵测试"作为自己的研究工作目标，都或明或暗地对这个测试表示出不以为然。在达特茅斯会议中达成的共识是，AI 是让计算机的行为符合人们对智能行为的认识，并以此为起点，以"让计算机解决那些人脑能解决的问题"为工作定义和划界标准。以计算机围棋为例，"把棋下好"和"把棋下得和人下一样"是两个完全不同的研究目标。出于这种考虑，在 AI 专业领域的文献中提到图灵测试时，一般都是只承认其历史价值，而否认其对研究工作的现实指导意义。就在不久前，AI 协会国际先进人工智能协会（Association for the Advancement of Artificial Intelligence，AAAI）的机关刊物《AI 杂志》，在 2016 年春季号上还出了一期专刊，专门讨论图灵测试的各种替代方案。

主流 AI 是以"解决那些人脑能解决的问题"为目标，自然是要"解题能力"越高越好，而不在乎"解题行为"是否和人一样。如果对某个问题有更适合计算机的解决办法，那为什么还一定要像人脑那样做呢？其实图灵在他的文章中提到过，计算机如果学会装傻和撒谎，则有可能通过图灵测试。《AI 杂志》中提到的替代图灵测试的主要理由，也是因为图灵测试往往鼓励系统采用欺骗手段，而非真正展现其认知能力。

AI的目标是要造"像人脑那样工作的机器"，这一观点在AI专业领域内其实并没有人质疑，但关于"在哪方面像人脑"的不同看法，同样可以将研究引向完全不同的方向。图灵测试是要计算机在行为上像人，而主流AI是要在解决各种问题的能力上像人甚至超过人。这两种研究都有价值且相互联系，但并不是一回事，两者的进展也不一样。这正是主流AI不接受图灵测试的根本原因。

尽管图灵的文章《计算机器与智能》被广泛引用，但很多人可能只看了他开头介绍的模仿游戏（后来被称为图灵测试）。实际情况是，图灵从来没有建议过把他的测试作为"思维"或"智能"的定义。

图灵在1952年参加BBC的一个广播节目时，明确表示他不想给"思维"下定义，而只是想在人脑诸多性质之间"画一条界线"，以区分哪些是智能机器需要具备的能力。

既然图灵没有给"思维"或"智能"下定义，而AI的领军人物们也没有接受这个测试，那"图灵测试是AI测试的金标准"来自哪儿呢？这也许要归功于那些做科普的人和进行市场宣传的人，因为图灵测试确实有将复杂的AI用通俗易懂的说法表达出来的能力，且易于在大众中传播，但这种说法让图灵蒙受了不少冤屈。

图灵对AI的巨大贡献是不可磨灭的，他是最早明确指出"思维"和"智能"是可能在计算机上实现的人，并且清醒地认识到智能机器不会和人在一切方面都相同。

一个领域的成果评价标准如果是不合适的，则后果会很严重，不但会误导研发工作，而且公众的期望也会落空，从而错过真正有价值的方向。在AI领域中，这仍然是个十分突出的问题。

如果把图灵测试作为AI的标准或定义，则可能导致对这一领域的成果进行片面化、肤浅化、娱乐化的评价。既然一个计算机系统不可能在所有方面和人相像，那么聚焦于其外在行为的似人程度可能会舍本逐末。

这些工作不能说毫无意义，但仅依靠"只有聪明人能这么做，现在这个计算机做到了，所以它一定聪明"这样简单的评判准则，而完全忽略这些行为在计算机中的产生机制，那么很多能促进机器智能提升的技术就有可能被忽略或无视，这显然违背了图灵当初所提出"智能"的初衷。

4.3　人脑的智能是什么

4.3.1　AI 还是 BI

在百度百科中，对智能的定义是：智能，是智力和能力的总称。中国古代思想家通常也把智和能看作两个相对独立的概念，当然也有不少思想家把二者结合起来作为一个整体。由此也可以看出，要说清楚什么是智能，并不是一件难事，从古到今，都没有人对以上释义提出过不同观点，尽管不同人的观点并非完全一致。

之所以很少有人纠结于什么是智能，主要是因为在日常交往或各种文章中，使用以上释义中的智能并不会带来歧义或争议，人们也就慢慢习以为常了。但是，如果在智能前面冠以"人工"二字，即人工智能，那么这种智能就进入了科学技术的范畴，必须以科学技术的眼光进行重新审视。

很明显，从科学的严谨性角度，说智能是智力和能力的总称，这是不符合基本逻辑的，因为能力显然是涵盖智力的。为此，我们有必要把古人对智能的解释进行修正，去掉其中有逻辑冲突的部分。

按照现代科学的观点，人的能力包括体力和智力两部分，而智能对应的就是人的智力，体能对应的是人的体力，二者相辅相成，缺一不可。智能是人类大脑所具备的一切能力，这一观点应该是没有争议的。这样一来，我们就可以将智能聚焦于人类大脑的能力，即人脑智能。这种将复杂问题进行适当简化的方法是科学界普遍采用的办法，将有助于将 AI 技术推向更高层次。

既然 AI 是模仿 BI 的一种技术，我们自然需要先对 BI 进行深入研究，然后才能根据 BI 的特点找出 AI 合适的技术途径。

对 BI 进行研究可采取两种不同的技术方法，一种是直接研究大脑，一种是研究大脑的能力，两种方法各有长短。例如，人工神经网络就是先从构成大脑的细胞层级，如神经元、神经元轴突、神经元突触、大脑新皮质等开始研究，掌握其特性，然后通过构建相应的数学模型模拟大脑的运行。计算机科学的诞生并没有依赖人们对大脑的研究成果，而是直接采用逻辑运算与电子技术，模仿大脑的运算能力。同样的例子还有很多，如飞机并没有模仿鸟类翅膀的扇动、汽车并没有模仿人类的步行动作等。

AI 技术发展到今天，虽然成果丰硕，但道路曲折坎坷。一个很重要的原因是学术界对 BI 的研究未给予足够的重视，甚至未提出 BI 的概念，以至于 AI 的根基并不牢固。

为此，在 AI 技术蓬勃发展的当下，认真审视一下研究 AI 的初心，即被模仿的对象 BI 到底是什么，是构建 AI 这座宏伟大厦必须要奠定的坚实基础。

4.3.2　人脑的输入信息是什么

人脑的功能就是对各种信息进行处理，因此人脑相当于一个信息处理设备，这个处理设备可以输入信息和输出信息。那么人脑的输入信息是什么呢？下面我们一起探寻一下输入人脑中的信息到底具有什么样的特点。

1. 输入分类模型

从工具人的角度来看，如果说人脑的主要能力源于人脑中存储的信息和对信息的加工处理方法，则人脑是一个存储信息的容器和信息处理器。但在定义人脑所加工处理的信息是什么时，又会有不同的观点，原因是信息这个词的内涵太丰富了，即便目前并没有关于信息的准确定义，但各个专业领域、各个行业，甚至各个层级都在大量使用信息这个词。

为了更好地认识 BI 到底是什么，我们从人脑的主要功能——信息处理开始讨论。

首先，我们的所有感觉器官，如眼睛、耳朵、鼻子、嘴、皮肤、身体躯干等，都是人脑获取外部信息的重要途径，这些感觉器官所获取的信息最终将汇聚到人脑，由人脑进行处理，并使人对外部的现实世界有了初步认识。为了方便，我们将各种感觉器官获取的信息统称为感官信息。

其次，人脑在对感官信息进行处理后，部分处理结果以某种方式在人脑中存储起来，并在后续的信息处理中得到应用。为了便于后续论述，我们将感官信息进行处理后得到的各种结果称为信息汁（Information Juice，IJ）。由此可见，信息汁是比感官信息更高层次的信息。

信息汁有五个特点。第一，信息汁有十分丰富的内涵，因为经人脑处理后的信息无论是种类还是数量都极其复杂。试想一下，一个成年人的大脑中保存的内容千奇百怪，无奇不有，如朋友的长相、家庭账单、高考经历、数学公式、物理定律、父母的礼物、包饺子的经验等。第二，信息汁都存储在人脑里，是人脑信息处理的内部输入，不需要依靠感觉器官，也不需要依靠任何外部环境，可根据需要随时获取。第三，信息汁并不单纯为人脑信息处理提供原材料，还为人脑信息处理的流程和方法提供指引。第四，人脑中的信息汁可以对外输出，输出的载体可以是语言、文本、图片、视频、声音等。第五，存储在人脑中的信息汁可以通过更便捷的方式获取，获取的方式包括阅读、学习、培训、体验等，只不过获取信息汁时也需要通过人的感觉器官才能完成。

由此可见，人脑作为一种信息容器和信息处理器，主要的信息来源有两种，一种是通过感觉器官获取的感官信息，另一种是存储在人脑中的信息汁。

下面我们来简单分析一下感官信息到底能为大脑提供什么。

眼睛是人获取外部信息的最重要途径，主要为大脑提供视觉信息。如果按信息量进行统计，则眼睛所获取的信息量占所有外部信息的绝大部分。这些视觉信息中包含可反映外部客观世界的三维信息和三维运动信息。人通过视觉信息可直观了解自己所处的外部环境，以及自己与外部环境之间的相互关系。除此之外，通过眼睛，人还可以从文字、图片、视频、演示中获取各种信息汁，这也是提高人脑信息处理能力的最重要途径。

耳朵是人与外部交流信息的重要途径，主要为大脑提供听觉信息。这些听觉信息主要包含与其他人之间的交流，也包括对周边环境的感知。人通过听觉信息与其他人进行协同，并对周边环境进行响应。除此之外，通过耳朵，人还可以从声音中获取各种信息汁。对于盲人来说，耳朵可能是其获取信息汁的最重要途径。

鼻子作为信息输入的辅助器官，主要为大脑提供嗅觉信息。这些信息主要用于人类对物体的辨识以及对外部环境的警觉。

嘴作为信息输入器官，只起辅助作用，主要为大脑提供味觉信息。这些信息主要用于对饮食的辨识。与其他感觉器官不同的是，嘴是人类输出信息的最重要器官。

皮肤是人获取外部信息的一种辅助器官，主要向大脑提供温度、湿度、光滑度和柔软度等触觉信息。这些信息对人感知周边的环境，甚至辨识某种物体具有十分重要的作用。人身体任何部位的皮肤基本都具备触觉能力，但主要还是依靠手指来获取触觉信息。对于温度、湿度信息，现在已有很好的传感器可以获取，而且测量精度远远超出人的能力。对于光滑度和柔软度信息，目前主要是依靠光学、压力等传感器来获取，但精确程度不及人的能力。另外，还没有一种专门的传感器能同时获取以上四种信息，因此，我们认为，目前的机器还不具备触觉能力。

身体躯干也是人获取外部信息的一种辅助器官，主要向大脑提供重力信息。这些信息对人感知物体的重量、身体承受的压力、物体表面的硬度、空间的大小等都具有十分重要的作用。

为此，我们可以建立一个描述大脑输入信息种类及信息处理的基本模型，如图 4.3 所示。

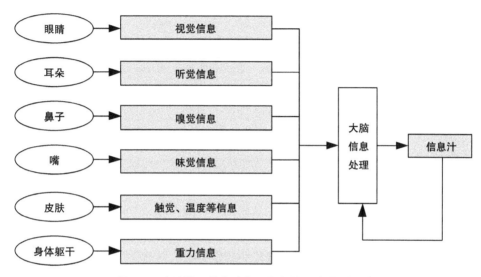

图4.3 大脑输入信息种类及信息处理的基本模型

🛜 2. 信息汁

在上文中，我们提出了信息汁的概念，即信息汁是大脑对各种信息进行加工处理后得到的有价值信息。同时我们对信息汁的五个特征进行了归纳。应该说，通过这些分析我们把信息汁这个概念的边界基本描绘清晰了，但对信息汁内涵的理解还十分模糊，尤其不了解在人脑这样一个巨大的信息池里，各种各样的信息是如何有序分布的。

我们常说，通过长期的学习、工作和生活，一个人可以积累大量的知识和经验。很明显，人脑中存储的信息汁就是指的这些知识和经验。

下面从一个简单的例子出发，分析人脑的信息处理过程，也许可以从中得到启发。

如果我们想吃一个苹果，则我们的思维过程包括以下基本步骤，并在每个步骤中使用不同的信息。

第一步，我们需要用眼睛扫视一下周围，获取周边的图像，以判断其中是否有苹果。这时我们就获得了周边的图像数据。

第二步，对图像数据进行处理，我们就可能得到这样一个信息，即我们的桌子上有一个苹果，而且苹果是干净的、新鲜的。

第三步，我们需要知道"干净、新鲜的苹果是可以吃的"等信息。

第四步，在吃苹果之前，我们还需要判断这个苹果是不是我的、这个苹果能不能在这个时候吃等，这些判断依赖于我们掌握的一些规则。

第五步，虽然可以吃这个苹果，但可能需要这个苹果的人很多，因此，我们需要判断这个苹果该不该我吃，判断时可能需要依据我们所了解的一些行为规范。

第六步，在做完所有这些判断后，如果回答都是肯定的，那么我们就可以决定吃苹果了。这时，我们还需要根据以往掌握的吃苹果经验，先好好清洗苹果，再将苹果去皮，然后便可以大快朵颐了。

在以上思维过程中，我们利用了大量信息，这些信息一般都散落在大脑的不同角落里，只有当我们有吃苹果的需求或欲望时，这些信息才被提取出来，并按照一定的方式被利用。

由此可以看出，对输入人脑的信息进行各种加工处理后，形成的信息基本可以分为六种类型，即事实、知识、规则、规程、规范和智慧。需要特别说明的是，这里的事实、知识、规则、规程、规范和智慧与现有自然科学和社会科学中所称的概念可能会有不一致的地方。这里仅是从人脑信息处理的角度对输入的信息和输出的信息进行分类，并借用这些常用名词对不同层次的信息进行表述。也就是说，此处对事实、知识、规则、规范、规程和智慧六个术语的解释或定义，仅适应于对 AI 相关技术进行探索。

（1）事实

事实是对现实世界中各种实体、行为、事件和现象等的客观表达或描述。事实描述的对象包括实体（人、动物、静物等）、行为、事件、现象等，即客观存在的或发生过的一切，包括社会和自然界发生的各种事情。事实的主要特点是其描述的对象是客观存在的客体，与描述对象相关联的信息是可以通过感觉器官感知的。表 4.3 中所列的示例均可以被视为事实。

表 4.3　有关事实的示例

序　号	事　实	备　注
1	李能是男性，身高 185 厘米，体重 70 千克	描述实体的属性
2	李能于 2022 年 8 月 15 日乘火车从成都前往北京	描述实体的行为

续表

序　号	事　　　实	备　　注
3	李能客厅的桌子上有 5 个苹果和 5 个梨	描述实体的属性
4	三班于 2022 年 6 月 30 日举行了毕业仪式，仪式上校长唱了歌	描述一个事件
5	李能于 2022 年 2 月 2 日与王智发生了争吵，王智受了轻伤	描述一个事件
6	李能于 2022 年 4 月 30 日完成了毕业论文	描述实体的行为
7	智明公司在 2022 年间的总销售额突破了 2 亿元	描述一个事件
8	人民公园的蜡梅在 1 月份全开花了	描述一个现象

（2）知识

知识是客观规律的表达或描述。知识的主要特点是其表达或描述的内容具有普遍性特点，针对群体特性而不是个体。另外，知识描述的对象可以是客观世界中的事物、事件、行为、事态，也可以是主观世界中的概念等抽象物。知识是无法通过感觉器官直接感知获取的，只有人脑对各种输入信息进行加工处理后才能获取。表 4.4 中所列的示例均可被视为知识。

表 4.4　有关知识的示例

序　号	知　　　识	备　　注
1	男性身高普遍为 150～200 厘米	描述事物的规律
2	春季雨水较多	描述事态的规律
3	青蛙有四条腿	描述事物的规律
4	雪地里开车容易打滑，十分危险	描述行为的规律
5	每年有春、夏、秋、冬四个季节	描述事态的规律
6	三角形的所有内角之和为 180 度	描述抽象概念的规律
7	长方形的面积为长乘宽之积	描述抽象概念的规律

（3）规则

规则是关于信息或信息处理的有关规定。这些规则可以是约定俗成的，如约会时应尽量准时；也可以是人为制定的，如交通规则；也可以指抽象的概念，如三角形是指具有三条边的几何图形；也可以是关于抽象概念的规定，如三角形的周长等于三边之和。规则的对象可以是人、事、物及其相互之间的关系，也可以是抽象的概念或有关抽象概念的规定。规则和知识一样，无法通过感觉器官直接感知获取，只有人脑通过对各种输入信息进行加工处理后，才能获取规则。表 4.5 中所列的示例均可被视为规则。

表 4.5　有关规则的示例

序　号	规　　则	备　注
1	三角形的周长是三边之和	关于抽象概念的规则
2	三角形的面积是底边长乘以高的二分之一	关于抽象概念的规则
3	汽车遇绿灯通行，遇黄灯需减速，遇红灯停	人为制定的规则
4	一个句子通常应包含主语、谓语和宾语	人为制定的规则
5	学校应配备一定数量的保安	人为制定的规则
6	摩托车不能在高速路上行驶	人为制定的规则
7	驾驶员驾驶汽车时应系好安全带	针对人的规则
8	学生应在规定的时间内赶到学校	针对事的规则
9	老师上课应讲普通话	关于人和事之间关系的规则
10	平行四边形是指对边平行的四边形	关于抽象概念的规则

（4）规程

规程是关于具体行为的指导性信息。只要遵循这些规程，人就可以完成一件具体的事情，人要做任何一件具体的事情，也必须按照一定的规程去做。可以说，规程是指导人去做一件具体事情的一系列操作的指导性信息。规程可以针对工作上的事情，也可以针对生活或学习中的事情。针对同样一件事情，每个人可以有不同的规程，也可以有相同的规程。例如，我们要做一道红烧肉，就有做红烧肉的规程信息来引导人去完成相关的动作。很显然，规程与规则不一样，规则是约束性的，约束的对象可以是人、物或抽象的概念，规程是指导性的，主要是为实现某一个目的所需的行为提供指导性信息。表 4.6 中所列的示例均可被视为规程。

表 4.6　有关规程的示例

序　号	规　　程	备　注
1	做一道菜的操作步骤	可能包含详细信息
2	粉刷墙壁的操作步骤	可能只包含粗略信息
3	组装一辆汽车的步骤	可能只包含粗略信息
4	搬运重物的步骤	可能只包含粗略信息
5	旅客在宾馆办理入住的步骤	可能包含详细信息

（5）规范

规范是指导和约束人类思想和行为的各种宏观层面的准则。这里的行为既包括身体的行为，也包括精神层面的行为；既包括个体的行为，也包括群体的行为；既包括人对人的行为，也包括人对事的行为，但不包括人对物的行为。这里的准则是指约束人类行为的指引性原则，与规则的区别在于，规则是具有明确界限的硬约束，规范是没有清晰界限的软约束。相比于规则，规范更多侧重于道德、道义、精神层面的约束，如不忘初心、牢记使命、知恩图报等。表 4.7 中所列的示例均可被视为规范。

表 4.7　有关规范的示例

序　号	规　范	备　注
1	谦虚使人进步，骄傲使人落后	对自己的约束
2	不怨天，不尤人	对自己的约束
3	出淤泥而不染，濯清涟而不妖	对自己的约束
4	友谊是精神的融合，心灵的"联姻"	对待他人的规范
5	真正的朋友应该说真话	对待他人的规范

（6）智慧

智慧是指综合运用感觉器官获取的信息、事实、知识、规则、规程、规范的结果，以及解决问题的方法或经验。智慧既可以是解决复杂问题的方案，也可以是寻求解决问题方案的方法或经验。智慧是存储在人脑中的最高层次的信息，也是最复杂的信息。智慧与知识、规则、规程、规范一样，是无法通过感觉器官直接感知获取的，人脑需要对各种信息进行深度加工处理后才能获取。表 4.8 中所列的示例均可以被视为智慧。

表 4.8 有关智慧的示例

序 号	智 慧	备 注
1	大脑中存储的做红烧肉的方法	解决问题的具体方法
2	老师处理学生纠纷的方法	解决问题的具体方法
3	警察处理交通事故的方法	解决问题的经验
4	飞行员处理紧急故障的方法	解决问题的具体方法
5	客服处理用户投诉的方法	解决问题的经验
6	遇到泥石流时的紧急避险方法	解决问题的经验
7	逗小孩开心的方法	解决问题的经验

与其他各类信息相比，智慧还有另一个重要的特点，就是智慧所包含的信息中可能存在很多互相冲突的信息，或者从逻辑上来说存在非一致性。例如，"成大事者不拘小节"和"细节决定成败"，这两个信息可能同时存储在人的大脑里，表面上这两个信息似乎很矛盾，但当解决问题时，人们会很好地利用这些信息。

除以上六种类型信息外，还有一些影响人脑思维活动的因素，如情绪、情感、意识、价值观、世界观、人生观等，这些因素的本质其实也是信息，因为它们和其他信息一样也参与了人脑思维活动，只不过其影响的方式和程度不同。这一类信息由于其内涵、表达方式、作用机理等我们尚不清楚，与其他类型信息差异巨大，因此我们将这些信息统称为非经典信息。例如，缺乏安全感的女人通常更愿意选择身材高大的男人作为配偶，这表明安全感虽然是一种情感，但这种情感作为信息实际上也会影响人的信息处理过程，即在一定的程度上会影响人做出决策。

分析人脑中的信息汁可以发现，除事实只能被用于信息处理的对象外，其他类型的信息均具有双重属性，不仅可被用作信息处理的对象，还可用于构建处理信息的方法。例如，可以利用"在各类信号灯中，红色常表示警告，绿色表示正常"这一知识，对交通信号灯发出的信息进行有效处理。

信息汁的分类和基本含义如图4.4所示。对AI来说，就是要深入研究各种类型信息汁的表达、提取、存储、搜索和应用方法。很显然，就目前的技术水平来说，AI对信息汁的研究还是极为有限的，基本停留在对事实的研究和应用上，对其他类型的信息汁不但没有开始研究，甚至还没有形成基本的认识。

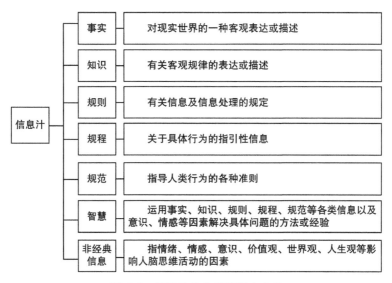

图 4.4　信息汁的分类和基本含义

3. 小结

人脑处理的信息是十分复杂的，既有感觉器官获取的图像、声音等，又有经过压缩和多次抽取获得的更高层次的信息，这些信息具有一定的层次性特点，也有较清晰的分类界限。层次越低，数据量越大，反之，层次越高，数据量越少。为此，我们可以提出一种人脑处理信息8层分类模型，如图4.5所示，人脑处理的所有信息从低到高可分为8个层次。

在该模型的指导下，可以对每一类信息进行专门研究，提出专门的信息描述方法和信息处理算法，这对于研究模仿人脑能力的AI来说，具有很强的指导作用。

在表4.9中，我们以一个十分简单的例子来说明信息之间的区别。

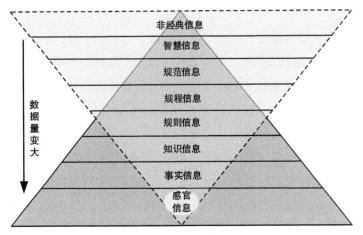

图 4.5　人脑处理信息 8 层分类模型

表 4.9　信息之间的区别

信息类型	示　例	说　明
事实	姚明的身高为 2.26 米	要素明确，属性明确
知识	男性身高普遍在 1.6 ~ 2 米	普遍性
规则	入伍参军的男性身高不能低于 1.62 米	约束性
规程	身高测量前应脱掉鞋子，然后两眼前视，挺直腰杆	指导性
规范	对篮球运动来说，身高是一个重要指标	指引性
智慧	对男性来说，身高可能很重要，但不是最重要的	冲突性、非一致性
非经典信息	缺乏安全感的女人可能更愿意选择身材高大的男人作为配偶	安全感是一种情感，会影响人的决策

4.3.3　人脑的能力是什么

　　AI 技术发展至今，不同的人有不同的感受。从消费者的角度来看，AI 越来越成熟。大量的商业化产品逐渐走入日常生活，大众不仅真切地感受到 AI 真的来了，还隐隐约约感受到自己的工作岗位面临 AI 的威胁。从研究者的角度来看，AI 似乎越来越不成熟，因为与 AI 相关的问题越来越多，对 AI 的疑问、质疑和恐惧不断涌现，以至于对 AI 究竟是什么，学术界都无法达成统一的认识。像这种引起认知分裂的现象在其他领域是很罕见的，这也间接证明了 AI 是一门十分复杂的学科。

笔者认为，造成这种现象的一个重要原因是我们忽略了对人脑能力的研究。AI作为模拟人脑功能的技术，如果对人脑能力都不清楚，则怎么可能把人脑功能模仿好呢？这就好比我们要造一个飞行机器来模仿鸟的飞行，如果不知道鸟的起飞、爬升、滑翔、下降、着地等动作，则不可能把飞行机器制造出来。事实上，现在的飞机基本是通过模仿鸟的动作实现的。

为此，笔者提出一个观点，即首先要对人脑的能力进行深入研究，然后在此基础上研究如何用技术方法模仿人脑的能力，并将这些技术集成起来，最终使机器达到或超过人脑的某些功能，如写文章、作诗、画画、辩论等。

下面我们分别从人脑能力的基本概念、人脑的思维活动和人脑基本能力模型进行详细分析。

1. 人脑能力的基本概念

前面我们说过，要定义智能是什么并不难。简单地说，大脑所具备的一切能力的总和就是智能。不管是什么能力，人所表现出的一切能力，或是通过大脑完成的，或是通过大脑控制人的体能完成的，所以用"智能＋体能"概括人的能力是可以被大众接受的。

在前面我们将人分为工具人和生物人，尽管二者在客观上是融为一体的，但其实这两种人在能力上的表现并不一样，尤其是在智能方面。工具人的智能主要表现为人作为一个工具所具有的能力，我们称之为功能性能力，如计算能力、思考能力、想象能力、推理能力等。这些能力的综合运用，使人可以完成各种生产劳动或向外提供各种服务。生物人的智能主要表现为人为了满足内在需求而具备的能力，我们称之为非功能性能力，如饥饿感、冷暖感、喜欢、讨厌、满足感、陶醉感等。这些能力的综合运用，可使人实现生存或自我成长。

对比以上两种能力，可以发现二者之间有清晰的界限，主要区别在于能力为谁服务。功能性能力是人为了响应外部的要求而具备的能力，这些要求包括人的感知器官所感知到的一切要求，也包括由外部要求转化而来存储在人脑中的问题。非功能性能力是人为了响应自身的生存和成长需求而具备的能力，这些需求包括马斯洛需求层次理论中的五个层次。按照这样的标准对人脑的能力进行分类，并逐一进行分析，将使我们对BI有更深刻的认识，从而可以更加具体地指导我们对AI技术的研究。

关于人脑的功能性能力，我们以人脑的计算能力为例来进行分析。计算能力是人脑的一种基本能力，即便没有上过学的成年人通常也掌握一些简单的计算能力。这种能力的主要特点是可以帮助人从事生产劳动或向外界提供服务，只要拥有这种能力的人就表明其具备了一定的功能性。

关于人脑的非功能性能力，我们以人脑的自我认知能力为例进行分析。自我认知是指人对自我身份、能力、状态的一种感知行为。自我认知能力能使人认识自己的长处和短处，意识到自己身体或内在的需求，以及自身的爱好、情绪、意向、脾气和自尊。这种能力的特点是源于自我、终于自我，没有表现出明显的外向性功能特征。也就是说，这种能力并不能帮助人生产物品，也不能帮助人对外提供服务，这一点和人脑的计算能力、思考能力显然是不一样的。这表明人脑的非功能性能力是客观存在的，而且与功能性能力有显著差别。

功能性能力和非功能性能力之间也具有非常紧密的联系。一般来说，人脑会利用非功能性能力向功能性能力发出需求信息，这些信息通过功能性能力处理后，转化为对外部环境的输出信息，外部环境由此产生响应，这些响应现象被感觉器官捕获后，经功能性能力处理，最后形成对非功能性能力的反馈信息。功能性能力与非功能性能力之间的交互关系如图 4.6 所示。很显然，AI 要研究的对象主要是人脑的功能性能力。

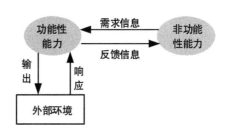

图 4.6 功能性能力与非功能性能力之间的交互关系

🛜 2. 人脑的思维活动

人脑的思维活动是指人脑利用自己的各种能力去解决问题的信息处理行为。这些问题可能来自人的外部环境，也可能来自人自身的需求。人接收到的所有信息都通过思维活动进行处理，人的所有行为举止都由思维活动的结果所控制。

人脑的思维活动分为感性思维和理性思维两种。感性思维是指支配人类的直觉、本能、情绪、情感等行为的反应机制，理性思维是指引导人类进行分析、综合、判断、推理等行为的反应机制。与理性思维相比，感性思维反映了生命更基础、更本质、更底层的特征，对人类行为的支配也更直接、迅速和普遍。感性思维在精神、潜意识甚至无意识的层面影响甚至决定着人类的绝大部分行为，如喜怒哀乐。理性思维是在知识、经验、智慧的基础上进行思考和判断的结论，如买什么样的物品、与什么样的人交往。

理性思维在一定程度上可能转化为感性思维，例如，人在学习驾驶技术时，一开始基本是一种理性思维在支配其驾驶行为，但在熟练掌握了驾驶技术以后，其驾驶行为已成为一种直觉行为，也就意味着该行为已转变为感性思维了。同样，感性思维在一定的条件下也可能转变为理性思维，例如，某个人害怕黑暗，在经过适当训练后，也许就变得不再害怕黑暗了。

理性思维和感性思维存在不同的培养途径。理性思维更多来自于后天的学习、训练和经历，经过训练的人与不经过训练的人差别很大。感性思维更多来自于人类先天的基因，作为一个群体在感性思维方面具有很多的共同特征，作为个体可能受后天的经历或训练影响。理性思维追求的是个体、局域、具体、短期、明确的目标，感性思维追求的是整体、全域、抽象、长期的目标。

理性思维活动主要使用人脑的功能性能力，感性思维活动主要使用人脑的非功能性能力。

3. 人脑基本能力模型

人脑智能主要有四种表现形式。第一种是人脑通过感觉器官获取感官信息，并对这些信息进行分类、特征抽取、识别、概念化等进行处理，来压缩和表达信息。这种能力可使人脑准确感知外部环境，并将外部环境信息转化为可交换和可进一步处理的信息。例如，一个小孩看到两只狗，能很快在脑中建立一个具有两只狗的场景，并提取狗的一些主要特征，如狗的大小、颜色、品种等信息。第二种是对感知到的信息和其他相关信息进行加工处理，并生成新的信息。例如，在感知到这两只狗的场景信息后，小孩会判断亲近还是远离这两只狗。像这样的信息处理过程，通常会用到多种方法，包括归纳与推断、类比和推理、因果关联、预测和决策等。第三种是利用信息处理的结果生成各种控制指令，驱动身体各部位完成相应的动作。例如，小孩看到两只狗后，可能因为害怕撒腿就跑。第四种是存储在人脑中的信息汁，这些信息汁在很大程度上决定了人脑的信息处理能力。由于信息汁在人脑信息处理过程中起重要作用，存储在人脑中的信息汁也可视为人脑的一种能力。

人脑能力的外在表现可包括记忆、计算、分类、识别、学习、控制、推理、联想、判断、归纳、演绎、创新、分析、综合、理解、沟通、协作、表达、情绪等。但仔细分析人脑的这些能力，可以看出，有些能力是基本能力，如记忆能力、计算能力，有些能力是基本能力的组合运用，如沟通能力、表演能力、社交能力、演讲能力等。

由于人脑能力过于复杂，我们有必要从人脑的基本能力入手进行研究。

人脑的基本能力是指构成人脑各种复杂能力的基本能力单元，这些能力单元本身是人脑的单一能力，可与其他能力组合运用，形成人脑更复杂的能力。例如，计算能力、记忆能力和判断能力均是人脑的基本能力，人脑可综合运用这三种能力，辨别出两堆苹果中哪一堆苹果数量更多。

笔者将人脑的基本能力归为8大类、18种单项能力，每一种单项能力都是构成人脑能力的基本组成要素。为方便记忆，我们将这18种能力称为人脑能力清单，即BI8.18模型，如图4.7所示。

在BI8.18模型中，我们首先将人脑能力分为功能性能力和非功能性能力，其中功能性能力对应工具人的智能，非功能性能力对应生物人的智能。功能性能力包括基础思维能力、拓展思维能力、强化思维能力、逻辑思维能力、复杂思维能力、超级思维能力、控制能力和学习能力。这8大类能力中，前6大类能力的层次由低到高，高层次能力的运用通常会包括低层次能力的运用，如在运用强化思维能力时，可能同时用到基础思维能力和拓展思维能力。对这些能力进行分解，可得到18种单项能力，包括记忆能力、计算能力、判断能力、搜索能力、识别能力、理解能力、思考能力、推理能力、归纳能力、想象能力、规划能力、设问能力、创新能力、思索能力、控制身体能力、控制思维能力、控制情绪能力、学习能力。

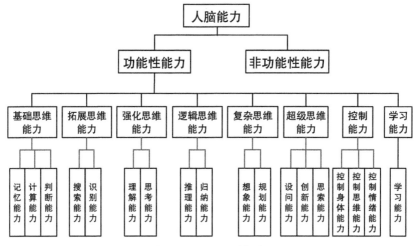

图4.7　BI8.18模型

之所以将 18 种单项能力归为 8 大类，是因为有些能力是其他能力发挥作用的基础，有些能力在解决问题时需要联动。例如，将记忆能力、计算能力和判断能力归为基础思维能力，是因为这三种基本能力是人脑解决问题所依托的最基础能力，也是人与生俱来最先拥有的能力。例如，婴儿生下来后只需要几天时间，就可以记住妈妈的声音和味道，表明婴儿有很好的记忆能力；在饿了或渴了的时候，婴儿会啼哭，说明婴儿有很好的判断能力。将计算能力归为基础思维能力，倒不是因为计算能力比其他能力更具有基础性，而是为机器赋能时，绝大部分能力是依赖计算能力实现的。

4.3.4 人脑的基本能力分析

下面我们分别对 BI8.18 模型中的每一种能力进行详细阐述。

1. 记忆能力

记忆能力是人脑智能中的一种最基础的能力，也是十分神奇的一种能力，所有其他能力的发挥或实现均离不开记忆能力的支撑。至于人是如何记忆的，目前仍然无法解释，一些科学家试图用神经元的方法来解释人的记忆过程。

我们来看看记忆能力的神奇之处吧。

一个婴儿出生几天后即可记住自己的妈妈，能准确地将妈妈与其他人区别开来。

一个健康的百岁老人可能记得自己童年的美好往事。

一对短暂相识的朋友在离别几十年后意外重逢，通过几句话的提醒或许可以唤起尘封多年的美好往事。

父母通常可以记住孩子成长过程中的点点滴滴，以及各种与孩子相关的直接或间接的人和事。

一个人可能对 20 年前去过的景点还有很深刻的印象，但对一个反复记忆过的单词可能总是记不住。

我们再来看看记忆能力是如何支撑人类实现智能的。

计算是基于规则的，因此，人类的计算能力首先得借助人类已经记住的计算规则，然后按照规则对运算的对象进行演算。

分类是基于类别特征的，因此，人类的分类能力首先得借助人类已经记住的类别特征，然后按照类别的特征将对象进行比对，并将其归入相应的类别。

识别是基于对象特征的，因此，人类的识别能力首先得借助人类已经记住的对象特征，然后按照特征与识别对象进行比对，并做出判断。

学习是基于已有概念的，因此，人类的学习能力首先借助人类已经记住的已有概念，然后对新的概念进行理解、对比，并将新的概念存储在记忆里。

同样的道理，控制、推理、联想、判断、归纳、演绎、创新、分析、综合、理解、沟通、协作、表达、情绪等各种智能的发挥，均离不开记忆能力的支持，这些能力的发挥多多少少都需要记忆提供信息、规则、概念、知识甚至智慧。

人脑的记忆能力除体现在能记住什么外，更神奇的是其对记忆信息的存取能力。人脑几乎可以随时获取需要的信息，获取信息的速度与存储的时间、位置、内容等不存在明确的相关性。

人脑的记忆能力可为人脑进行信息处理提供大量的信息汁，是人脑进行信息处理的重要信息来源之一。

人脑的记忆能力是与生俱来的，也可通过后天的学习和训练不断提高。

🛜 2. 计算能力

对人类来说，计算能力其实并不是人脑智能中的一个基本能力，也就是说，人脑的其他能力的发挥并不一定对计算能力有强依赖性。例如，人脑的识别能力、搜索能力，可能并不需要依赖人脑的计算能力。

之所以将计算能力归为人脑的基础思维能力，一方面是因为人脑计算能力的表现并不局限于数学运算，还表现在对数据的认识、理解和应用，以及使人知道如何用数据来进行度量和判断。可以说，计算能力是人脑判断能力所依赖的一种基本能力。另一方面，对模仿人脑智能的机器来说，计算能力是机器实现智能的最主要途径，因此，将计算能力归为基础思维能力较为合理。

计算能力对智能机器来说是最核心的一种能力，对人脑来说，计算能力的主要作用是提供数据运算能力，以及支撑基于数据和度量的判断能力。人脑的其他能力似乎很少基于计算能力实现。人脑的计算能力不是与生俱来的，需要通过学习和训练才能获得和提高。

🛜 3. 判断能力

判断能力是指对情况进行判断后的一种反应能力，是人脑的一种基础思维能力。当情况合理时，不会产生输出，而当情况超出合理范围后将立即产生一个冲击性输出，这种输出将刺激人的身体、情绪或思维。

例如，当肚子饿了，人就会想到吃，当口渴了，人就会想到喝；当工作累了就会想到休息，当天气冷了就会想到添加衣服，所有这一切，都是基于人脑的判断能力来完成的。

当然，人脑的判断能力也有不同的层次。有一些问题依靠简单的初级判断能力即可解决，一些问题可能需要复杂的高级判断能力才能解决。

我们这里所说的人脑判断能力是指人脑的初级判断能力，不包括人脑的高级判断能力。高级判断能力其实也可以称为决策能力，涉及多种更高级的思维能力的应用。

人脑的判断能力大部分是与生俱来的，但也有相当一部分是通过后天的学习、训练或体验来获取的。

🛜 4. 搜索能力

搜索能力是人脑智能中应用最广泛的能力之一，无论是工作还是生活，人脑经常需要对记忆的信息进行搜索。遇到问题时，人的第一反应就是在记忆中搜索是否有现成的解决方案，如果有则照章执行。例如，环卫工人发现路边有一堆垃圾，会第一时间搜索该采用哪种方法进行清理；驾驶员需要停车时，会很快搜索出倒车入库的技巧。搜索能力是人脑从记忆中快速提取信息的一种能力，可帮助人迅速找到解决问题的方法，或判定需要获取解决方法。

人脑的搜索能力既可以对感觉器官获取并存储的信息进行快速搜索，也可以对大脑中存储的信息汁进行搜索，搜索的响应速度、范围广度、时间长度与搜索内容似乎没有必然的直接关系。

🛜 5. 识别能力

识别能力是大脑对获取的感官信息进行即时处理的重要能力，也是人脑智能中的一种最重要的基本能力，主要为人脑的信息处理提供实时的信息输入。人的感觉器官包括眼睛、耳朵、鼻子、嘴、皮肤、身体躯干等，识别能力也可对应多种感官信息处理能力，如视觉、听觉、嗅觉、味觉、触觉、温湿度、重力信息处理能力，每一种处理能力均可为人脑提供不同类型的信息。

识别能力的主要作用是帮助人脑从感官信息中快速提取出想需要关注的信息，为人脑启动其他思维活动提供即时信息输入。这里的识别不仅仅是指人脸识别、字符识别等，还包括对各种感官信息的过滤处理。

视觉信息处理能力主要对眼睛获取的视觉信息进行处理，获取图像、运动图像中所蕴含的信息。这种能力可使人充分感知周围环境的立体空间部署及其变化趋势，可使人迅速分辨出视觉场景中的信息，并忽略掉暂时不关注的信息，快速捕捉到当前关注的信息。视觉信息处理能力是人脑获取外部信息的最重要途径，也是人脑智能中应用最广泛的一种能力。无论是工作还是生活，人随时随地都可能需要进行视觉识别。例如，看书时，我们需要识别书本上的文字、符号或图形；吃饭时，我们需要识别食物的种类、使用的餐具、一起进食的人等；开车时我们需要识别路况、交通信号灯的颜色、周边的车辆或行人等。视觉信息处理的本质就是将眼睛获取的事物、行为、事态等进行准确感知和识别，提取所需要的信息，为后续行动提供信息支撑。人脑的视觉信息处理能力有两个特点。第一个特点是，所获取的信息是由其他思维活动所决定的，也就是说，面对同样的场景，如果人的关注点不同，则通过视觉信息处理能力获取的信息也并不相同。第二个特点是，视觉信息处理能力的结果往往会导致大脑开启其他思维活动。

听觉信息处理能力主要对耳朵获取的听觉信息进行处理，获取声音中蕴含的人所关注的信息。这种能力可使人感知来自周围环境的互动交流。同样，听觉信息处理能力也具有神奇之处，就是这种能力可高效屏蔽人不感兴趣的信息，使人迅速获取当前关注或能引起兴趣的信息。听觉信息处理能力是人与外界交流信息的重要途径。

嗅觉信息处理能力主要对鼻子获取的嗅觉信息进行处理，获取人所关注对象的气味信息。这种能力可使人感知某种物质所散发的气味，可帮助人对物质的性质、好坏等进行评估。

味觉信息处理能力主要对嘴获取的味觉信息进行处理，获取人所关注对象的味觉信息。这种能力可使人感知某种饮食的味道、温度、湿度，以及对味道的评价。味觉信息处理能力是人对饮食的好坏或等级进行评价的重要途径。

触觉信息处理能力主要对皮肤获取的触觉信息进行处理，获取人所关注物体的表面平整度信息。这种能力可使人感知某种物体的表面是否平滑、粗糙、柔软、细腻，可帮助人对物质的性质、等级进行评估。

温湿度信息处理能力和重力信息处理能力是两种感官信息处理能力。前者通过皮肤获取信息，可帮助人感受周边环境或关注物体的温湿度，后者通过身体躯干获取信息，可帮助人感受物体的重量和表面的硬度等。

识别能力是各种感官信息处理能力的总称。人脑的识别能力只有较少一部分是与生俱来的，绝大部分需要通过反复学习才能具备和提高。

6. 理解能力

　　理解能力是人脑智能中通过教育、培训、实践等活动提升最多的能力之一。笼统地说，理解能力的应用范围包括现实世界和抽象世界。对现实世界的理解能力将所获取的信息映射到现实生活中的真实场景，并使人正确认识真实场景。对抽象世界的理解能力是利用所获取的信息，建立一个逻辑严密的抽象世界。现实世界中需要理解的对象主要包括事物、行为、程度、事实、场景和事件。抽象世界中需要理解的对象主要包括概念、原理、法则等。理解能力的输入信息类型主要包括感官信息和表示信息，表示信息包括视频、图片、声音和文本。人通过理解所获取的场景信息或信息汁，是后续思维活动的重要基础。理解能力的高低体现了人对感官信息和各类信息汁的认知水平。

　　理解能力通常可分为三个层次。低级水平的理解是指感觉水平的理解，能辨认和识别现实中的真实对象，并且能为对象命名，或者能解释抽象世界的概念、原理和法则，知道对象"是什么"。中级水平的理解是指知觉水平的理解，即在理解的基础上，结合自身的认知，理解对象的本质及其相关因素的内在联系。高级水平的理解属于间接理解，也可称为觉悟水平的理解，即在感觉理解和知觉理解的基础上，通过各类信息的联系，形成更深刻的具体化和系统化认知。

　　理解能力模型如图 4.8 所示。

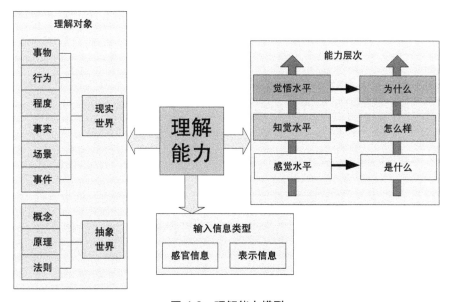

图 4.8　理解能力模型

图 4.9　包含丰富信息的图片

图 4.9 是一张照片，该照片描述了一个场景，照片中也包含了丰富的信息，我们以此为例对理解能力进行解释。

利用低级水平的理解能力，我们可以从图片中获取银杏、河流、栏杆、大楼、三个人等基本信息，以及"有三个人站在河边的银杏树下""宽阔的河面旁边有高楼""河边设有安全设施"等初步信息。结合个人的认知水平，利用中级理解能力，可从图片中获取"时间是冬天""三个人可能是一家人"等间接信息。由此可见，从同一张图片中，不同认知水平的人通过理解所获取的信息是不同的，认知水平越高的人获取的信息就越多。

理解能力可帮助人认识世界、获取知识、与人进行有效的交流，也是人类通过教育的手段大力挖掘人脑潜能和提升水平的一种能力。

人脑的理解能力不是与生俱来的，能力的高低与学习和经历息息相关。

7. 思考能力

思考能力是人脑智能中应用于解决问题的一种基本能力，无论是在工作还是生活中，遇到问题时，人脑就需要启动思考。 这里定义的思考能力只是人脑强化思维中的一种功能性能力，因此，这里所指的问题并不是所有问题，而只是人脑凭借已有知识和信息可以解决的问题。

　　思考的起点是问题，这个问题可以是生活中的小问题，如起床后穿什么衣服，也可以是工作中的小问题，如先安装哪一颗螺丝，可以思考具体的问题，如麻婆豆腐怎么做，也可以是抽象的问题，如怎样求解一个方程、怎样证明一个定理。触发思考的问题来源于三个方面，一是应对周边环境的需要，如果突然发现周边有火情，则需要思考如何进行避险；二是来源于视觉或听觉的直接问题，如看到课本上一道习题，或者听到领导的一个指示，或者驾驶汽车时需要决定下一步如何操作的问题；三是人脑自发地提出的问题，这些问题可能来自人脑的创新、设计或规划等。

　　思考的过程通常需要四个步骤，即分析问题、提出方案、综合评估、做出决策，每一个步骤都十分重要。例如，下围棋时，在对方投下一棋子后，我们就要开始思考。第一步需要分析对方下的这一颗棋子对整个棋局的影响，在此基础上给出几种可能的方案，再评估每一种方案对整个棋局的影响，最后做出正确的决策。当然，针对不同的问题，四个步骤的复杂程度是不一样的，对于有些问题，我们甚至可以忽略其中的某些步骤。如驾驶汽车时，不需要分析问题和提出解决方案的步骤，只需直接对当前面临的局势进行综合评估并执行正确的操作。

　　思考能力可帮助人迅速找到解决问题的已有方法，或者寻求到新的解决方法。

　　人脑的思考能力不是与生俱来的，能力的高低与学习经历密切相关。

🛜 8. 推理能力

　　推理是指人们在已有知识所形成判断的基础上，由一个或几个已知判断推出一个新的判断。尽管人们探求新知识的方法和途径十分复杂，但都离不开推理能力。最常见的推理方法是演绎推理，或称三段论推理。以下是演绎推理的例子。

步骤 1 人固有一死（大前提）。
步骤 2 苏格拉底是人（小前提）。
步骤 3 故苏格拉底必死（结论）。

　　在上述演绎推理中，大前提和小前提都是已知的判断或事实，结论是一个新的判断。演绎推理的特点就是从一般到特殊，即将一般规律应用到具体的个例上。

　　第二种常见的推理方法是类比推理，基本方式是根据两个对象在某些属性上的相似性，通过比较而推断出它们在其他属性上也相同。类比推理是从观察个别现象开始的，因而近似于归纳推理。但它又不是由特殊到一般，而是由特殊到特殊，因而又不同于归纳推理，如声和光有不少相同属性——直线传播，有反射、折射和干扰等现象。由此可以推出，既然声有波动性质，那么光也有波动性质，这就是类比推理。

第三种常见的推理方法是因果推理。因果推理是推断一个事物对另一个事物的影响，推理的基础是因果关系。当一个事件的出现导致了另一个事件的出现，这两个事件之间的关系就称为因果关系。例如，外面正在下雨，不带雨具出门会淋湿衣服。下雨和淋湿衣服之间就是因果关系，下雨是原因，淋湿衣服是结果。

推理能力是人脑智能中应用于分析问题和寻求问题解决方案的最常用和最可靠的方法之一。例如，我们通过学习掌握了大量的"大前提"，通过对问题的理解掌握了一些"小前提"，利用演绎推理可得到很多新的结论，这可以帮助我们分析问题、提出方案、综合评估，并最终做出正确的决策。

人脑的推理能力不是与生俱来的，能力的高低与学习和经历密切相关。

🛜 9. 归纳能力

归纳是指由一系列事实概括出一般原理，或从许多事物中概括出一般性概念、原则或结论。归纳和演绎反映了人们认识事物方向的两条思维路径，前者是从个别到一般的思维运动，后者是从一般到个别的思维运动。归纳是科学发现中的重要的思维方法之一，例如，通过大量的机械运动试验，物理学家建立了能量守恒定律；通过大量的生物杂交试验，生物学家创立了遗传基因学说。

归纳能力是人脑智能应用于创新思维的一种重要能力，这种能力可以帮助人们掌握或探索出解决问题的方法。

人脑的归纳能力不是与生俱来的，能力的高低与学习和经历密切相关。

🛜 10. 想象能力

想象能力是指人的思维在知觉材料的基础上创造出新形象的能力，是在人的头脑里创造一个念头或思想画面的能力。例如，提起汽车，我们马上就能想象出各种各样的汽车形象、声音、质感，就好像头脑中有一支画笔，凭借个人的意志，什么东西都可以在头脑里画出来，情绪的、色彩鲜艳的、天马行空的……想象能力是介于感性思维和理性思维之间的一种中介性思维能力，在人类创新活动中起着重要作用。

关于什么是想象力，爱因斯坦曾说过，逻辑会把你从 A 带到 B，想象力能带你去任何地方。爱因斯坦简单直白地道出了什么是逻辑，什么是想象力，更道出了逻辑与想象力之间的区别。逻辑能限制人的想象力，但想象力不会，想象力可以天马行空，可以"带我们去任何地方"。

想象能力可帮助人们开展各种艺术创作活动，如作诗、写小说、编剧本、画画、作曲等。

🛜 11. 规划能力

规划能力是指为解决某个问题或完成某项任务，制订全面、完整、可行计划的能力，是人脑的一种高级思维能力。一个合理的规划需要整理出所需的信息和数据，并以此为基础进行定性与定量预测，并依据结果制订行动方案。规划是实际行动的指导，规划应具有系统性、综合性和可行性。例如，每天一早醒来规划一天的安排，每次旅行需要规划整个行程，每一次驾驶需要规划行驶的路线。

规划能力与思考能力有相同的地方，也有不同之处，可以说规划能力是思考能力的高级形式。相同之处是这两种能力都是用于解决问题的，不同之处在于思考能力偏重解决问题方案的深度，而规划能力偏重解决问题方案的广度。

🛜 12. 设问能力

设问时所提出的问题，为人脑思维活动的启动提供触发信息。

人类思维活动主要有两类。一类是下意识的思维活动，例如，对技术熟练的司机来说，开车时所有的动作都是下意识的自然反应，就像编好的程序自动运行一样，一旦满足触发条件，即可按照固有程序运行。人的许多思维活动都可以归为这一类，尤其是养成习惯或经过训练的思维活动，如固定岗位的工人劳动、家务劳动等。另一类是主动思维活动，即触发思维的问题来自人脑内部，当然也可以是其他人提出并传达到人脑内部的问题。这种问题在人脑中通常没有现成的解决方案，而且可能在思考问题的过程中又派生出新的问题，这些问题都可以成为驱动人脑思维活动的动力。

设问能力是针对上述人脑主动思维活动的能力，专指其中的自主提出问题的能力。设问能力的触发主要来自人身体方面的需求或精神层面的欲望，当然也包括其他人提出而转化为自己需要思考的问题。例如，人在感到饥饿时，就对食物产生需求，会提出吃什么和怎么获取食物的问题，这属于由身体需求所引发的问题。人也可能因心理层面的需求提出问题，例如，情绪激动时想作一首诗、情绪低落时想策划一次旅游、出于对天体运行的好奇收集一些天文资料进行研究等。因此，设问能力就是将人的需求或欲望转化为问题的能力，是人脑许多思维活动启动的重要起点。

🛜 13. 创新能力

创新能力是人脑围绕某个具体问题，通过对已掌握的信息汁进行深度加工处理并生成新信息的能力。创新能力和想象能力既有相同点也有不同点。相同的地方是都会产生新的信息，不同的地方是想象能力并不一定从问题出发，也不一定会带来确定性的结果，而创新能力所产生的新信息会解决具体的问题。

人脑的创新能力源于解决某个具体问题，因此，创新能力主要体现为人从事科学技术研究和工程设计方面的能力。

人的创新能力既依赖于已掌握的各种信息汁的广度和深度，也依赖于其他思维能力的应用程度。

🛜 14. 思索能力

思索能力是思考能力的高级形式，也是人脑各种思维能力中的最高级能力。思索能力是人在工作、学习、生活中遇到重大问题（这些问题可以是外部输入的，也可以是人脑内部触发的）时需要启用的思维能力。思索能力的起源是人遇到的各种重大问题，处理的对象是人脑存储的各种信息汁，处理的方法是分析、比较、综合、概括、评价等一系列过程，处理的结果可能是解决问题的方案、决策的结果，或者需要进一步搜集信息等。思索能力是对人脑其他各种能力进行组合应用，并解决重大问题的一种综合性能力，是整个人脑思维活动的核心，发起和支配着各种各样的思维活动。思索能力和思考能力的差别有两个方面。第一是所解决问题的层级不同，思考能力所解决的问题可以是比较初级的问题，基本上凭借人脑已有的知识和其他需要的信息就可以找到相应的解决方法，而思索能力所面对的问题是比较高级的复杂问题，仅凭人脑已有的知识和信息可能难以找到解决方法。第二是解决问题的方式有所不同，用思考能力解决问题时，是基于已掌握的信息和解决方法提出一个解决方案，该解决方案大概率可以解决所面对的问题。用思索能力解决问题时，所提出的解决方案存在较大的探索性和不确定性，在解决问题的过程中需要反复调用和运用其他思维能力，这种运用是无规律的，因人而异。采用思索能力最后形成的解决方案也许能解决对应的问题，也可能在解决问题的过程中还需要进一步搜集更多信息，在很多情况下，还需要对解决方案进行反复迭代和多次调整。

对以上能力进行小结后，我们会发现，这些功能性能力都有一个共同的特点，就是这些能力都是外向性的，或源于外在因素的驱动，或终于对外在因素的改变。

除此之外，还有一些能力并不表现出这种功能性特点，如人脑的自我认知能力。自我认知是指人对自我身份、能力、状态的认知行为。自我认知能力能使人认识自己的长处和短处，意识到自己的爱好、情绪、意向、脾气和自尊。很明显，这种能力源于自我，终于自我，没有表现出外在的功能性特征。这种能力我们称为非功能性能力，不应将其归为思索能力。

🛜 15. 控制能力

控制能力是人脑将思维活动的结果转化为行动的能力，包括对身体各个部位的指挥控制，如说话、表情、动作、运动等，也包括对思维和心理活动的管理。

人脑的控制能力有三种，即控制身体能力、控制思维能力和控制情绪能力。控制身体能力是指对身体各部位的协同控制，使各部位协同行动来完成各种各样的操作。控制思维能力是对人脑中的各种思维活动进行有效管理，使人能对环境进行适当的响应，或满足身体或精神上的需求。控制情绪能力对人的情绪进行管控，使人处于一个适度的心理状态。

人脑的控制能力是天生的，但学习、训练、工作等都可以使其得到很大程度的提升。

🛜 16. 学习能力

学习能力的主要作用有两个。第一个作用是通过学习积累各种信息，为人脑的各种思维活动提供信息输入。第二个作用是通过学习提升人脑的各种功能性能力，如提升记忆能力、识别能力、思考能力、创新能力等。

学习能力与前面所讨论的各种能力的不同之处在于识别能力、理解能力、思考能力等都是解决问题的，属于狭义的功能性能力，即每一项能力都对应人的一项功能；而学习能力主要聚焦于功能性能力的培育和提升，其主要方式是通过反复的模仿、训练，对所获取信息进行加工处理，以获取更高层次的信息汁，并存储在人脑的记忆池里。这些信息汁可用于改善或提高人脑的各项功能性能力，如提升理解能力、推理能力等。学习能力除产生各种信息汁外，并不对外产生信息输出。

学习主要有三种方式。第一种方式是通过模仿进行学习，学习者主要参照演示者的行为进行模仿、练习或实践，以掌握各类信息或提升功能性能力。第二种方式是学习者通过阅读和理解，经反复模仿和训练提升功能性能力。第三种方式是学习者通过对已掌握信息进行反复加工，从而提升功能性能力和掌握信息，这种学习方式也可以称为人的领悟能力，是一种更高级形式的学习方法，也是学习者获取或掌握智慧的唯一途径。领悟能力提升的方式十分复杂，可能需要多种功能性能力的综合运用。领悟能力的实质就是对信息汁的深加工能力，领悟的过程并不需要外部信息的输入或激发，领悟的结果是让人掌握更多的智慧。

学习能力是人脑其他各种能力具备或提升的一个重要引擎，基本的学习能力应是与生俱来的，而高级的学习能力需要依靠后天的训练或经历来获取。

4.3.5 人脑是如何工作的

如果将人脑看作一个系统，则人脑由三个部分组成，第一部分是工作系统，第二部分是学习系统，第三部分是记忆池。工作系统维持着日常的工作和生活，学习系统为工作系统的能力提升提供支撑，两个系统共享记忆池。人脑信息处理的基本原理如图 4.10 所示。

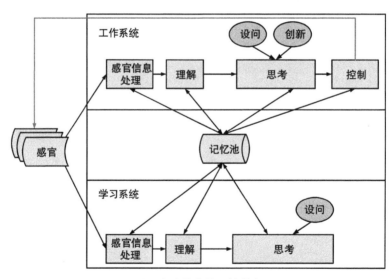

图 4.10　人脑信息处理的基本原理

工作系统的主要环节包括感官信息处理、理解、思考和控制。其中感官信息处理主要是通过感觉器官获取周边环境信息；理解环节主要对当前获取的信息进行映射处理，构建与真实场景对应的理性空间场景，可在此基础上进行推理、归纳或想象；思考环节是基于理性思维活动对理性空间场景进行分析、对比、综合求解，通过规划、思索等过程，生成指导身体行为的一连串指令；控制环节是按照指令要求控制身体各部位做出反应。工作系统中的信息处理过程还有两个重要的环节，即设问环节和创新环节，这两个环节虽不是必备环节，但作为高级思维活动，这两个环节是驱动工作系统运转的重要起点。设问和创新环节的问题来源于大脑，大脑针对需要解决的问题提出问题。工作系统的正常运转依赖于记忆池中存储的各类信息和信息汁，运转效率的高低、运转的频繁程度、运转的持续时长都与记忆池息息相关。

学习系统主要包括感官信息处理、理解和思考三个环节。这三个环节与工作系统的四个环节有相似的功能，并能解决相似的问题。学习系统的主要任务是通过学习不断丰富记忆池中的信息汁含量，并改善信息汁的质量，以便更好地提升工作系统的工作效率和工作成效。学习系统中之所以不包含控制环节，是因为工作系统本身也可以为记忆池的改善提供支撑。

记忆池是人脑信息处理的重要基础，它一方面存储大量的感觉器官获取的感官数据，以及经人脑处理后形成的大量信息汁，另一方面，人脑的工作系统和学习系统把从记忆池中提取的大量数据和信息汁进行信息加工，并将加工形成的信息汁存储在记忆池中，用于改进或提升工作系统和学习系统的能力。

4.3.6　人脑的五种状态

人脑的工作过程虽然十分复杂，但对人脑的工作状态进行深入分析可以发现，人脑基本可以归纳为五种状态。

1）程序运行状态。这时人脑基本处于一种按既定程序进行信息处理的状态，也是人在工作时所处的一种常见状态。在这种状态下，人脑信息处理的对象主要是感觉器官所获取的实时数据，处理方法主要来源于脑中保存的与工作相关的信息汁，其输出主要是各种控制指令。例如，人在驾驶汽车时就处于程序运行状态，人先通过感觉器官获取周边信息，然后按照驾驶方法对汽车进行控制。

2）思索状态。这时人脑对脑中的信息汁进行内部加工处理，通常不需要感觉器官获取实时数据，也不会产生控制指令。思索状态通常由人脑自身的设问或创新环节进行触发，通常还将产生新的信息汁或提升已有信息汁的质量。人在进行创新研究、设计、想象、规划时，大脑均处于思索状态。

3）学习状态。这时人脑基本处于对感觉器官所获数据进行加工处理，并将处理结果用于更新信息汁的状态。人脑处于学习状态时将产生较多信息汁，可用于补充或更新记忆体中已有的信息汁。

4）休闲状态。休闲状态是指人脑处于一种无特定意识的状态，这时人脑既没有外部问题的触发，也没有内部问题的触发，通常不会产生信息汁。例如，人在听音乐或散步时，可以认为大脑处于休闲状态。

5）警觉状态。警觉状态是指人脑随时保持对外部环境的警觉，一旦有意外事件发生，人脑可立刻做出反应。警觉状态是与其他四种状态并存的一种状态，只有在意外事件发生时才会被触发。

4.4 机器智能

4.4.1 机器智能是什么

机器智能（Machine Intelligence，MI）是指机器所具有的能力，该能力可使机器能执行通常需要人脑智能参与才能完成的任务。当机器具有一种或多种这样的能力时，我们就可以认为机器拥有了智能。

从以上关于机器智能的定义来看，机器智能与人脑智能基本上是对应的，即机器若实现了人脑的某种能力，则可认为机器具备了某种智能。只不过，人脑的能力实在是太强大了，用机器实现人脑的能力受技术的约束或限制，许多方面远远达不到人脑的能力，因此，机器智能相比人脑智能来说，能力的种类要少一些。也就是说，有些人脑的能力是机器无法实现的。

为此，借鉴 BI8.18 模型，本书提出了描述机器智能的 MI8.16 模型，如图 4.11所示。在这个模型中，我们发现，与 BI8.18 模型相比，MI8.16 模型存在两个明显差别。第一个差别是在 MI8.16 模型中，机器智能可能无法实现人脑的超级思维能力，关于这一点我们在后面的章节将进行论证。第二个差别是将人脑控制能力的三项子能力合并为一个能力。之所以这样做，是因为机器并不具有情感，因此也就不需要控制情感的能力。至于未将控制思维能力作为机器智能单独列出，是因为人脑的思维实在是太复杂了，我们目前的技术对许多单项思维能力的模仿尚有巨大差距，在这种情况下研究机器的控制思维能力不具备任何技术基础。

有了 MI8.16 模型，我们就可以专注于研究如何采用科学的方法或技术来实现这些能力，从而派生出诸如机器记忆、机器计算、机器判断、机器理解、机器思考等不同的科学概念和理论技术。

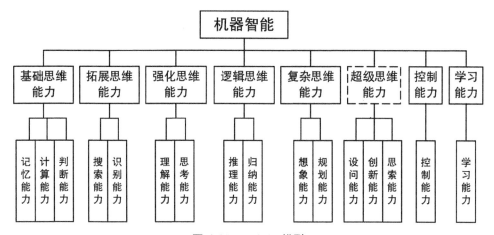

图 4.11　MI8.16 模型

MI8.16 模型仅列出机器智能的最小能力单元，或者称这些单元为元素级能力，以便按照这些能力需求开展相关技术的研究。通常，一台具有拥有智能的机器，通常会同时具备 MI8.16 模型中的多种能力，也就是说在一台机器中会同时集成多种元素级能力。如一台人脸识别机器，至少应具备记忆能力、计算能力、判断能力、识别能力和学习能力，而一辆具备完全自动驾驶能力的汽车，至少应具备记忆、计算、判断、识别、搜索、理解、思考、规划、控制、学习等能力。

总之，机器智能概念的提出，是为了达到两个目的：第一是机器的智能要以人脑智能为参考，有了明确的参考，我们基本就可以说清楚什么是机器智能，而不会始终陷于泥潭中打转。第二是将机器智能拆分为多种元素级能力进行研究，可使每一种元素级能力具有更明确的目标和更清晰的学术边界，从而具有更好的技术可行性和可操作性，也可以使科研界有更明确的研究目标。因此，大力提倡和推动业界围绕机器智能及 MI8.16 模型开展研究，将对推动智能技术的有序发展产生很好的指导作用。

4.4.2　机器智能的力量之源

前面我们说过，人的智能来自人的大脑。大脑输入的是各种感官信息和已存入大脑的各种信息汁，大脑的工作是对输入的信息和信息汁进行加工处理，并将处理的结果再次存入大脑，或输出到身体器官。因此，机器智能作为对人类大脑的模仿，其能力来源无非是模仿人类大脑接收输入的各种信息，完成信息处理过程。

其中，机器模仿人类大脑接收各种感觉器官信息的方法就是各种信息获取方法，模仿人类大脑对各种信息和信息汁进行处理就是算法，而计算是推动和执行各种算法的动力。因此可以认为，机器智能的力量之源就是信息、算法和计算。

其实，要得到这样的结论并不需要高深的研究。首先，人类至今研究出来的有智能机器无一不是利用这三个要素实现的。其次，我们赋予智能的对象是机器，至今为止，任何一个机器的构成要素无非就是材料、机械、电子、控制四个要素，这四个要素中，除材料、机械外，无论是电子还是控制，都是利用信息、算法和计算的方法实现的。

在机器智能的三大要素中，信息是原料和添加剂，决定了机器智能的行为方向；计算是发动机，是驱动算法运行的动力；算法是信息加工的方法，决定了机器智能的工作能力和工作方式，也决定了机器智能的深度和广度。在这三个要素中，算法是决定智能的最重要因素，智能水平的高低，往往也体现在算法技术中。

可以说，至今为止，我们所有赋予机器智能的技术都采用了"算法＋信息＋计算"（Algorithm＋Information＋Calculation，AIC）架构，该架构也被称为艾克架构，不同的机器智能只是所处理的信息和使用的算法不同而已，它们可以共享同样的计算平台。

4.4.3 面向机器智能的信息模型

我们在前面介绍了机器智能源于机器对输入信息的处理，那么，输入机器的信息到底有哪些。本节重点介绍输入机器的信息有哪些种类，以及每一种信息的主要特点和表示方法，以便机器能对这些信息进行有效处理。

1. 模型定义

人脑的输入主要包括感官信息和信息汁，作为模仿人脑能力的机器智能，输入到机器的信息自然也不会超出这些范围。其中，不同的感官信息可采用不同的传感器进行模仿，输出的数据可分为视觉信息、听觉信息、嗅觉信息、味觉信息、触觉及环境信息、重力感觉信息。信息汁依据信息的属性和特点，可分为事实、知识、规则、规程、规范和智慧。

为此，我们提出信息分类模型IMfMI（Information Model for Machine Intelligence），如图4.12所示。

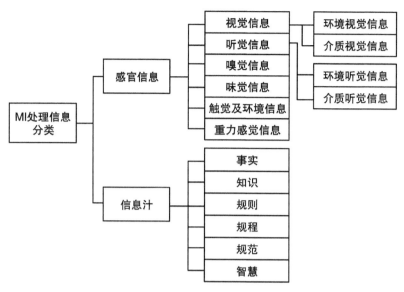

图 4.12　面向机器智能的信息分类模型 IMfMI

之所以提出 IMfMI 模型，是因为智能机器要处理的信息实在是太复杂了。有了这样的模型作为指导，我们就可以分类进行研究，可针对不同类型信息的特点，分别提出信息的表示方法、抽取方法和应用方法，也可据此对不同的研究成果进行分类评估。

🛜 2. 视觉信息

视觉信息是指人通过眼睛获取的环境视觉信息和介质视觉信息。其中环境视觉信息是指眼睛即时捕获的外部场景及其空间信息，即眼睛所看到的一切。介质视觉信息是指存储在各种介质上的文字、图片和视频信息。之所以将视觉信息分为以上两种，是因为两种视觉信息所包含的信息层次不一样，环境视觉信息主要是事实信息的主要来源，介质视觉信息可以是事实、知识、规则、规范、规程及智慧信息的来源。两种视觉信息的处理方式也不一样，但这两种视觉信息都可以采用数码相机、数码摄像机、激光雷达、SAR 雷达、红外照相等设备来获取，并实现对人眼能力的模仿。

目前用机器模仿人的眼睛获取视觉信息已基本接近于人眼的能力，甚至在看得远、看得清、看得全、看得持久等方面远远超出了人眼的能力。但与人眼相比，视觉信息获取设备在以下两个方面还是存在较大的差距。

第一个方面是空间信息获取能力不足。

人眼在注视周围的场景时，可获得周围场景的全息信息，包括场景中的全部要素以及这些要素在空间的分布信息。人眼这种重要的全息信息获取能力可使人脑在处理获取的视觉信息时，还原实际的场景，从而为人脑提供充足的信息。反观视觉数据获取设备，其所获取的视觉信息仅是真实场景在视觉平面的映射，场景中的要素在空间的分布信息难以准确记录下来。虽然激光、雷达等设备在获取周围场景的空间信息方面有较强能力，但与人眼相比，其空间分辨能力要低得多，这将影响后续信息处理过程中对实际场景的还原。

由于视觉信息在空间信息方面的缺陷，导致机器在处理视觉信息时，很难达到像人脑一样的能力。例如，人通过视觉信息处理可以驾驶车辆，但自动驾驶汽车仅依靠视觉传感器提供的信息无法实现汽车的正常行驶，可能需要多种类型传感器的信息融合处理加以解决。

第二个方面是视野广度和深度难以兼顾。

"纳入眼帘""尽收眼底"这两个词的意思是只要进入人的视野范围，不论远近，都能被人的眼睛捕捉到。但目前的视觉信息获取设备还难以达到这个能力，如果看得远，则视野不能宽，如果看得宽，则看不远，二者难以兼顾。

由此可见，要增强机器在处理视觉信息方面的智能，视觉信息获取设备在视野广度和深度方面还需要进一步提升。

🛜 3. 听觉信息

听觉信息是指人通过耳朵获取的环境听觉信息和介质听觉信息。其中环境听觉信息是指耳朵即时捕获的外部场景及其空间信息，即耳朵所听到的一切。介质听觉信息是指存储在各种介质的声音信息。之所以将听觉信息分为以上两种，是因为环境听觉信息比介质听觉信息包含更多的环境信息。这两种听觉信息在处理方式上不一样，但都可以采用语音采集设备来获取，实现对人耳能力的模仿。与视觉信息不一样，听觉信息均包含事实信息、知识、规则、规程、规范及智慧类信息。

目前机器模仿人的耳朵获取听觉信息的能力，已基本接近于人耳的能力，甚至在听得清、听得全、听得持久等方面远远超出了人的能力。但与人耳相比，听觉信息获取设备有较大的缺陷，即难以分辨出声音的方向。虽然现有技术可以弥补这一缺陷，但实现的代价过于高昂，难以在各类机器中推广应用。

不过令人欣慰的是，大多数的机器智能可能不需要利用与声音相关的空间信息。

4. 嗅觉信息

嗅觉信息是指人通过鼻子获取的外部空气中的信息，目前还没有成熟的设备能模仿人的鼻子，并采集嗅觉信息。

由于人类的嗅觉来源于鼻子对空气中某些成分的感知，嗅觉的信息化就是获得这些成分的组成和比例，这些信息目前只有依靠化学分析法才能获得。因为化学分析法费时长，检测条件要求高，要实现嗅觉的数字化尚无可行的办法。即便将来可以对嗅觉进行数字化，但利用嗅觉信息还原嗅觉可能是一件困难的事情。因此，可以预见，在未来20年内，通过机器模拟人脑对嗅觉的处理基本上是不可行的。

机器在嗅觉信息获取方面的能力不足，将有可能影响到环境检测、卫生监督等方面机器的智能化实现。

5. 味觉信息

味觉信息是指人通过舌头获取有关饮食的味道信息，目前还没有成熟的设备能模仿人的舌头采集相关的信息。

由于人类的味觉来源于舌头对饮食中所含成分的感知，味觉的信息化就是获得这些成分的组成和比例，要实现这些目标，目前可以通过生物化学方法获取。但生物化学方法分析时间长，检测条件要求高，流程复杂，要实现味觉的数字化目前尚无可行的办法。即便将来可以对味觉进行数字化，但利用味觉信息来还原味道也是一件并不容易的事情。

机器在味觉信息获取方面的能力不足，将有可能影响到食品制作、食品卫生监督等方面机器的智能化实现。

6. 触觉及环境信息

触觉及环境信息是指人通过皮肤获取的有关物体软硬度、表面粗细程度、温度、湿度等信息。目前，获取温度、湿度信息的传感器设备已非常成熟。

获取物体表面粗细程度的信息目前尚无成熟技术，利用光学方法，通过高分辨率图像分析物体表面的三维信息，或许可以获取物体表面的光滑度，通过多光谱图像还可获取物体表面材料特性，感知物体的表面材质。

获取物体软硬度信息的传感器还不是十分成熟，目前使用较多的各种压力传感器在分辨率上还很难达到人类皮肤的能力，但未来借助分布式、高精度触觉反馈压力传感器，可能使机器具有更强大的触觉感知能力。

机器在触觉及环境信息获取方面的能力不足，将有可能影响医疗、护理等方面机器的智能化实现。

🛜 7. 重力感觉信息

重力感觉信息是指人通过身体躯干获取的与重力相关的感觉信息，目前获取重力感觉信息的传感器已十分成熟。

🛜 8. 事实

事实是对现实世界中各种实体，包括事物、现象和事件的静态属性、动态属性和行为属性的一种客观表达或描述，以及各实体之间关联关系的表达和描述。事实描述的对象包括事物、现象、事件，以及实体之间的关联关系，是社会和自然界存在或发生的一切事实的客观记录。

事实的主要特点是其描述的对象是客观存在的实体，以及实体之间的关联关系。

事实所表达的信息都是客观存在的，或者真实发生过的，因此其表达的方式相对来说是比较容易的。如果要考虑信息处理的便利性，即在需要的时候能快速获得所需要的信息，则事实的表达就不是那么简单了，尤其是当信息存量巨大的时候。

事实描述的对象主要有四种，即动态物、静态物、现象和事件。动态物是指人、动物、机动平台等具有运动属性的对象。静态物是指不具备主动改变空间位置状态的对象，如桌子、电视、冰箱等实体，也包括国家、机构、组织、公司、学校、医院、商场等集合性综合实体。现象是指不具有空间、时间聚焦性的对象，如天气、流行病、抢购风、留学潮、交通状况等。事件是指在一个时间段内发生的一系列有关动态物、静态物、现象之间的相互关系及其变化情况，如会议、球赛、游行、演唱会、生产活动、工程项目等。事态是指一个事件在某个时刻的状态，如一局棋的状态、一个工程项目的状态等，它不是一个独立的描述对象，而是事件的一种属性信息。

事实所包含的属性包括静态属性、动态属性和行为属性。其中，静态属性是与对象相关的不随时间变化的特性，如人的出生日期、出生地、父母等。动态属性是与对象相关且可能随时间发生变化的属性，如人的体重、身高、长相等。行为属性是对动态物产生的行为进行描述的信息，如人的言论等。

不同的对象具有不同的属性，动态物和事件通常需要采用静态属性、动态属性和行为属性才能进行完整描述，而静态物和现象只需要静态属性和动态属性即可进行完整描述。

图 4.13 展示了事实描述的对象分类和相关属性。

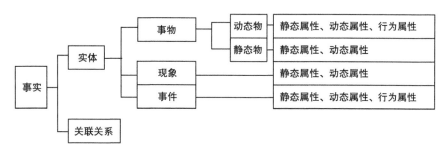

图 4.13 事实描述的对象分类和相关属性

静态属性的描述方法比较简单，利用现在的关系型数据库技术基本可以满足要求。

动态属性的描述方法基本是在静态属性的基础上加上时间标签，因此可根据访问效率的需求，选用现有的关系型数据库、非关系型数据库或文件。

行为属性的描述相对来说更为复杂一些，目前还没有出现专门针对行为描述的通用技术方法。下面介绍一种对行为属性进行描述的方法，希望能起到抛砖引玉的作用。

描述常见行为的要素通常有 6 个，即时间、地点、主体、行为、客体、目的。例如，张三于 2022 年 2 月 12 日乘坐 CA4105 航班由成都赴上海，那么时间为 2022 年 2 月 12 日，地点是成都，主体是张三，行为是乘坐飞机，客体是 CA4105 航班，目的是由成都赴上海。针对这一行为，通过以上 6 个要素即可实现完整的描述。针对不同的行为，当然还可以对以上的要素进行扩展。例如，张三于 2022 年 2 月 15 日在清华大学做了关于 AI 的报告，报告题目为"AI 技术的发展趋势"，这时，如果要把报告的题目记录下来，则还需要进行补充；另外，如果需要记录听众情况的话，还需要补充听众是谁。因此对行为的描述比静态属性和动态属性的描述要复杂一些。

关于如何解决复杂行为属性的描述问题，基本思路就是 6 个基本要素 + 扩展要素的方法，其中扩展要素的定义还可以根据不同的需要进行分类描述。例如如果要描述人的旅游行为，则需要添加的扩展要素包括同伴信息、住宿信息、经过景点信息等；如果要描述人的购物行为，则需要添加的扩展要素包括去过的商场、购买的物品等。

关联关系是事实的一种重要类型，但其描述方式比描述实体复杂得多，其复杂性主要在于实体种类很多，实体之间的关联关系自然就更多了，各种关联关系差异也很大，因此，要找到一种有效的方法进行描述，在技术上肯定不是一件容易的事情。但鉴于关联关系在各种人脑能力的模仿中扮演重要的角色，因此，对关联关系的描述方法是一个无法回避的问题，需要引起研究者们的高度关注。

总之，信息汁中的事实信息是人脑信息处理的一种重要输入，可以来自感觉器官的实时获取，也可以是存储在记忆池中的已掌握事实。描述事实信息的方式，虽然有一些比较成熟的技术解决方案，但在行为属性和关联关系等信息的描述方面还需要进行更深入的研究。

🛜 9. 知识

知识是有关客观规律的表达或描述。知识的主要特点是其表达或描述的内容具有普遍性，是关于一类事物的普遍特性或普遍规律，而不是针对具体的个体。

知识描述的对象可以是客观世界中的事物、现象、事件以及它们之间的关联关系，也可以是主观世界中的抽象概念。任何新知识的生成无法通过感觉器官直接感知获取，而是人脑对输入信息加工处理后所提取的，就像对水果进行压榨后获得的果汁。

人脑获取知识有两种途径，第一种途径是通过学习、训练、培训获取人类已有的知识，第二种途径是通过工作、研究等对已有知识进行再加工而形成新知识。

知识是人脑对事实进行信息加工后获得的结果，因此，相对于事实来说，知识有几点显著的不同。

第一，从描述的对象来看，事实描述的是客观存在的个体，而知识描述的是主观上确定的类，如"姚明的身高超过两米"是事实，而"男性的普遍身高是 1.5～2 米"是知识。

第二，从描述的维度来看，事实描述的是对象的一次特征，知识描述的是对象的二次或高次特征，即事实信息与描述对象之间是简单的线性关系。例如，张三的出生日期是 2000 年 1 月 1 日，张三与"出生日期是 2000 年 1 月 1 日"之间是简单的一对一关系。知识与描述对象之间存在多重关系。

第三，从信息展现的形式看，由于事实源于对信息的初级处理，事实所展现的信息具有较好的结构性；而知识源于对信息的多层次加工和抽取，知识所展现的信息很难具有通用的结构性，也就是说，知识的表达非常复杂。

表 4.10 展现了常见知识的示例。

表 4.10　常见知识的示例

序　号	知　识	备　注
1	一个有信誉的人通常更容易借到钱	关于人
2	两个人虽然青梅竹马，但不一定能成为恋人	关于人
3	老虎是群居动物	关于动物
4	大象遇到惊扰时容易发怒	关于动物
5	一个凳子通常有四条腿，也有部分凳子只有三条腿	关于物
6	冬天的早晨很容易起雾	关于现象
7	夏天容易发生泥石流灾害	关于现象
8	欲穷千里目，更上一层楼	关于现象
9	如果不严格管理，则工厂生产时极易产生环境污染	关于事件
10	中学生学习压力过大，如果不及时进行心理干预，则容易导致心理疾病	关于事件
11	三角形的内角之和为 180 度	关于抽象概念
12	两个三角形，如果有两个角相等，则这两个三角形相似	关于抽象概念
13	平行四边形是指两组对边分别平行的四边形	关于抽象概念

从表 4.10 中可以看出，知识所蕴含的信息是十分丰富的。表示知识的最好方式是人类语言，以及必要的图片和视频等，但这种方式并不适用于艾克架构，因为自然语言的表现形式五花八门，花样繁多，几乎很难提出通用的表达方法。

但是，人脑智能的很多能力来自对知识信息的处理，因此要提高机器智能的水平，探索出一种有效的表达知识的方法是必须的。目前 AI 领域对知识信息的表示方式研究很少，也缺乏可用的通用理论和技术成果，今后的研究可从以下几个方面进行尝试。

第一，根据应用领域对知识进行分类，并分类研究知识信息的特点。

第二，针对特定领域的知识特点，探讨该领域知识信息的通用表示方法。例如，自动驾驶汽车领域，其涉及的知识应该是比较有限的，可将绝大部分知识罗列出来，分析总结其中的规律性特点，提取出通用的表示方法。

第三，在不同的特定领域范围内，研究并开发面向知识信息管理效率评估的通用测试系统，对不同的知识信息表示和管理方法进行客观评估。

📶 10. 规则

规则是一组规定，其规范和约束的对象主要是客观世界的人、事、物和主观世界的概念，其规定的内容是针对这些对象的行为。这些规定可以是约定俗成的，如约会时尽量准时，也可以是人为制定的规定，如交通规则，或是关于抽象概念的规定，如网络地址的表示规则、下棋规则、游戏规则等。规定的对象可以是人、事、物、概念及这些对象之间的相互关系。规则和知识一样，是无法通过感觉器官直接感知获取的，只有通过人脑对各种输入信息进行加工处理后才能获取。

规则和知识的差异在于，知识是主观世界和客观世界中各种对象的固有特征，而规则是强加给各种对象的约束或规定。在表 4.11 中，我们列举了一些示例来对比规则和知识之间的差异。

表 4.11　规则和知识之间的差异

对　　象	规　　则	知　　识
人的信誉	不允许信誉过低的人办理信用卡	一个有信誉的人通常更容易借到钱
人的情感	针对恋爱没有相关的规则	两个人虽然青梅竹马，但不一定能成为恋人
老虎	老虎是一级保护动物	老虎是群居动物
大象	大象是一级保护动物	大象遇到惊扰时容易发怒
雾	遇大雾天高速公路必须关闭	冬天的早晨很容易起雾
泥石流	容易发生泥石流的地方必须设立警示标志	夏天容易发生泥石流灾害
事件	工厂环境必须达标后才能启动生产	如果不严格管理，则工厂生产极易产生环境污染
抽象概念	扑克牌中的方块应为平行四边形	平行四边形是指两组对边分别平行的四边形

由于规则的复杂性，规则的表示是非常困难的，要找到一个通用的表示方法更是难上加难。但由于规则无处不在，对于机器来说，要拥有智能，或多或少需要理解规则，只有在此基础上才能正确运用或适应规则。因此，对机器智能来说，规则的表示方法是需要研究人员进行攻关的关键核心技术。

关于规则的表示方法，今后的研究可从以下几个方面进行尝试。

第一，针对不同的细分领域，分别开展规则的表示方法研究。

第二，可针对特定领域开展重点研究，并将其成果推广到其他领域，如推广到自动驾驶领域，机器对交通规则的理解和掌握是不可或缺的，因此，科研人员可对交通规则的表示方法进行集中研究。

11. 规程

规程是指为实现特定目标而采取的一系列行动组合，或是多个活动组成的工作程序。相较于事实、知识、规则和规范，规程的表示可能简单一些，因为规程有一个重要的轴线，即时序的概念，重点是如何将步骤的具体内容描述清楚。因为规程主要是面向行为活动的，所以其主要内容是何时用何物做何事，其主要信息是时间、对象和动作三个方面。针对一件具体的事情来说，对象和动作是有限集合。目前，关于规程信息表示方法的研究还非常少。

12. 规范

规范是指导人类思想和行为的各种准则。与规则的区别在于，规则是一种具有明确界限的硬约束，而规范是一种没有清晰界限的软约束。相较于规则，规范更多侧重于道德、道义、精神层面的约束。

由于规范约束的对象是人的思想和行为，这注定了无法寻找一种通用的方法来表示各种各样的规范，也许自然语言是唯一可用的方法。因此，未来的智能机器要具备对规范的处理能力，首先要具备对自然语言的理解能力。

13. 智慧

智慧是综合运用感官信息，通过已掌握的事实、知识、规则、规程和规范，以及意识、情感等非经典信息来解决具体问题的方法或经验。在面对具体问题时，智慧可以是解决具体问题的已有方案，也可以是寻求解决问题方案的方法或经验。智慧是存储在人脑中的信息的最高层次，也是最复杂的信息种类。智慧和知识、规则等信息一样，是无法通过感觉器官直接感知获取的，只有人脑通过对各种信息汁进行反复加工处理后才能获取。

智慧分为两个层次。第一层次智慧是解决问题的已有方案，如婚宴中的菜谱搭配、应对煤气泄漏的方法等。这个层次的智慧，其主要特点是具有较好的确定性，而且已经形成了具体方案，拿来即可用，只要待解决的问题明确了，解决问题的方案就是基本确定的。这个层次的智慧与规程有一定的相似性，其主要差别是规程中不包含不确定性，而智慧包含一定的不确定性。第二层次智慧是寻求解决问题方案的方法或经验，如遇到冲突、矛盾、紧急情况时怎么办。由于并没有现成的解决方案，因此人脑需要利用大脑中存储的各种信息汁进行再次加工处理。这种深加工处理的方法就是第二层次智慧。

对于第一层次智慧，其信息表示相对来说比较容易。例如，我们可以专门设计一种适应于烹饪的语言，用于描述一道菜的详细加工过程。自动烹饪机器人可以读懂这样的语言，并做出可口的菜肴。

对于第二层次智慧，由于内涵极其丰富，形成过程也非常复杂，寻求有效的表示方法非常困难。即便对人来说，要把这样的智慧用自然语言表达出来都不是一件容易的事，可想而知，采用传统的信息处理方法进行表示可能是一件无法完成的事情。

14. 小结

按照本节给出的 IMfMI 信息分类模型，我们知道，人脑处理的信息是分层次的，每一个层次中，信息又可分为不同的类。不同层次的信息，信息含量、复杂度、抽取难度、运用难度都具有不同的特点，这些特点如图 4.14 所示。

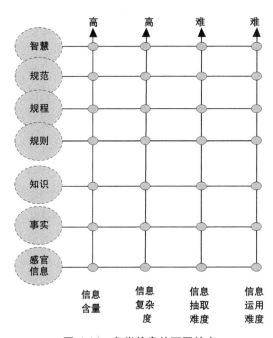

图 4.14　各类信息的不同特点

从图 4.14 中可以看出，感官信息、事实、知识、规则、规程、规范和智慧7 类信息在信息含量、复杂度、抽取难度和运用难度等方面呈现出一定的层次性趋势。认识到这一特点，对我们今后找到更有针对性的信息表示方法是有帮助的。

对机器智能来说，其智能主要来自加工处理的信息和加工处理信息的方法，因此，信息表示技术是赋予机器智能的基础技术，这个问题若不解决好，谈机器智能就是纸上谈兵。现有的信息表示技术远远不能满足要求，尤其是在嗅觉、味觉、触觉等感官信息，以及知识、规则、规程、规范、智慧等方面还有差距，这是机器智能技术领域今后需要攻克的目标。

4.4.4 赋能机器的技术途径

我们在前面提出了 MI8.16 模型，该模型基本涵盖了机器智能可能拥有的全部能力。要通过技术方法使机器拥有与人脑类似的能力，我们首先必须研究是否有技术手段使机器获得类似的能力。下面我们基于 MI8.16 模型，针对这些基本能力产生的技术展开讨论。

1. 机器记忆技术

机器记忆技术是研究如何用机器模仿人脑记忆能力的技术。

目前我们已经拥有成熟的记录设备，如磁记录设备、电记录设备、光记录设备等，这些记录设备还存在一定的提升空间。

除嗅觉、味觉、触觉等难以数字化的信息无法记录外，其他绝大部分信息是可以记录的。对于目前难以直接数字化的信息，可以通过间接的方法对信息进行记录，只是这样记录的信息与原信息相比，存在一定的失真度。如味觉，我们可以用酸、甜、苦、辣以及不同的等级进行记录。

在怎么记方面，目前采取的主要技术有两种，一是数字化技术，二是结构化技术。视觉、听觉信息通常采用数字化技术，这种记录方法基本可以实现信息的非失真还原。对于事实、规则等信息，基本采用结构化技术进行描述，即根据信息的特点设计数据结构，并进行记录。现有的各种数据库技术，包括关系型数据库和非关系型数据库，其实质都是结构化技术。结构化技术的主要特点是使用和处理信息时比较方便至于如何更好地记录知识、规则和智慧等信息，目前并没有取得实用化的成果，这也是机器智能未来需要重点研究的方向。

目前，用机器模仿人脑记忆能力时，最主要问题是难以找到一种有效的记录方式，记录与提升机器智能水平相关的信息。如果采用数字化技术进行记录，则这些信息利用起来十分困难，利用的效率低。采用结构化技术进行记录，信息的失真度较大，数据结构可能过于复杂，导致这些信息无法有效地运用到算法中。大量的知识、规则、智慧等信息目前还没有找到较好的记录方法，在记录这些信息时只能通过文字进行描述，将文字信息采用数字化的方法进行记录，这样记录的信息很难在算法中得到有效应用。

🛜 2. 机器计算技术

机器计算技术是研究如何用机器模仿人脑计算能力的技术。

机器计算技术应该是机器智能技术中最成功和最成熟的技术之一，用机器进行计算不但能完全替代人脑，而且在计算能力、计算速度、计算强度、计算复杂度、计算持久力等方面已优于人脑的计算能力。随着电子技术的快速发展，机器的计算能力依然存在很大的提升空间，例如，量子计算技术已逐步走向成熟，其计算能力将比传统机器大幅提高。可以预见，在机器智能技术领域，机器计算技术可能领先于其他各项技术，未来的基因计算技术有可能进一步提升机器计算技术。

🛜 3. 机器判断技术

机器判断技术是研究如何用机器模仿人脑判断能力的技术。

前面我们讨论过，人脑的判断能力可分为初级判断能力和高级判断能力。初级判断能力为单值判断或基于规则的判断，判断过程较简单。高级判断能力通常为多值判断，判断规则并不明确。在人脑的大多数思维活动中，主要应用初级判断能力进行决策。如吃饭、工作、娱乐、运动时，可能应用初级判断能力。由于初级判断能力属于一种单值判断或基于简单规则的判断，相对来说比较简单，因此用机器来模仿这种能力是比较容易实现的。事实上，现在大量的算法流程中都包含逻辑规则判断，这些逻辑规则判断就是对人脑初级判断能力的一种模仿。

由于高级判断能力涉及因素较多，难以用明确的规则进行表示，大多数时候可能需要其他思维活动才能完成。因此，对人脑高级判断能力的模仿是十分复杂的。

这里定义的机器判断技术主要是对人脑的初级判断能力进行模仿，不包含对人脑高级判断能力的模仿。让机器模仿初级判断能力的技术比较简单，事实上，赋予机器智能最根本的技术是机器判断技术,可以说它是一切机器智能的根源。

用机器模仿人脑的初级判断能力在技术上已非常成熟,不会成为影响机器智能提升的障碍。

4. 机器搜索技术

机器搜索技术是研究如何用机器模仿人脑搜索能力的技术。

机器对人脑搜索能力的模仿,就是要在存储的信息中搜索出需要的信息,目前已有大量的搜索算法可以实现这一点。随着机器计算能力越来越强大,机器搜索能力在很多方面已超越人脑的能力,如搜索的速度、搜索的范围、搜索的时间跨度等。

由于人脑中知识、规则、规程、规范和智慧等信息的表达和存储方式目前还没有成熟的技术可以实现,因此这几类信息的搜索技术将来能否取得突破有较大的不确定性。

5. 机器识别技术

机器识别技术是研究如何用机器模仿人脑识别能力的技术。

人脑识别能力的主要作用是帮助人脑从感官信息中,快速提取需要关注的场景信息,为人脑进行其他思维活动提供即时的信息输入。

由此可见,人脑的识别能力的输入是各种感觉器官采集的信息,输出是人脑处理过程时需要的特征信息。很显然,这样的处理过程包括两个层次。第一个层次是场景中要素信息的提取,即明确场景中有什么,其次是场景信息的过滤处理,即知道需要什么信息。例如,人面向大海时,场景中可能有大海、轮船、海鸟、太阳等各种要素,但这些信息可能并没有全部进入人脑的信息处理过程,因为这个人可能只关注海鸟,其他信息就过滤掉了。

模仿人脑识别能力的技术越来越成熟,其主要技术路径是数字化＋信息处理,即将感觉器官获取的信息采用数字化的方式进行表示,并用信息处理的方式对感官信息进行识别,提取出人关注的信息。对视觉信息和听觉信息的识别处理,目前均有专门的技术进行研究,也有大量的研究成果转化为应用。在视觉信息处理领域,借助图像处理、视频信息处理、字符识别、人脸识别、物种识别、三维信息提取等多种技术,机器能有很好的视觉识别能力,如人脸识别技术应用于门禁系统和安防报警系统中,手写体识别技术应用于手机信息输入。同样,在听觉信息处理领域,借助语音信号处理、语种识别、语音转文本、文本转语音、说话人识别等技术，机器可以具有较好的语音识别能力。针对触觉信息中的温度、湿度信息，现在已有很好的信息采集传感器，其测量精度远远超出人的能力。针对触觉信息中的光滑度和柔软度信息，目前主要依靠光学、压力等传感器来获取，但精确程度还不及人的能力。

对人脑识别能力的模仿，目前最不成熟的就是嗅觉、味觉和触觉的模仿，因为难以对这三种感觉信号数字化。

🛜 6. 机器理解技术

机器理解技术是研究如何用机器模仿人脑理解能力的技术。机器对人脑理解能力的模仿并不是一件容易的事情。机器的特长是做一些比较确定的事情，即可以用程序描述的事情。人脑理解能力既需要处理确定的信息，也需要处理不确定的信息。

人脑的理解能力可帮助人从信息中，得出事物、事件、场景、概念等对象及其关联关系。根据信息的来源不同，人脑的理解能力包括两种类型。第一种是对即时感官信息的理解，如对当前看到的、听到的、闻到的场景信息的理解，通过理解准确掌握面对的周围环境，为后续的思维活动提供信息输入。例如，在驾驶汽车的过程中，人脑会大量应用到这种理解能力，通过正确地理解周围场景，做出准确无误的操作。第二种是对表示信息的理解，如对印在纸张上的文字和图片、播放的音频和视频等信息的理解。这些信息的共同特点是信息是通过载体表达的，其载体包括文字、声音、图片、视频等。这种理解能力可使人获取事实、知识、规则、规程、规范和智慧等不同层次的信息汁，人在阅读、对话、观影等多种活动中，会大量运用这种理解能力。

对感官信息理解能力的模仿，主要利用规则匹配处理算法完成。例如，自动驾驶机器通过检测车辆前方和周边的车辆、人或障碍物等与车辆的相对位置和动态趋势，掌握车辆的实际状态（可匀速行驶状态、可加速行驶状态或危险状态等），为后续的驾驶操作提供信息支撑。由此可见，机器模仿人脑的理解能力，实质是进行信息加工和处理的过程，输入的信息主要是各种感官信息，输出的信息是人脑面对当前环境做出的决策。

至于用什么方法或标准判断机器是否具有理解能力，并不是一个简单的问题，甚至可能很难找出类似图灵测试那样通俗易懂的办法。

例如，如果一台机器只是记住了某种信息，并可通过严格匹配的方法查到该信息，则不能认为机器具备了理解能力，因为此时的机器并不需要知道该信息的具体含义，仅靠搜索能力即可解决。因为要理解的对象过于复杂，也许直接用机器的功能评判机器的理解能力最为可行。也就是说，仅记住某些信息并不代表机器具备理解能力，能将记住的信息进行有效且合理的运用，并能解决具体问题，才可以认为机器具备理解能力。例如，在自动驾驶领域，我们很难说一辆汽车具备了什么样的理解能力，但如果这辆汽车实现了在某个场景下的自动驾驶，则我们认为该汽车已具备理解能力，因为如果该汽车不能理解周围的场景，则就不可能安全行驶。

目前，应用机器理解技术最多的产品是聊天机器人或智能客服。对智能客服来说，因其提供的服务属于特定领域，通常采用信息搜索和模糊匹配的方法可实现主要功能。许多 AI 领域的专家认为这种智能客服并不具备智能，笔者认为这种观点不太妥当。既然智能客服能替代人工客服的大部分工作，这表明智能客服已具备模仿人脑的能力。

人脑的理解能力分不同层次，有低层次感觉水平的理解，也有高层次知觉水平的理解，因此，用机器模仿人的理解能力也应该分为不同层次。如果一台分拣货物的机器可对输入的货物做出正确的决策，则应认为这台机器有理解能力。

不过需要强调的是，如果机器具有了感觉水平的理解能力，则并不代表机器具备了更高层次的理解能力，因为高层次的理解能力更为复杂，需要更加复杂的技术体系支撑。下面我们举一个简单的例子进行说明。

假设，王智和李能是一对情侣。对于机器来说，如果能正确回答"王智和李能是情侣吗？""王智是李能的情侣吗？""李能和王智是情侣吗？""王智和李能是不是情侣？"等问题，我们认为机器已基本具备了针对这一信息的理解能力。对于人类来说，仅基于这一信息，还可以知道更多信息。

- 王智和李能可能会结婚。
- 王智和李能可能拥有共同的爱好和相似的三观。
- 王智和李能将来可能会有孩子。

人类在理解"王智和李能是一对情侣"这一基本信息后，还可以基于人脑中的信息汁，关联很多其他信息，这些信息都可以应用于人脑的思维活动之中，但对于机器来说，将这样的信息应用于信息处理是有一定难度的。

由于人脑的理解能力实在是太复杂了，我们很难找到一种简便可行的办法评判一个机器是否具有理解能力。为此，我们提出以理解的对象为基础，评价机器理解能力的方法。

针对一个具体的信息对象，如一句话、一段文字或一个场景，如果机器能回答与这个信息对象相关的各种问题，则我们可以认为机器对这个信息对象具备了理解能力。最好的例子就是自动驾驶汽车，如果一辆自动驾驶汽车可以自行上路安全行驶，则可以认为该汽车具备了对汽车行驶场景的理解能力。

我们无法准确评价一个机器到底具备什么程度的理解能力，无法因为我们对人脑的理解能力的水平进行准确评价。

📶 7. 机器思考技术

机器思考技术是研究如何用机器模仿人脑思考能力的技术。

人脑的思考能力是解决问题的能力，从问题出发，通过思考获取解决方案。机器要对人脑思考能力进行模仿，首先要理解人遇到的问题或要解决的问题，这显然要依靠机器理解能力。在理解问题后，寻找解决问题的方案，对机器来说可能是比较擅长的。

例如，在自动驾驶中，通过各种传感器感知周围环境信息，并对环境信息进行正确理解后，车辆需要选择当前的操作，如加速、减速、左转、右转、刹车等，这实际上就是得出解决方案的过程，是需要机器思考能力来解决的。

用机器模仿人脑的思考能力，从技术上来说有很多办法，尤其是在某些特定的领域，机器的思考能力可能会大大超出人脑的思考能力。例如，下棋机器人每下一步棋都需要进行思考，即根据当前的棋局做出下一步选择。目前，无论是国际象棋还是围棋，机器都已战胜了人类，这就说明机器在思考能力方面是有很大潜力的。可以说，除记忆、计算、判断、识别能力外，思考能力可能是机器大幅超越人脑的第五种能力。

📶 8. 机器推理技术

机器推理技术是研究如何用机器模仿人脑推理能力的技术。

机器推理技术是 AI 领域发展较早的一门技术。但经过几十年的研究，取得的成果并不令人满意，甚至还没有一种具有推理智能的标志性产品出现。究其原因，主要是推理过程需要基于逻辑，而逻辑的表达方式主要基于文字或符号。目前，鉴于机器的理解能力并没有取得实质性的突破，因此机器推理技术自然也受到了制约。

自动定理证明是机器推理技术的一个重要领域。自动定理证明是指把人类证明定理的过程变成能在计算机上自动实现符号演算的过程。自动定理证明是典型的逻辑推理问题之一，在 AI 的发展过程中有重大作用。很多非数学领域的任务，如医疗诊断、信息检索、规划制定和问题求解，都可以转换成定理证明问题，所以这样的研究具有普遍意义。自动定理证明的方法有四类。第一类是自然演绎法，即依据推理规则，从前提和公理中推出许多定理，如果待证的定理恰在其中，则定理得证。自然演绎法分为正向推理（从前提到结论）、逆向推理（从结论找前提）和双向推理等。第二类是判定法，即对一类问题找出统一的计算机可实现的算法解答。第三类是定理证明器，即研究一切可判定问题的证明方法。第四类是计算机辅助证明，即以计算机为辅助工具，利用机器的高速度和大容量完成证明中难以完成的计算、推理和穷举。证明过程中得到的大量中间结果，又可以帮助人们形成新的思路，修改原来的判断和证明过程，直到定理得证。

推理能力是解决问题的一种重要的思维方法。一次推理通常涉及一个大前提和一个小前提，大前提是规则，小前提是适应规则的约束条件，推理的结果是规则应用的结果。因此，用计算机程序实现这样的推理过程并不是一件困难的事情。机器推理技术没有取得实质性突破可能有两个原因。第一个原因是推理所依赖的大前提和小前提的表达还存在困难，机器很难理解前提中所蕴含的信息。第二个原因是要通过推理解决一个具体问题，可能需要多条路径的推理结果才能解决，但推理路径的选择并没有明确的技术途径。例如，在智能医生机器人的开发中，要用到大量的机器推理。对病人的疾病进行诊断时，可以利用逆向推理方法找到多种病因，通过检查或问询等方式排除某些病因，在此基础上，给病人服药并进行观察，可以进一步排除部分病因，直至确定病因，并对症治疗。

🔅 9. 机器归纳技术

机器归纳技术是研究如何用机器模仿人脑归纳能力的技术。

归纳是一种重要的思维方法，其主要任务是寻找因素之间的关联关系。要完成一次归纳，首要条件是提出可能存在关联关系的因素。并非所有因素之间都存在关联关系，因此，要在诸多因素中，将这些具有相关关系的因素找出来并不是一件容易的事情，即便对于人脑来说也是如此。例如，牛顿力学第二定律中准确地描述了力、质量和加速度之间的关系，但在观察物体运动的过程中，相关的因素其实还有很多，如速度、风阻、物体的形状、环境温度等。很显然，寻找具有相关关系的因素，对机器来说还是很难实现的。

确定了关联因素后，就可以用机器模拟人脑的归纳能力，找出关联因素之间的关系，目前已有很多方法，其中最成熟的方法是统计方法。该方法基于具体的实例或试验，对大量的相关数据进行总结，并从中提炼出普遍性的规律。因此，采用统计方法模拟人脑的部分归纳能力是一种切实可行的办法。

🛜 10. 机器想象技术

机器想象技术是研究如何用机器模仿人脑想象能力的技术。

人脑的想象能力是一种发散性思维方法，可以不受任何逻辑的限制，也不受已有信息的约束，但为了使想象的结果有意义，在思维过程中仍然离不开已有逻辑和信息的支撑。

人脑的想象能力主要用于文学和艺术作品的创作，也可以应用于具体物品的设计，以及科学发现或科学创造。

想象能力是人脑的一种神奇能力。用机器模仿人的想象能力可能并不难，如现在十分流行的 AIGC（AI Generated Content）就专门用于内容生成，包括写文章、写诗、画画、作曲等，像这样的智能软件被视为具有想象力的。用机器模仿想象能力的难点主要在于对想象结果的价值判断。

用机器模仿人脑想象能力，其技术方法的主要思路是规则＋要素＋评估，首先让机器掌握一定的规则，然后按照规则对相关的要素进行组装和修饰，最后对组装的结果进行评估，通过评估的作品即可作为作品输出。

最近十分火爆的 ChatGPT，实际上就是一款具有想象能力的智能机器。从目前已公布的情况来看，ChatGPT 采用了一种名为大规模语言模型（Large Language Model，LLM）的技术，该技术的基础是神经网络。以此为基础，通过大规模的语料库对 LLM 进行深度训练，ChatGPT 即可具备强大的语言理解能力和丰富的想象能力。

艺术创作是人类情感与思想的表达，机器也许还可以生成让人拍手叫好的作品。但与人脑相比，机器的想象能力存在无法弥补的差距。试想一下，以现代计算机的运算速度和大量的信息素材，几分钟之内，机器可以写出大量文章、小说或诗歌，问题是如何有能力快速地从这些初级作品中找到能真正打动人心的作品呢？

🛜 11. 机器规划技术

机器规划技术是研究如何用机器模仿人脑规划能力的技术。

规划能力是人脑解决问题的一种高级思维能力。这种能力主要用于解决复杂的问题，或者用于解决相关联的一系列问题。使用规划能力解决问题，就是围绕问题，对一系列资源进行合理的调度和分配，一方面可以解决问题，另一方面可使资源的利用达到最优的效果。

目前，线性规划、非线性规划、多目标规划、动态规划等相关技术都有比较成熟的理论，也有很多成功应用。

在自动驾驶中也会用到规划技术。在设定出发地和目的地后，需要寻找一条最优的驾驶路径。对人脑来说，要对多条路径进行比较，并选择一条最佳的行驶路线。对机器来说，很容易根据地理信息和路况信息，找出一条最优路径，甚至还可以根据实时路况信息对行驶路径进行动态优化调整，实际上，这就是围绕自动驾驶问题，对道路资源和时间资源进行应用的规划问题。

用机器模仿人脑的规划能力，其实质是资源分配与优化利用的问题，这种问题大多数都能归结于计算问题，因此，机器的规划能力可能在很多方面能超越人脑的规划能力。

🛜 12. 机器设问技术

机器设问技术是研究如何用机器模仿人脑设问能力的技术。

人脑的思维活动主要包括两类，一类是下意识的思维活动，另一类是主动思维活动。人脑的设问能力是以主动思维活动为基础的。例如，人感到饥饿时，就会对食物产生需求，从而提出吃什么食物和怎么获取食物的问题，这属于由身体需求所引发的问题。对于这类问题，机器是可以模仿的，如机器在检测到电量不足时会主动寻找电源，在检测到可能出现故障时会报警等。

人脑的设问能力主要用于解决自己的需求。事实上，人脑的设问能力是启动人脑大多数思维活动的起点。

作为一台具有特定价值的机器，其主要功能应是解决用户提出的问题，而不是自己给自己提问题，因此，机器基本上是不需要具备设问能力的。另外，机器除维护正常运行的所需条件外，无须拥有自己独特需求和欲望，也就没有理由向自己或别人提出需要解决的问题。

当然，对于某些具有特殊用途的机器人，如会话机器人、教育机器人、机器人医生等，可能需要与人进行交流来获取信息，有时候会向人进行适当的询问。对于应用于这些场景的机器人，通过技术设计赋予其一定的询问能力，这在技术上是可以实现的。但这样的询问能力与人脑的设问能力本质上是不一样的。人脑的设问能力是一系列思维活动的起点，而机器人向人发出询问仅是模仿人类的一种会话技术而已。

13. 机器创新技术

机器创新技术是研究如何用机器模仿人脑创新能力的技术。

创新的基础是想象，但想象并不是创新，二者之间的区别在于，想象是发散性思维，可以天马行空、不着边际，但创新是收敛性思维，必须着眼于用技术解决一个具体的问题。可以说，想象就好比给人类装上一对翅膀，让人类可以在天空中自由翱翔，而创新就好比给人类装上一个方向盘，人类可利用方向盘去寻找宝藏。

人脑的想象能力主要应用于文学、艺术作品的创作，创新能力主要应用于物品的设计、解决问题的技术方法和科学探索等。当然，人脑在创新的过程中也经常需要用到想象能力。

人脑的创新过程通常包含这样几个步骤，首先是相关知识的积累，其次是发现有创新价值的问题，再次是寻求解决问题的技术方法，最后是验证解决方法的有效性。

创新过程的第一步是积累相关知识。机器的记忆、计算、搜索能力强大，针对一些特定的问题，在一定的逻辑指导下，机器可以积累大量的知识。

创新过程的第二步是发现有创新价值的问题，这对依赖艾克架构的智能机器来说，基本是无法完成的事情。其难点在于，机器只能依赖所掌握的信息，按照设定的规则发现一些不合规的现象。例如，企业的经营成本过高、汽车行驶过程中刹车过于频繁、交叉路口红绿灯设置时长不合理等。

创新过程的第三步是寻求解决问题的技术方法，其本质是一次复杂的信息加工过程。输出的信息是有创新价值的解决方案。这个解决方案具有创新性，用现有的信息无法直接获取。对于一个采用艾克架构的智能机器来说，一旦算法确定，其信息加工的方式就会确定，因此，无论输入的信息如何变化，输出信息也仅是信息内容的改变，不会出现信息形式的改变。因此，从严格意义上来说，基于现有艾克架构的智能机器是很难执行此步骤的。

创新过程的第四步是验证解决方法的有效性，这个步骤已经不仅是简单的思维活动了，可能包括试验、应用以及大量相关的组织活动。

另外，第三步和第四步也不完全是顺序进行的，而是一个相互关联的迭代过程，第三步的方案和第四步的验证可根据需要随时进行调整。

总而言之，从目前的技术水平来看，要为机器赋予创新能力，很难找到一条可行的技术途径，要开展机器创新技术的研究更是无处下手。

📶 14. 机器思索技术

机器思索技术是研究如何用机器模仿人脑思索能力的技术。

思索能力是人脑思维的最高级形式，是综合运用其他能力解决复杂问题的能力。思索能力本质上是一种信息处理的过程，涉及信息和信息汁的反复加工和迭代，还可能需要获取新的信息和信息汁。因为思索能力输入和输出的信息形式和内容有较大的不确定性，处理过程也没有清晰的路径，试图采用艾克架构进行模仿几乎是不可能实现的。因此，未来很难提出一种具有一定通用性的技术方法，使机器具有思索能力。

📶 15. 机器控制技术

机器控制技术是研究如何用机器模仿人脑控制能力的技术。

根据 BI8.18 能力模型，人脑的控制能力分为控制身体能力、控制思维能力和控制情绪能力。其中，控制情绪能力是工具人所不需要的，不会成为机器控制技术研究的对象，控制思维能力可以合并到思考能力、思索能力等高级思维能力中，因此，也不宜作为一门专门技术进行研究。

根据能力输出的载体，人脑控制身体的能力可以分为声音控制、姿态控制和肢体控制三种类型。其中，声音控制主要控制口腔发声，姿态控制主要控制身体躯干的动作，肢体控制主要控制手和脚的动作。

用机器模仿人脑控制身体的能力已有很多成熟的技术，包括自动控制、语音合成技术、机械设计理论等。机器的声音控制技术早已超过人脑的控制能力，如可以控制机器发出更多种声音。机器的姿态控制技术和肢体控制技术基本上都能转化为经典的路径问题，现有技术可以很好地解决。但限于机器的空间感知精度还难以达到人的能力水平，用机器控制机械手、机械臂、机械足的实际效果与人相比还有一定的差距。另外，人的手、足、身体之间有很好的协调性和协同工作能力，现有技术在这方面还有很大的提升空间。

总之，机器控制技术是基于确定性信息的信息处理问题，是艾克架构特别擅长的领域。因此，可以预见，机器控制技术不会成为未来机器智能提升的技术瓶颈。

📶 16. 机器学习技术

机器学习技术是研究如何用机器模仿人脑学习能力的技术。

人脑的学习能力有两个作用。一是通过学习不断积累信息，丰富人脑中的信息库。二是通过学习提高人脑的其他功能性能力，如通过学习提高记忆能力、识别能力、理解能力等，本质上是提高人脑的信息处理能力。

人脑学习有两种方式。一种是通过模仿进行学习，另一种是通过领悟进行学习。通过模仿进行学习主要依靠看、听、实践等方式，获得的结果是规则、规程、智慧和控制能力的提升。通过领悟进行学习主要依靠阅读、理解、思索等方式，可得到各种事实、知识、规则、规范、规程和智慧。

机器学习的作用有两个。一是通过学习不断积累信息，丰富机器的信息库，为算法提供素材，从而提升机器的能力。第二个作用是通过学习提升模仿人脑的信息处理能力，如通过学习提高机器的识别能力、搜索能力、理解能力等。

增加机器的信息量有两种方法。第一种是将机器需要的信息整理好，按照规定的方式输入机器的存储中，这可能是一种最基本的方法。第二种是让机器自己学习，即对输入的信息进行加工，提取自己所需的信息，如阅报机器需要将各种新闻加工成用户需要的信息，就需要通过学习获取大量的事实类信息。

使用机器模仿人脑的学习能力并不简单。现有的机器学习技术大多数是研究如何基于大量的数据，改进和完善信息处理模型，使机器的信息处理能力更接近或超过人脑的能力。图像识别和语音识别技术中基于大量的训练数据，构建精确的识别模型，并将建立好的模型转化为相应的算法，并将算法输入到智能机器中，使机器具备某种识别能力。这种方法并不是机器通过主动学习提升能力，而是设计人员利用类似学习的方法开发算法程序，使算法程序达到良好的性能。严格意义上说，这不应该算是机器学习技术，而应该是机器辅助建模技术，最核心的工作仍然是机器的研发人员借助于强大计算能力和大量的训练数据完成的，并不是机器自主完成的。

真正的机器学习应该是机器自主进行学习，并通过学习不断提升完成任务的能力。例如，一台扫地机器人在第一次扫地时可能并不知道房间的布局，它需要先采集实际的房间布局信息，基于这些信息生成扫地的任务规划，以后就基于这个任务规划完成扫地任务。人脸识别机器，由于不断加入新的人脸模板和人员信息，机器能识别的人越来越多。ChatGPT 在与人的对话中可不断地获取新的信息，并将这些信息即时应用于大规模语言模型，从而使 ChatGPT 的会话能力进一步提高。像这种通过信息量的不断增加，从而提升机器的某种能力，也可视为机器具备了一定学习能力。今后，这样的机器学习技术应该还有很多，可针对不同功能的机器，研究不同的机器学习技术。

4.4.5 机器智能技术体系

在了解机器智能是什么以后,再来谈谈机器智能技术。机器智能技术(Machine Intelligence Technology)是为机器赋予智能的技术,或者说是专门研究如何为机器赋予类似人脑智能的技术,其主要目标是寻求适当的科学方法,使机器具备MI8.16中的某种机器智能,如使机器具有记忆能力、计算能力、理解能力、思考能力等。通俗地说,如果某项技术可以使机器具有与人脑类似的能力,则这种技术就可以被认为是一种机器智能技术。计算机技术可以使机器像人脑一样计算,数据存储技术可以使机器像人脑一样存储数据,因此,计算机技术和数据存储技术都可以被认为是机器智能技术。反过来,要使机器具有某一种智能,那么我们就需要一种为机器赋能的技术。

按照这样的逻辑,可以参照MI8.16模型梳理机器智能技术。从MI8.16模型来看,机器智能可分为16种元素级能力,分别对应16种赋能技术,因此可创建一个机器智能技术体系,该体系的第一层级也应有16个分支。考虑到技术实现的难度和技术的可实现性,我们去掉了MI8.16模型中的五种能力:机器判断能力、设问能力、创新能力和思索能力、控制能力。机器智能技术体系图如图4.15所示。

提出机器智能技术体系图的根本目的是要将研究力量分别聚焦于不同的专项目标,期望通过对专项目标的持续深耕,逐步突破机器智能的技术瓶颈,而不是"眉毛胡子一把抓"。例如,机器理解技术专注于研究有哪些科学技术方法能使机器具有像人脑一样的理解能力,或者如何评价机器的理解能力。换言之,机器理解技术是一门通用的学科,其关心的是如何赋予机器理解能力的通用技术和方法。

由此可见,提出机器智能技术体系的概念,可使我们的研究人员迅速将自己的研究资源和精力聚焦于某个机器智能技术分支上。下面对机器智能技术体系的第二层次和第三层次做几点补充说明。

第一,信息建模技术是研究如何对不同层次的信息,尤其是信息汁进行表示的技术。这种技术一方面要准确、完整地包含信息的内涵,同时又便于机器进行存储和管理。

第二,图像处理技术、音频处理技术和视频处理技术或多或少都是为识别服务的,我们将这些技术统一归类为机器识别技术,更有利于这些技术的聚焦发展。

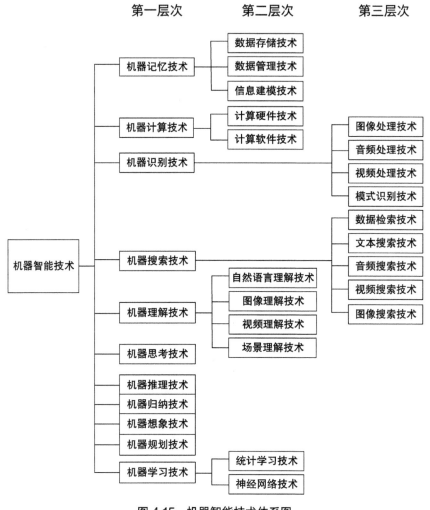

图 4.15　机器智能技术体系图

第三，数据检索技术是专指数据库中常用的快速搜索方法，文本、音频、视频和图像搜索方法是指从文本、音频、视频和图像的集合中，快速找到用户需要的信息的方法。

第四，机器思考、机器推理、机器归纳、机器想象、机器规划等技术不包括第三层次，是因为这些技术目前还不成熟，有些技术甚至还没有起步，但这些技术却是使机器具有高级智能所必须要解决的技术，今后需要加速发展。

第五，虽然以神经网络为代表的机器学习技术近年取得了惊人的进步，但神经网络技术并不能完全等同于机器学习技术。随着数据量的大幅增长，机器智能仍然具备一定潜力。

4.5 智能机器及其技术

 ### 4.5.1 智能机器是什么

顾名思义，智能机器（Intelligent Machine，IM）是有智能的机器。智能机器是具备或模仿了人脑一种或一种以上能力的机器。例如，计算器模仿了人脑的计算能力，有记忆的空调模仿了人脑的记忆能力，烟雾探测报警器模仿了人脑的判断能力，因此这些设备都可以称为智能机器。由此可见，智能机器的门槛并不高，事实上，日常生活中我们用到的电器都可以被认为是智能机器，如洗衣机、冰箱、电视机、电脑、手机、热水器等，因为这些设备或多或少都具有一种或多种模仿人脑基础思维的能力。

如果到网上搜索智能机器，则可以查到很多关于智能机器的定义，其中百度百科的定义有一定的代表性。百度百科认为，智能机器是一种智能机器人，是指能在各类环境中自主地或交互地执行各种拟人任务的机器，具有形形色色的内部信息传感器和外部信息传感器。

仔细推敲百度百科的定义可以发现，该定义中有许多不够清晰的地方，如什么是"拟人任务"。按照这个定义，似乎有很多常规认知中不应纳入智能机器的机器也具有智能。如自行车可以通过交互方式完成类似人类移动的活动，吊车可以通过交互方式完成类似人类搬运货物的活动，但很明显，这些设备不应该被视为智能机器。

智能是一个复杂的概念，我们只要认认真真地将什么是机器智能搞清楚了，什么是智能机器自然就十分明确了。

总之，智能机器就是有智能的机器，而什么是智能，在MI8.16模型中已解释得清清楚楚。当真正搞清楚什么是智能机器时，我们便可以聚力于智能机器技术的研究，并反过来促进智能机器产业的发展。

需要强调的是，人类制造并销售的机器，其初心都是为了解决某一个问题，或者说具备某些功能，因此智能机器通常来说不能只是实现工具人的某种单一智能，而是围绕解决特定问题，需要一组集成化的智能。我们对机器智能的关注不能停留在是否模仿了人脑的单一能力，而是应该聚焦于机器是否利用能力来解决现实问题。

4.5.2 智能机器技术

智能机器技术（Intelligent Machine Technology）是研究如何制造智能机器的技术。例如，如果我们要制造无人自动驾驶汽车，则需要研究无人自动驾驶汽车技术；如果要制造无人机，则需要研究无人机技术；如果制造新闻自动播报机器人，则需要研究新闻自动播报机器人技术。

智能机器技术与机器智能技术既相关又有差别。二者的相同点为研究的对象都是智能机器，不同的地方在于机器智能技术研究是可适应于很多智能机器的通用技术，智能机器技术聚焦于研究如何实现某种类型智能机器。

下面我们举几个例子进行说明。

语音合成技术又称文语转换（Text to Speech）技术，是语音处理领域的一个重要研究方向，旨在让机器生成自然动听的人类语音。语音合成技术的应用十分广泛，既可以应用于某种场景的单一产品中，如新闻自动播报、汽车到站提示等，也可以作为部分功能嵌入到智能机器的整体方案中，如送货机器人、银行大厅接待机器人等。由此可见，语音合成技术是一门通用技术，应该纳入机器智能技术的范围内进行研究。语音合成技术的研究人员应关注如何将文本转换成高质量的语音。

之所以将智能机器相关的技术分为机器智能技术和智能机器技术，主要原因是这两种技术的研究思路和评价准则有很大差异。机器智能技术更侧重理论研究，需要寻找新的理论体系支撑相关研究的开展。机器更侧重如何从文本、视频、音频、图片中准确提取事实、知识、规则、规程和智慧等信息，并将这些信息运用到后续的思维活动中。机器智能技术的评价准则更侧重技术的有效性，对可行性和经济性不做太多关注。智能机器技术恰恰相反，在研究方法上，更侧重工程实现和专项技术突破，需要寻找可行的解决方案。例如，新闻自动播报机器人要用到语音合成技术，但除语音合成技术外，还需考虑如何搭配相应的画面、如何将声音与播报人的口型进行匹配、如何根据新闻内容控制语调语速等。智能机器技术的评价准则更偏重实用性和经济性，对技术的通用性等不做太多的关注。

正因为智能机器技术是围绕智能机器如何实现和制造的技术，智能机器技术比机器智能技术有更多的分类，而且每一个分类都指向一种具体的机器，如自动驾驶汽车技术、自动扫地机器人技术、护理机器人技术、送快递机器人技术等。

随着新技术的发展和机器智能技术的日益成熟，可能会出现更多的智能机器技术类别。

4.5.3 机器人

什么是机器人（robot）似乎比什么是 AI 更难定义，因为 AI 是科学概念。但机器人就不一样了，机器人是看得见摸得着的东西，人人都可以说出自己心目中的机器人是什么样子。因此，关于什么是机器人的说法众说纷纭。总体来说，有两种具有代表性的观点。

第一种观点认为，机器人是指各种智能机器，只要具备一种或多种智能的机器都可以被称为机器人，如可行走和运送东西的机器、宾馆里将餐食送到房间的送餐机器、可替代家庭主妇打扫地面卫生的扫地机器、可替代工人完成某个工序工作的机械臂、人脸识别门禁设备等，这些机器都可以被认为是机器人。又比如，仅以软件方式为产品形态的下棋软件，其下棋指令依靠人通过键盘输入，其输出也需要人转化为移动棋子的动作，这种软件自然是具有智能的，因此可以将其视为机器人。如果下棋软件还配备了摄像头和移动棋子的机械臂，能通过摄像头获取棋局信息，通过机械臂移动棋子，这种将软硬件集成在一起的机器，同样也可以被视为机器人。

第二种观点认为，机器人是一种特殊的智能机器。之所以将其称为机器人，是因为其外表像人，拥有头、手、脚、身体等，而且像人一样拥有智能，能直接与人交流。更为重要的是，这种机器的外在行为特征表现得也很像人，具备能说、能唱、能听、能走、能跳、能跑等能力。

人形机器人擎天柱 Optimus 可以搬运箱子、为植物浇水、移动金属棒等。马斯克说，特斯拉对擎天柱的定位是"泛用型 AI 机器人"，具有对话能力，其行为方式和人的行为十分接近，该机器 3 至 5 年内的量产数量将达数百万台，价格在 1 万 ~ 2 万美元之间。马斯克还说，他也不知道擎天柱未来是什么样子，能达到什么程度，但其功能将是令人眼花缭乱的，与其他领域的明星产品相比，擎天柱似乎并没有得到大众的认可，大部分人认为这只不过是马斯克的又一次营销而已。

按照第二种观点来定义机器人的话，有很多机器只能被看作是智能机器而不是机器人，如送餐机器、护理机器、扫地机器、送货机器、挖掘机器、搬运机器、耕地机器、播种机器、收割机器、加油机器等，因为这些机器并不具有像人一样的外表。

以上这些并不具备人形的智能机器，为了便于交流、推广，我们也可以给其分配一些更人性化的称呼，如运货机器人可以被称为机器驴或机器马，安保机器人或巡逻机器人可以被称为机器狗，作战机器人可以被称为钢铁侠或超级战士等。

为了更好地将机器人与智能机器区分开，本书采用第二种观点，即机器人是一种特殊的智能机器，其主要特点是外形和行为特征与人有很大的相似性，且具有一定的智能。

如果我们将机器人的概念局限在人形机器，则我们必须回答一个问题，即"我们只需用机器去解决问题，为什么要把机器设计得像人一样？"

从现实角度来看，确实有很多人形机器人的市场需求。例如，工厂里的搬运机器人，如果有手和脚的话，则更能适应各种复杂的场景。特斯拉开发的擎天柱，正因为其有手和脚，不仅可以搬运箱子，还可以浇水，将来甚至可以爬楼梯、扔垃圾、出门取快递、收拾屋子等。同时人类对机器也有审美上的追求，像人一样的机器，显然更能赢得人们的青睐和大众的关注。

 ## 4.6 智能等级模型

当机器具备智能后，接下来一个十分重要的问题就是如何对机器的智能程度进行评定。如果没有一个客观统一的评定方法，则说不清一个机器是否具有智能，也说不清智能水平的高低。

4.6.1 美国无人系统自主性等级

1. 美国高空长航时飞行器自主等级

美国航空航天局发布了高空长航时飞行器自主等级分类标准，按照自主性分为 6 个等级，作为衡量高空长航时飞行器的自主水平的标准。美国高空长航时飞行器自主等级分类标准如表 4.12 所示。

表 4.12 美国高空长航时飞行器自主等级分类标准

等 级	名 称	等级描述	特 征
0级	遥控	人在回路的遥控飞行（100%人为参与）	遥控飞行器
1级	简单自动操作	在操作员的监视下，依靠自控设备辅助执行任务（80%人为参与）	自动驾驶仪
2级	远程操作	执行操作员提前编写的程序任务（50%人为参与）	飞行器综合管理，预设航路起飞点
3级	高度自动化	具备部分态势感知能力，可自动执行复杂的任务，并对其做出常规决策（20%人为参与）	自动起飞、着陆，链路中断后可继续飞行
4级	完全自主	对本体和环境态势有广泛的感知能力，有全面决策的能力和权限（5%人为参与）	自动任务重规划
5级	协同操作	数架飞行器之间团队协作（0%人为参与）	合作和协同飞行

2. 美国无人系统自主性评价模型与自主等级

考虑到无人地面平台（UGV）、无人机（UAV）、无人水面艇（USV）、无人潜航器（UUV）等无人系统面临的环境复杂性、人机交互性和任务复杂性，美国航空航天学会下属的空间操作与支撑技术委员会提出从三个维度对无人系统的自主性进行分级评价。评价标准按照从低到高分为 10 个等级，作为衡量无人系统的智能化水平。美国无人系统自主性评价模型如图 4.16 所示。

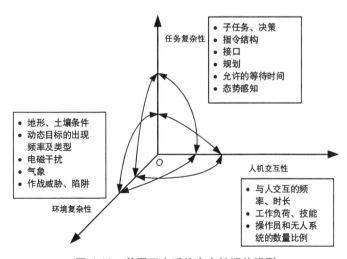

图 4.16 美国无人系统自主性评价模型

4.6.2 民用智能系统分级标准

📶 1. 通信网络智能化等级

AI 技术在通信网络中的运用逐渐成为移动网络的热点研究问题。2019 年 10 月在日内瓦召开的国际电信联盟（ITU）标准化会议上，中国移动联合中国联通、中国电信、华为、中兴通讯等公司编制的《智能机器技术 – 2020 及未来网络智能化分级》获得通过。该标准分别从执行、数据采集、分析、决策以及需求映射五个维度，将通信网络的智能化分为 6 个等级，如表 4.13 所示。

表 4.13　通信网络智能化等级

等　级	名　称	典型特征	分级评估维度				
			执　行	数据采集	分　析	决　策	需求映射
L0	人工运营网络	全人工操作	人工	人工	人工	人工	人工
L1	辅助运营网络	工具辅助数据采集、人工分析决策	系统为主	人工为主	人工	人工	人工
L2	初级智能化网络	部分场景基于静态策略、自动分析人工决策	系统	系统为主	人工为主	人工	人工
L3	中级智能化网络	特定场景实现动态策略自动分析、预先设计场景，系统辅助人工决策	系统	系统	系统为主	人工为主	人工
L4	高级智能化网络	系统实现动态策略完整闭环、预先设计场景，系统自动完成需求映射	系统	系统	系统	系统为主	人工为主
L5	完全智能化网络	全部场景系统完成全部闭环、系统自动完成需求映射	系统	系统	系统	系统	系统

2. 工业自动化仪器仪表智能化等级

为了对智能仪器仪表的智能化水平进行界定和评估，2020 年 2 月，上海市仪器仪表学会发布了《工业自动化仪器仪表智能化水平评价规范》。该规范分别从交互与协同、互联与集成、监测与诊断、感知与记忆、数据与信息服务、适应与优化等功能特性，将工业自动化仪器仪表智能化水平分为 5 个评价等级，如表4.14 所示。

表 4.14　工业自动化仪器仪表智能化等级

等　　级	基本要求	
	典型特征与功能	功能维度
L1	支持基于手持式操作器的单机通信功能	交互与协同
	支持私有协议的网络通信功能	互联与集成
L2	支持基于现场总线和工业以太网的通信功能	互联与集成
	支持符合工业无线协议的无线通信功能	互联与集成
L3	支持故障自诊断或状态监视功能	监测与诊断
	支持误使用容错功能或措施	监测与诊断
L4	具有集成多变量、多功能的高适应性	感知与记忆
	支持基于 OPC UA 的数据与信息服务	数据与信息服务
L5	支持基于统计的过程状态监测与诊断	监测与诊断
	支持基于大数据或人工智能的优化算法	适应与优化

3. 智能助理智能化水平等级

为了对智能助理的智能化水平进行评估，中国电子技术标准化研究院牵头编制了《信息技术人工智能智能助理能力等级评估》。该标准分别从考察情感支持、知识支持、行动支持、决策支持以及应变支持等用例中，使用用户需求满足度、工作模式的自主程度、自主学习能力、能力项数量、能力项水平共同决定智能助理的智能化水平等级。智能助理能力等级划分如表 4.15 所示。

表 4.15　智能助理能力等级划分

等　　级	典型特征
L1	有不少于 1 个用例的能力子项满足比率达到 50% 以上
L2	有不少于 2 个用例的能力子项满足比率达到 50% 以上
L3	有不少于 3 个用例的能力子项满足比率达到 50% 以上
L4	有不少于 4 个用例的能力子项满足比率达到 50% 以上
L5	有不少于 4 个用例的能力子项满足比率达到 60% 以上
L6	均具备所有能力子项，且具备无须人工干预的应变支持能力

4.6.3　民用自动驾驶汽车智能化等级

美国交通运输部发布了关于自动化车辆的测试与部署政策指引，明确将 SAE J3016 标准确立为定义自动化或自动驾驶车辆的全球行业参照标准，用于评定自动驾驶技术。按照 SAE（美国汽车工程师学会）的分级，自动驾驶技术能力等级如表 4.16 所示。

此后，全球各汽车企业也采用 SAE J3016 标准，对自身相关的产品进行技术定义。从目前的发展趋势来看，这个标准是传统汽车为适应新技术挑战做出的一种过渡，是逐步实现自动驾驶目标而制定的一条较为务实的渐进式路线。该分级标准是目前自动驾驶汽车领域普遍被接受的智能等级分级标准。像特斯拉、百度、谷歌等自动驾驶汽车厂商均参照该标准，对产品进行定级和宣传。特斯拉的自动驾驶技术目前属于 L2 级，即汽车在行驶过程中，需要驾驶员时刻保持注意力。

表 4.16　自动驾驶技术能力等级

等级	L0	L1	L2	L3	L4	L5
名称	无驾驶自动化	驾驶辅助	部分驾驶自动化	有条件的驾驶自动化	高度驾驶自动化	完全驾驶自动化

续表

等级	L0	L1	L2	L3	L4	L5
定义	由人类驾驶者全权驾驶汽车,在行驶过程中可以得到警告	通过驾驶环境对方向盘和加速减速中的一项操作提供支持,其余由人类操作	通过驾驶环境对方向盘和加速减速中的多项提供支持,其余由人类操作	由自动驾驶系统完成所有的驾驶操作,根据系统要求,人类提供适当的应答	由自动驾驶系统完成所有的驾驶操作,根据系统要求,人类不一定提供所有的应答。限定道路和环境条件	由自动驾驶系统完成所有的驾驶操作,不限定道路和环境条件
驾驶操作	人类驾驶者	人类驾驶者或系统	系统	系统	系统	系统
周边监控	人类驾驶者	人类驾驶者	人类驾驶者	系统	系统	系统
支援	人类驾驶者	人类驾驶者	人类驾驶者	人类驾驶者	系统	系统

2021 年,正式发布国家标准《汽车驾驶自动化分级》(GB/T 40429-2021),并于 2022 年 3 月 1 日起正式实施。此次《汽车驾驶自动化分级》从动态驾驶任务、最小风险状态、最小风险策略等多角度考量,将汽车自动驾驶划分为 5 级,分别为应急辅助(L0 级)、部分驾驶辅助(L1 级)、组合驾驶辅助(L2 级)、有条件自动驾驶(L3 级)、高度自动驾驶(L4 级)、完全自动驾驶(L5 级)。

4.6.4 通用智能等级分级标准

不同类型的智能机器有不同的分级标准,这些标准主要评判机器是否需要人参与操作,人参与越少,自动化程度越高,智能等级越高。

但问题是,自动化并不等同于智能化,自动化程度高的机器不一定智能化程度高。例如,啤酒厂里给啤酒瓶盖盖子的机械手,完全不需要人工干预,但其智能等级肯定要低于 L2 级的自动驾驶汽车。

各行业之所以按照自动化程度对机器的智能等级进行评判,主要原因是学术界对机器智能的研究不够透彻。若对机器智能都没有达成统一的认识,则要总结出一个大家都接受的智能等级分级标准几乎是不可能的。

如果本书所提的 MI8.16 模型能被广泛接受,则可参照该模型,提出一个通用机器智能等级分级标准,如表 4.17 所示。

表 4.17　通用机器智能等级分级标准

等　级	具备能力	典型特征	示　例
L1	基础思维能力	能模仿人脑的记忆能力、计算能力，以及基于计算结果进行简单判断的能力	计算器、电子表、自动洗衣机、空调、自动电饭煲、红外报警器、烟雾报警器、具有固定路径的机械臂、自动售卖机
L2	拓展思维能力	能模仿人脑的感官信息处理能力，以及基于处理结果和事实库进行识别和搜索的能力	人脸识别、语音识别、印刷体识别、指纹识别、虹膜识别、物品识别、物种识别、车牌识别、车型识别、新闻自动播报、音乐自动演奏、高速公路自动收费闸机、垃圾自动分拣、快递自动分拣、农产品自动分拣、产品质量自动检测
L3	理解能力	能模仿人脑通过感官等途径感知周围场景，以及通过文字、图像、声音、视频等正确认识和理解真实场景或情景的一种能力	语音自动翻译、文本自动翻译、自动客服、自动门岗值守、自动会计、音控装置、文本自动检错助手、资料收集助手、体育比赛自动解说、宾馆自助前台、电子裁判、自动加油机
L4	思考能力	能模仿人脑分析问题的能力和对解决方案进行评价和决策的能力，并能自主找到解决问题的办法	自动导航软件、自动驾驶飞机、自动驾驶舰船、智能交通信号灯、自动下棋机器、自动麻将游戏、自动扑克游戏
L5	强化思维能力	既能模仿人的理解能力，又能模仿人的思考能力，并能自主找到解决问题的办法	自动驾驶汽车、自动加油机、自动扫地机器、机器驴、送货机器人、自动挖掘机、餐馆送餐机器人、宾馆快递机器人、自动耕地机、自动播种机、自动收割机、仓库自动存取货机、药房自动发药机、自动垃圾清运车、自动摆渡车、舞蹈机器人、扫雷机器人
L6	逻辑思维能力	能模仿人的推理能力和归纳能力，可对掌握的信息通过推理和归纳处理，产生新的有价值的信息	机器证明、自动阅卷、情报自动分析、舆情自动监测、疫情自动预警、天气自动预报、财务自动分析
L7	复杂思维能力	能模仿人脑的想象能力、规划能力及其他各种能力；可针对问题自动生成解决方案，并能跟踪问题解决过程，不断搜集新的信息，优化解决方案，直到问题解决	智能医生、智能作曲、智能新闻编辑、智能绘画、智能书法、智能家装设计、智能服装设计、智能法律助理、智能理财助理、智能理发师、智能演奏乐队、智能配音助手、智能影视制作、智能面试官、智能保险销售、智能理财销售、智能教师

续表

等　　级	具备能力	典型特征	示　　例
L8	超级思维能力 备注：笔者认为智能机器不可能具备超级思维能力	能模仿人脑，综合运用各种基本能力，解决带有不确定性因素的复杂问题，是智能机器智能化程度的最高等级	智能总裁、智能厂长、智能经理、智能董事长、智能科学家、智能军队指挥官、智能教练

　　我们并没有将机器学习能力作为衡量机器智能等级的评价因素，这样做并不是因为机器学习能力不重要，而是因为无论是哪一种能力都离不开机器学习能力，每一种能力都可以通过机器学习进行提升。通过机器的学习，我们可以提升机器的识别能力、理解能力、思考能力等。因此，将机器的学习能力作为一个独立的评价因素进行度量，反而不利于对机器的智能等级进行定级。

　　需要特别说明的一点是，笔者倾向于认为智能机器不能具备超级思维能力，做出这个结论的前提是机器的所有智能均来自艾克架构。如果将来出现了新的技术架构为机器赋予智能（如将互联网技术与生物技术相结合的技术），则智能机器也可以具有超级思维能力。因此，在机器智能等级分级标准中，我们仍然保留L8这个等级，但愿将来某一天机器智能能达到这个等级。

　　事实上，目前科研界已有人在研究互联网技术和生物技术的交叉技术，如脑机接口技术、芯片嵌入人体技术，如果这些技术取得突破，则很可能需要新的标准来评判机器的智能等级。

　　我们在这里提出的通用机器智能等级分级标准有三个最突出的特点。一是这个标准建立的基础是M18.16模型；二是等级评估的核心依据是机器的智能能力，而不是机器的自动化程度；三是该分级标准具有很好的通用性。使用这个标准的最大好处，就是不管什么类型的智能机器，也不管哪个应用领域的智能机器，都可以使用一个统一的标准进行度量，使机器的智能等级更加客观。反过来，只要使用这个通用机器智能等级分级标准，就能在知道智能机器的智能等级后，大致推断机器的基本能力。

4.6.5　智能等级分类分级表示

　　由于机器智能技术的应用十分广泛，不同领域的智能机器也五花八门，因此仅用一个通用机器智能等级分级标准来对所有机器的智能进行分级是不够的。结合应用领域和应用领域的特点，对机器智能进行多维分级更为合适。为此，我们提出一个具有较强扩展性的四段式分级方法来描述机器的智能等级。

四段式分级方法如图 4.17 所示。其中，领域代码是指智能机器所属产品的领域，如自动驾驶汽车领域、自动驾驶飞机领域、智能语音客服领域等，用不超过 4 位的小写字母表示；G 表示该字符串用于描述机器的等级标识；m 表示通用等级，用数字表示；n 表示专用等级，用数字表示。m 的取值范围为 1 ~ 8，n 的取值范围为 0 ~ 9，数值越大，表示智能化程度越高。

图 4.17   四段式分级方法

我们以自动驾驶汽车领域为例进行说明。假设自动驾驶汽车领域的领域代码是 auto，一款汽车产品具备条件自动化驾驶能力，那么在汽车领域，其专用等级可定为 L3 级。由于自动驾驶汽车具备对场景的理解能力以及控制汽车的决策能力，其通用等级可定为 L5 级，这样一来，该款汽车的智能等级可定级为 autoG5.3。

需要特别注意的是，要使四段式分级方法更为有效，产品领域的划分十分重要。这里的产品领域是指同类产品所属的类别，这些类别一定要有明确的内涵和清晰的分界线，属于同一类别的产品，一定要具有很强的功能相似性，只有这样，这些产品才具备可比较的共同点。例如，将自动驾驶汽车与自动驾驶飞机归为同一个类别，可能不是一个好的办法，因为这两类产品无论是产品的形态、功能、特征都不一样，除自动驾驶外，并没有太多的共同点。又比如，自动驾驶汽车是否需要细分为客车、卡车、三轮车、工程车等，这类问题都需要进一步研究。

4.6.6   宾馆送货机器等级评估

为了更好地说明四段式分级方法，我们以宾馆送货机器为例，讨论其等级标准的制定方法。

宾馆送货机器是指可在宾馆范围内自动将货物由一地送到另一地的机器,这种机器的工作环境比较特殊,主要是宾馆大楼内或大楼之间。宾馆送货机器的主要功能大概可以概括为以下内容。

- 能识别有权利使用机器的人(使用人),并能识别使用人的等级。
- 能响应使用人的指令,到达指定地点。
- 能自动搭乘电梯。
- 能将物品送到使用人指定的地点。
- 到达指定地点后能通知接收人。
- 送货完成后能自动回到指定地点。

对于满足以上功能的机器,其通用等级可定为L5级,因为这样的机器既具备对环境的理解能力,也具备自动巡游的思考能力。但不管机器做得如何好,这种机器的通用等级都无法达到L6级,因为它并不需要推理能力和归纳能力。对于这种机器的智能等级可分为6级,如表4.18所示。

当然,这里只是一个推荐标准,真正要制定可普遍接受的标准,需要依靠该业内的专家执行专门的标准制定程序。

表4.18 宾馆送货机器智能等级

智能等级	L0	L1	L2	L3	L4	L5
特征	楼层自主	语音控制,楼层自主	楼内自主	语音控制,楼内自主	跨楼自主	语音支持,跨楼自主
定义	具备大楼内不跨楼层送货能力,不具备语音控制能力	具备大楼内不跨楼层送货能力,且具备语音控制能力	具备大楼内跨楼层送货能力,不具备语音控制能力	具备大楼内跨楼层送货能力,且具备语音控制能力	具备大楼内、跨楼层、跨楼栋送货能力,不具备语音控制能力	具备大楼内、跨楼层、跨楼栋送货能力,且具备语音控制能力

4.7 自动驾驶汽车

4.7.1 自动驾驶技术综述

当前，自动驾驶主要有三大技术路线，一是以传统汽车厂商为主的路线，二是以特斯拉为主的路线，三是以百度和 Waymo 为主的高科技路线。

其中，以特斯拉为主的路线一度被认为是市场认可度最高的路线，但随着时间的推移和技术的发展，人们逐渐发现，特斯拉自动驾驶走的是"视觉"路线，这种路线的好处是成本较低，但在面对复杂道路情况时，存在不够敏捷的情况。自动驾驶视觉感知方案模仿人类视觉系统原理，摄像头是"汽车之眼"。特斯拉曾发布的一款汽车共计采用 8 个摄像头分布在车体四周，车身前部有三个摄像头，分别为前视主视野摄像头、前视宽视野摄像头（鱼眼镜头）、前视窄视野摄像头（长聚焦镜头），左右两侧各有两个摄像头，分别为侧方前视摄像头和侧方后视摄像头，车身后部有一个后视摄像头，整体实现 360 度全局环视视野，最大监测距离可以达到 250 米。这种方案的缺点是对周围环境感知的精度不够高，难以准确识别周围的障碍，这对讲究"安全第一"的自动驾驶汽车存在一定的风险。

当前，国内汽车厂商主要走的是激光雷达路线。从技术原理上讲，激光雷达路线的精度更高，能为自动驾驶系统提供更精准的空间模型比视觉路线的精度更高在系统开发上难度更高，需要的开发周期更长。从硬件层面上来看，市场上激光雷达的成本相当高。视觉路线主要依靠摄像机来获取环境信息，因此与需要配置激光雷达的方案相比较，视觉路线的硬件成本较低，这也正是特斯拉当初选择视觉路线的重要原因之一。然而百度却在李彦宏的引领下，从一开始就坚持选择精度更高的激光雷达路线。

从路线选择来说，百度在技术路径的选择上具有预见性。百度推出量产化的 Robotaxi，为商业化运营铺平道路。

从产品来看，百度自动驾驶在产品力、商业模式两个层面上具有优势。Apollo RT6 配备有 1 颗 40 线激光雷达、2 颗毫米波雷达、9 颗摄像头、1 组超声波雷达，在历经百度自动驾驶整整 6 代产品的迭代后，已经达到了 L4 级别自动驾驶技术水平，并且在紧锣密鼓准备量产，即将作为中国第一代 Robotaxi 的典型代表进入市场。

2021 年 8 月 18 日，百度发布了全新升级的自动驾驶出行服务平台 "萝卜快跑"，随后陆续在长沙、沧州、北京、广州、重庆和上海面向大众全面开放了自动驾驶服务。按照规划，"萝卜快跑" 将自动驾驶出行服务开放至 30 个城市，部署至少 3000 辆自动驾驶汽车，为 300 万用户提供服务，到 2025 年，将业务扩展到 65 个城市，到 2030 年扩展到 100 个城市。从 Apollo RT6 不超过 25 万元的成本来说，它已经具备了规模化商用的特点，一旦这种势头被打开，百度自动驾驶的商业化价值将会急速放大，成为新的市场引领者。

 ## 4.7.2　政策与法规

智能网联汽车是探索单车智能 + 网联赋能的车路云融合发展思路、促进我国汽车产业规模和质量双提升的重要机遇，未来必将成为全球汽车产业转型升级的战略方向。为此各级政府十分重视，纷纷发布相关的法律、法规和标准，鼓励和支持企业开展智能网联汽车的研发、测试、示范和销售。

1.《深圳经济特区智能网联汽车管理条例》

《深圳经济特区智能网联汽车管理条例》是国内首部关于智能网联汽车管理的地方性法规。该条例明确，智能网联汽车分有条件自动驾驶、高度自动驾驶和完全自动驾驶三种类型，符合条件的可在公安机关交通管理部门进行销售登记；同时在自动驾驶的情况下，应配置自动驾驶模式外部指示灯以做提示。条例发布的同时，也对自动驾驶的交通事故责任进行了划分。遇到交通事故，如果是有驾驶人的自动驾驶汽车，则责任是驾驶人的；如果是无驾驶人的汽车，则由 "车辆所有人、管理人" 承担责任，即运营自动驾驶汽车的企业承担责任。

2.《科技部关于支持建设新一代人工智能示范应用场景的通知》

中华人民共和国科学技术部发布了《科技部关于支持建设新一代人工智能示范应用场景的通知》，支持 10 个示范应用场景，自动驾驶位列第七。该通知要求，针对自动驾驶从特定道路向常规道路进一步拓展需求，运用车端与路端传感器融合的高准确环境感知与超视距信息共享、车路云一体化的协同决策与控制等关键技术，开展交叉路口、环岛、匝道等复杂行车条件下自动驾驶场景示范应用，推动高速公路无人物流、高级别自动驾驶汽车、智能网联公交车、自主代客泊车等场景发展。

📶 3.大力推进智能网联汽车准入试点工作

在2022年9月召开的"2022世界智能网联汽车大会"上,中华人民共和国工业和信息化部宣布在前期发布的《关于加强智能网联汽车生产企业及产品准入管理的意见》和《关于开展汽车软件在线升级备案的通知》的基础上,将大力推进智能网联汽车准入试点工作,支持L3级以上智能网联汽车加快进入市场并上路行驶。

大会上提供的数据显示,2022年上半年,我国L2级智能网联乘用车新车市场的渗透率提升到32.4%。全国近30个城市累计为80余家企业发放了超过1000张道路测试牌照,高等级智能网联汽车可在特定场景、特殊区域开展规模化载人载物测试示范。

截至目前,中华人民共和国工业和信息化部已发布或报批国家和行业标准39项,新立项标准42项,完成标准需求研究和成果研究31项,同步开展了40多次实验验证及管理体系试行活动,有效支撑智能网联汽车测试示范和产品准入的落地实施。同时加快启动准入试点工作,通过试点方式先行探索产业管理经验。下一步,中华人民共和国工业和信息化部将组织编制新版智能网联汽车标准体系建设指南,支持实现单车智能和网联赋能协同发展,推动建立涵盖智能网联汽车、智慧城市基础设施、车城网平台、运营服务及安全监管方面的标准体系。新版标准体系目前已在中华人民共和国工业和信息化部网站公开征求意见。

此外,全国已建设17家国家级测试示范区、4个国家级车联网先导区、16个智慧城市基础设施与智能网联汽车试点城市,已有44个省和地级市发布了道路测试实施细则,完成智能化道路改造超过3500千米,建成5G基站200万个。从单条道路测试扩展到区域示范,逐步推动产业规模化和商业化发展。下一步,中华人民共和国工业和信息化部将进一步引导地方加快路侧联网大数据平台建设和智能化道路升级改造,并推动搭建智能网联汽车测试示范区沟通交流平台,建立协调统一的测试评价规范体系,推动测试结果互认和信息共享,加快C-V2X(车载通用技术)车路协同发展。

2022年10月14日,中华人民共和国工业和信息化部在官网上公开答复了李彦宏关于自动驾驶的提案:已在深化试点示范、完善政策环境、推动基础设施建设等方面做了大量工作,下一步工作重点将集中在三个方面:一是联合多部门推动产业化进程;二是推动修订《中华人民共和国道路交通安全法》;三是加大基础设施建设与升级改造。

4.7.3 面临的困境

自动驾驶汽车虽然是 AI 领域最值得期待的产品之一，但关于自动驾驶的质疑和争论也从来没有间断过，在走向市场化的过程中，AI 依然面临很多困境。

📶 1. 灵魂之问

部分质疑自动驾驶的人认为，从面临的行驶环境看，与自动驾驶汽车相比，地铁、火车和飞机具有更好地采用自动驾驶技术的条件，但时至今日，为什么世界上都没有出现自动驾驶地铁、火车和飞机呢（无人机除外）？

究其原因，不外乎以下三点。一是责任重大，地铁、火车、飞机等交通工具载客多，容不得半点差错。二是对于突发情况的处理，人比自动驾驶设备更加容易获得信任。三是地铁、火车和飞机的数量相比汽车来说要少得多，即便全部采用自动驾驶技术，也难以产生巨大的经济效益。也就是说，这些交通工具对自动驾驶技术的需求并不十分强烈。

📶 2. 心理恐惧

大多数人对交通事故有本能的恐惧。对有人驾驶的汽车来说，虽然每年都有大量的车辆交通事故发生，但每次事故基本都可以归为人为因素，即便汽车爆胎，也可以归为驾驶员未对车辆进行检查或严格保养，且有人负责，大众并不会长时间对事故进行关注。但对自动驾驶汽车来说，每次事故的发生，无论是人为因素还是其他因素，车辆都无法回避责任。因此，一旦事故变多或后果十分严重，就会引起人们对自动驾驶汽车安全性的严重怀疑，甚至很有可能使人们对自动驾驶汽车产生恐惧。事实上，无论未来自动驾驶技术多么成熟，车辆交通事故总是无法避免的，例如，一头牛突然冲上公路、行人突然横穿道路、有人驾驶车辆不遵守交通规则、突发泥石流、突发团雾、车辆突发故障等，都有可能导致自动驾驶汽车出现交通事故。因此，如何消除自动驾驶汽车发生的交通事故可能给大众带来的心理恐惧，是自动驾驶汽车未来要面对的难题。

📶 3. 舆论困境

自动驾驶汽车是 AI 领域最有市场前景和竞争最激烈的领域之一，许多政府和大型企业都十分重视，该领域的宣传也日趋白热化，各种不实言论和虚假宣传充斥坊间，以致政府主管部门和大众消费者面对大量信息难以做出决策。

4. 电车难题

电车难题（Trolley Problem）是伦理学领域最为知名的思想实验之一。其内容大致是：一个疯子把五个无辜的人绑在电车轨道上，一辆失控的电车朝他们驶来，并且片刻后就要碾压到他们。幸运的是，你可以扳一下道岔，让电车开到另一条轨道上。然而问题在于，此时有一个人正好走在另一条轨道上。面对这样的情况，你是否应该扳道岔？从功利主义的角度选择，你应该去扳那个道岔，毕竟五个人的命比一个人的命更重要。但从道德主义的角度看，你不应该扳那个道岔，因为走在轨道上的人本不该失去他的生命。

后来又有人演绎了电车问题的多个不同版本，但其基本思想是一样的，就是遇到一个两难的道德问题，究竟如何进行选择？

对自动驾驶汽车来说，电车问题又演变为这样的问题：在紧急情况下，自动驾驶汽车到底该优先保护车内的乘客还是路边的人群呢？如果选择前者，则走在大街上的行人可能会人人自危，因为不知道何时可能会因为紧急情况而被自动驾驶汽车撞倒。如果选择后者，则谁又会愿意花钱购买一辆会伤害自己的汽车呢？

面对电车难题，自动驾驶汽车似乎陷入一个两难的境地。其实，汽车控制系统的主要功能是根据汽车传感器的实时采集数据，快速计算出汽车的周围空间，并控制好汽车的运行速度和运行方向，使汽车始终处于安全的空间范围内。因此，从理论来说，自动驾驶汽车很难撞上周围的汽车或行人，出现意外的最大可能是汽车的传感器出现了问题，而不是其控制系统出现决策失误。

5. 安全瓶颈

对于自动驾驶汽车来说，最重要的无疑是安全性，其次才是经济性、舒适性和便利性等。

要使自动驾驶汽车的安全性让大众接受，至少需要做到4点。首先是车辆正常行驶在车道上，且自己不与其他车辆、行人或其他东西发生碰撞；其次是自己不被其他车辆碰撞；再次是发生车辆事故时，有人或机构能承担责任；最后是发生行车事故时，乘员的安全有极大的保障。下面对以上4点分别进行论述。

要使自动驾驶汽车正常行驶在车道上，且不与其他车辆或行人发生碰撞，这一点是比较容易实现的。因为现有的车载传感器和处理系统已具有足够的精度，能快速检测到车辆周围的动态目标和静止目标，并能精确测量出车辆相对于这些目标的运行速度，车辆控制系统只需要进行比较简单的数值计算，即可计算出车辆的最佳运行速度，从而确保将车辆精准控制在安全行驶空间范围内。目前可能存在三个问题，一是道路的地理信息是否精确齐全，二是道路的标识信息、交通信号灯等是否准确齐备，三是道路的路况是否处于正常状态（如高速公路上有没有小石子）。这些条件应由道路交通部门提供保障和支持，目前的情况是部分区域或路段具备条件，但大多数路段还不具备条件。

要使自动驾驶车辆不被其他行驶的车辆碰撞，这一点比较难做到。因为对一些特殊的突发情况，如行驶在旁边车道的卡车突然侧翻或变道，在这种情况下，即便是熟练的人类驾驶员也无法做到全身而退。但总体来说，对于这些突发情况，自动驾驶汽车会比人类驾驶员处理得更好，因为自动驾驶汽车能做到眼观六路，耳听八方，对周边环境的感知能力比人类驾驶员强大得多，更不容易出现疏忽的情况。因此，如果遇到突发情况，则自动驾驶汽车可能把握住机会，但人类驾驶员却很难说。这种能力很难通过测试进行验证，因为突发情况很难穷尽和模仿。

目前，对自动驾驶汽车的保险制度还没有建立起来。未来相应的保险制度会建立起来，就像现在的飞机保险制度一样。与现有保险制度不同的是，未来的保险费用可能跟车辆的品牌强相关，事故发生率低的品牌，其车辆的保费也许更低，甚至未来的保险费用可能全部由汽车公司支付。目前的困境是自动驾驶汽车的故障率数据很难准确地获取，所以保险公司制定保险政策时找不到充足的依据。

🛜 6. 道路限制

对自动驾驶汽车来说，道路条件是重要的制约因素，如要求道路的标线十分清晰、红绿灯装置要非常规范、道路的地理数据要及时更新等。对城市来说，这些条件是比较容易满足的，即便一时难以全部做到规范，也可以逐步地进行完善。可先对一些主干道进行规范化改造，然后开放一些主干道允许自动驾驶汽车，最后再慢慢过渡到允许全城市自动驾驶。但对偏远地区、高原地区、山区或乡村道路等，要达到这样的条件不能一蹴而就。另外，道路在使用过程中随时都有可能受损，这些信息能否及时发送到自动驾驶汽车，或受损道路能否及时得到修复，都可能影响自动驾驶汽车的安全行驶。

7. 法规制约

与自动驾驶汽车密切相关的法律法规主要包括两个方面，一个是涉及准入的问题，其次是涉及安全行驶的问题。其中准入问题的难点在于如何制定宽严结合的准入条件，要求过高，可能导致车辆难以达到相应的条件或成本过于高昂；要求过低，可能导致车辆的事故率过高难以被大众所接受。有关安全行驶的问题，主要难点在于如何界定交通事故责任，如果车辆发生撞人事故，则到底是车辆厂家承担责任，还是车辆运营公司或用户承担责任？如果两辆自动驾驶汽车发生剐蹭，则责任又该如何界定？

目前，我国政府相关部门十分重视与自动驾驶汽车相关的法律、法规和标准建设，也陆续出台了一些文件，但能否真正满足自动驾驶汽车大规模上路的要求，还需要时间和实践的检验，这个过程可能会比较漫长。

4.7.4 技术难点

虽然目前有很多公司声称自己的产品已达到 L4 级别，而且也做了大量的上路测试，但这些产品离真正的技术成熟和足够的安全保障还有不小的距离。以下我们提出一些可能出现的问题进行讨论。

1. 规则与警报的冲突

如图 4.18 所示，假设道路上行驶着 4 辆汽车。汽车 B 行驶在右侧车道上，如果此时前方汽车 A 紧急减速，则这时汽车 B 的常规操作也是减速。因汽车 B 与汽车 A 一直保持着安全距离，因此正常情况下，可以避免产生追尾。如果这时汽车 B 后方的大卡车汽车 C 未及时减速，将对汽车 B 的安全构成严重威胁。这时汽车 B 的正确选择是快速变道到左侧车道上。但由于中间是实线，变道意味着违反交通法规。因此，在违规和安全之间如何进行选择就是一个两难的问题。对于人类驾驶员来说，将客观评估后方车辆的威胁性，需要的话会主动选择违规以保证安全。但对于自动驾驶汽车来说，后车威胁性评估是一个难题。评估过严，会导致车辆频繁违规，评估过松，很可能面临一次严重事故。如果此时左侧车道上还有一辆高速行驶的汽车 D，且汽车 D 与汽车 B 相距很近，一旦汽车 B 选择变道，则极有可能会被汽车 D 撞击，这时汽车 B 的选择将更加艰难。对于人类驾驶员来说，如发现后面有大车跟着，很有可能在出现紧急情况之前已有预判，并在出现危险之前，就做出利于自己的选择。而对于自动驾驶汽车来说，因选择直行是符合交通规则的，而选择变道是违反交通规则的，因此遇到前车刹车时通常的设计应该是先选择减速而不是变道。只有当自动驾驶汽车检测到可能被汽车 C 追尾这一警报的告警临界值时，才会选择违规变道，但这时很可能已失去了变道到左侧车道且不与汽车 D 发生碰撞的机会了。也就是说，人类驾驶员可以通过提前预判，在规则和警报之间做出合理选择，但自动驾驶汽车只会在检测到真正的警报后，才选择违规应对紧急情况，这时很可能错过最佳的处理时间。

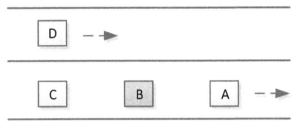

图 4.18　4 辆汽车

🛜 2. 车辆事故与安全验证的矛盾

　　假如某辆自动驾驶汽车发生交通事故，那么在查清楚事故原因之前，与该车型同型号的车辆都有可能会被怀疑存在安全隐患，为此政府会要求该型车辆全面停驶并查找原因，直到找到事故原因并完成相关的安全验证。例如，大家熟知的波音 737 MAX 8，由于连续出现 2 次飞行事故，已导致该型飞机全球停飞超过 2 年。一款自动驾驶汽车卖得越多，发生事故的频度就越高，这可能导致该款车型需要频繁停驶并进行安全性验证。由于要查清车辆事故的原因并不简单，可能耗时较长，这很可能降低大多数消费者对该车型的信心。

🛜 3. 对路面场景的精确理解

　　假设某辆车在道路上正常行驶，前方有一头牛在道路旁边吃草。对于自动驾驶汽车，如果能正确检测到道路旁吃草的是一头牛，则该汽车的应对措施应该是立即减速，慢速通过。但因为牛吃草时的动作幅度并不大，若自动驾驶汽车将牛误认为一个固定物体而选择快速通过，则极有可能发生行车事故。对于有人驾驶汽车，驾驶员会观察牛是否有人牵着，如果有人牵着，则正常速度通过，如果没有人牵着，则慢速通过。又比如，道路前方有人在过马路，自动驾驶汽车会保持距离，降低速度通过。但对于有人驾驶汽车，驾驶员会判断过马路的是老人、小孩还是成年人，并采取灵活的驾驶策略。自动驾驶汽车对路面场景的理解能力肯定要弱于人类驾驶员，虽然这不妨碍其安全行驶，但由于其处理方式缺乏灵活性，可能会导致车辆频繁地慢速行驶，从而可能导致乘客的体验比较差。

🛜 4. 夜晚或恶劣天气行车

摄像头是自动驾驶汽车获取周边环境信息、判别障碍物类型的重要传感器，这种传感器受灯光和恶劣天气的影响很大，因此，夜晚行车、被强光照射、行车过程中遇恶劣天气时，如何准确感知周围环境是很难解决的技术问题，降低车速也许是最好的选择。对人类驾驶员来说，遇到以上情况时，为保障行车的安全性，可以灵活调整车辆的行驶速度。对自动驾驶汽车来说，如果仅通过降低速度应对，则可能为乘员带来不好的体验。

🛜 5. 如何应对恶意加塞

自动驾驶汽车的首要职责是安全行驶。因此，在行驶过程中遇到其他车辆加塞时，肯定会选择主动减速避让，甚至紧急刹车以规避撞车风险。如果某些不良司机利用自动驾驶汽车的这个特点，频频恶意加塞，则肯定会为自动驾驶车辆的乘员带来不好的体验。要应对这种恶意加塞行为，可以缩小与前车的距离，但这显然与车辆行驶的安全性原则相背离。未来解决这个问题的最好办法也许是在道路上多装一些摄像头，或者由交通部门实时监测各车辆的行驶轨迹，但这种解决办法可能侵犯个人隐私。

🛜 6. 变道问题

自动驾驶汽车变道时，只有在检测到旁边车道有足够安全空间后，才会控制车辆变道，但在城市拥挤的道路上，这个条件有时很难满足。对于人类驾驶员来说，需要变道时，往往是先打转向灯，在确认旁边车辆有意避让时就会开始变道，这体现了双方驾驶员的一种默契。但对于自动驾驶汽车来说，很难理解这种默契，有可能导致车辆始终难以找到变道的合适时机，从而造成车辆严重堵塞道路。如果旁边的车辆是人类驾驶员，甚至可能出现故意不给自动驾驶汽车让道的可能，因为他知道自动驾驶汽车为了安全考虑，会采取比较保守的变道策略。

7. 应对交警指挥问题

道路上出现车祸、车辆严重拥堵、道路维修、临时管制时，经常由交警直接指挥交通。自动驾驶汽车应设计专门的工作模式，可理解交警的指令。

8. 应对恶意干扰的问题

自动驾驶汽车所依赖的激光雷达、毫米波雷达、摄像头等都很容易被干扰，如果有犯罪分子图谋不轨，对车辆实施恶意干扰，则极可能造成车辆发生交通事故。因为这种恶意干扰可以在较远距离实施，而且干扰的持续时间很短，事后查证将极其棘手。

9. 防止黑客攻击的问题

自动驾驶汽车对无线网络有重度依赖，如何防止黑客攻击、控制汽车，也是必须要解决的技术问题。在极端情况下，如果这种网络攻击上升到国家层面，则将为自动驾驶汽车带来更大的威胁。

10. 自动驾驶公交车问题

自动驾驶公交车上的乘员较多，如果犯罪分子肆意破坏车辆控制系统，则必将造成严重后果。因此，如何采取有效的技术措施防止犯罪分子破坏是必须要解决的问题。

以上列举了自动驾驶汽车可能面临的一些问题，有些可能需要车辆研发公司解决，有些需要道路部门解决，有些可能需要法律法规解决。这些问题，要彻底解决并不是容易的事情。

4.7.5　发展路径分析

我们综合考虑技术可行性、市场接受度和法规适应性等因素，提出自动驾驶汽车走向市场的成长路线图，这个路线图共包含 8 个应用场景，故取名为 8 Step To Go。这个成长路线图并不是指 8 种应用场景或对应的产品，而是指这 8 种应用场景将按此顺序先后走向成熟。8 Step To Go 成长路线图的路径是：①机场码头等特定区域车辆；②货车专用道上行驶的货车；③高速公路上行驶的货车；④快递公司的小型送货车；⑤公交车；⑥出租车；⑦工程车辆；⑧私家车。也就是说，以上 8 种应用场景中，排在前面的场景更容易实现，可能更适合优先推广自动驾驶，排在后面的场景推广难度相对较大。

① 机场码头等特定区域车辆

机场和码头区域通常是封闭区域，道路环境比较好，道路、标识、信息等基础条件建设相对容易，因此是第一代自动驾驶汽车投入运行的理想场景。各汽车厂商可优先选择合作单位开展合作，一方面检验自己产品的性能，同时也可提升消费者对其产品的信心。

② 货车专用道上行驶的货车

可以选择在货运繁忙的大城市之间建设专用货车道路，允许自动驾驶货车在专用道上启用自动驾驶模式。因为专用道为封闭道路，道路环境和基础设施相对更好，有条件将交通事故发生率控制在很低的水平。另外，货车的行驶速度一般不会超过 100 千米每小时，对道路的要求相对高速公路更低，道路修建成本也更低。

③ 高速公路上行驶的货车

相对于城市道路，高速公路的通行条件更好，车辆行驶环境相对城市道路更为简单，因此更适合自动驾驶汽车行驶。

首先，可以将某个车道限制为货车专用道，允许货车以自动驾驶模式行驶。货车不能占用其他车道，其他车辆只在必要时短时借道行驶，但需保持安全的行驶距离，不能影响货车通行。

其次，将某个时段开放给货车通行，其他车辆不许通行，如晚上 9 点到早上 6 点专用于货车行驶。因为在自动驾驶模式下，货车的驾驶员也可以休息，因此限定货车夜间通行并不会给驾驶员带来额外的负担。

最后，将高速公路改造成专用的货车道路。例如，可以选择成都和重庆之间的一条高速公路进行改造，专用于自动驾驶汽车通行。

④ 快递公司的小型送货车

小型送货车的主要特点是点到点运输，即将货物从仓库送到指定的货物分发地，如快递柜。这些车辆的主要作用是送货，只需能正常行驶，且不威胁到路上车辆及行人的安全，并不需要很高的行驶速度，也不需要考虑乘员的感受。因此，相比其他乘用车，小型送货车的自动驾驶技术实现的难度更低一些，是自动驾驶行业可优先发展的场景之一。

⑤ 公交车

公交车的主要特点是行驶区域有限，有些城市还有多条专用的公交车道，其次是车辆行驶速度不快，因此，可以选择一些道路条件较好的路线，选用自动驾驶汽车替代有人驾驶。不过，考虑到公交车的公共特性，车上乘客较多，可以考虑在车上配备一名安全员，其主要职责是维持乘车秩序和响应紧急情况。

⑥ 出租车

出租车是运营车辆，有降低运行成本的需求，因此，出租车行业对自动驾驶的需求是迫切的。可以期待将来的某一天，由于采用自动驾驶技术，出租车运营成本大幅下降，用户的乘车费用也大幅降低。

⑦ 工程车辆

工程车辆的工作区域较小，行驶环境比较单纯，是比较适合自动驾驶应用的场景。不过，这类车辆的数量有限，对自动驾驶汽车的生产企业可能吸引力不大，应用工程车辆的企业对自动驾驶的需求也不算很迫切，因此，只有自动驾驶技术比较成熟以后，工程车辆生产企业可用较小的代价，将自动驾驶技术应用于改进工程车辆，使其具备自动驾驶能力。另外，工程车辆通常除行驶功能外，还需要具备其他操作功能，只有当这些功能也能实现无人操作时，再增加自动驾驶功能才具有现实意义。

⑧ 私家车

私家车是市场需求最大的车辆类型，也是最吸引大众关注的车型，但也是使用自动驾驶技术要求最高的车型。私家车没有确定的行驶场景，东西南北、城市乡村、高山草地、雪域荒漠，随处都有可能是私家车的目的地。私家车的第一要求是安全行驶，第二要求是舒适便利，这为自动驾驶技术带来了严峻的挑战。私家车也是对性价比要求较高的车型，无论车辆价格高低和品质等级，消费者对性价比都有要求。因此，自动驾驶技术最难落地的是私家车，而利润空间最大的也是私家车，极有可能成为自动驾驶技术最后征服的领地。

自动驾驶汽车走入人们的生活不可能一蹴而就，人们接受自动驾驶汽车也不是一朝一夕的。并不是说所有的企业都要按照 8 Step To Go 成长路线图的步骤，一个接一个地开发对应的产品，也不是说适应这 8 个场景的产品将按照这样的顺序一个个地出现，而是自动驾驶行业作为一个整体，将基本遵循这样的步伐，一步一个脚印地稳步向前迈进。总之，车企推广自动驾驶技术需要结合自身的特点，参照 8 Step To Go 制定自己的发展战略，政府推动自动驾驶技术也可参照 8 Step To Go，循序渐进地制定配套的政策，开展基础设施建设。

4.7.6 未来与展望

以下对自动驾驶汽车的未来进行展望。

1. 未来对自动驾驶汽车的需求会十分旺盛

想拥有自动驾驶汽车的人是那些不想开车、不想学开车的人，以及那些不能开车的人，如老人、病人、孩子、残疾人等。当然，出租车公司和货车公司等对自动驾驶汽车也有很强烈的需求。

事实上，对于大多数城市上班族来说，如果乘车时自己没有什么风险，出了交通事故由保险公司承担，则选用自动驾驶汽车也是一个不错的选择，因为这至少可以为自己多省出休息时间。

2. 特定场景应用将先行一步

尽管自动驾驶汽车的应用前景十分广阔，但要走入大众的生活也不可能是一朝一夕的事，最可能的发展路径就是先在特定场景进行应用，然后逐步被大众所接受。

3. 多措并举才能推动自动驾驶汽车上路

自动驾驶汽车上路，不仅是自动驾驶技术的问题，还涉及道路条件、交通设施、道路信息、交通管理、交通安全法规、道路维护、大众教育、保险等多方面因素，任何一个环节都不可或缺。因此，政府主管部门必须统筹协调各方面力量，多措并举，才能推动自动驾驶汽车早日上路。

4. 自动驾驶汽车将改善交通

有了自动驾驶汽车以后，以前许多因人类驾驶员的陋习、违规、疏忽、误判等带来的交通拥堵和事故可能会大大减少。因此，随着交通事故显著减少，过去常见的道路交通拥堵现象将有所改善。

5. 自动驾驶将大幅提升交通效率

自动驾驶出租车都是联网运行，调度系统可以对乘客的出行需求进行自动匹配，帮助出行需求相近的乘客实现拼车，这又可以进一步降低乘客的出行成本，同时可以对道路上行驶的所有自动驾驶汽车进行统一调度,以实现道路资源的最优化利用。

6. 自动驾驶不能完全取代人类驾驶

即使自动驾驶进入普及阶段,也难以完全取代人类驾驶。例如,重要人物出行,为了万无一失(如规避干扰或网络攻击、保护隐私),可能需要人类驾驶员驾驶。还有那些喜欢到边远地区、荒山郊野、高寒山区探险的人,可能都需要人类驾驶员驾驶汽车。

7. 自动驾驶汽车终将上路

从技术原理上来说,自动驾驶汽车并没有不可解决的问题,因此,仅从自动驾驶汽车产品的角度来看,自动驾驶汽车总有一天可以达到上路的要求。而从自动驾驶所需要的其他配套要求来看,只要政府高度重视,投入足够的资源,也是有很大希望能在较短时间内解决的。因此,自动驾驶汽车上路的日子是可以期待的。

自动驾驶未来的发展大概需要经历三个阶段。第一阶段是L4级车辆上路,即在限定道路和环境条件下行驶。第二阶段是L5级车辆在特定城市进行试运行,并根据运行情况对相关要素进行逐步完善。第三阶段是L5级车推广应用,政府可能出台鼓励政策,全社会将从有人驾驶逐步过渡到自动驾驶。

 ## 4.8 AIGC与ChatGPT

人工智能生成内容(AI Generated Content,AIGC)与生成式预训练转换器(Generative Pre-training Transformer,ChatGPT)是人工智能领域当今十分热门的两种智能化产品,前者因为创作的名画《太空歌剧院》获得艺术比赛一等奖而爆红网络,后者因上线仅两个月便俘获近2亿用户而名声大噪。

4.8.1 AIGC 与人类绘画

AIGC 是指利用人工智能技术自动生成各种媒体内容,包括绘画作品、文章、音乐等各种文学和艺术作品。AIGC、非同质化通证（Non-Fungible Token，NFT）、虚拟现实 / 增强现实（Virtural Reality/Augmented Reality，VR/AR）并称元宇宙的三大基础设施。

AIGC 爆红的原因是一名程序员利用 AI 创作了一幅名为《太空歌剧院》的绘画作品，并参加了美国科罗拉多州博览会的艺术比赛，最终获得了比赛的一等奖。令人惊奇的是，比赛的评委并不知道该参赛作品是 AI 创作的，投稿的作者甚至连业余画家都算不上，而是一名专业的程序员。这一事件经媒体报道后，立刻引起了轩然大波。

在此之前，AIGC 已经生成了许多惊艳四方的作品，如"失落的黄金之城"，只不过没有得过奖，未能引起大家的关注罢了。由此可见，AIGC 生成艺术作品的能力已到了毋庸置疑的程度，其对人类画家也构成了威胁。试想一下，一个画家需要经历几年甚至数十年的训练，通过一点点学习如何起笔、透视、调光等技术，才能使自己真正成为一个脱颖而出的艺术家。但对于 AIGC 来说，只需要学习现有的作品，从作品中获取绘画的素材和构图的方法，并不断优化算法，即可成为一位不知疲倦的创作者。最为可怕的是，AIGC 的学习能力是人类无法比拟的，人类画家终其一生也许看不了百万张图片，而对于 AIGC 来说，从开放网络中搜索并学习这些图片也许用不了一天的时间。可以说，人类画家的技能是日积月累的，而 AIGC 的技能可能会随着作品的不断输入而呈指数级增长。用不了多久，人人都有可能成为画家，利用 AIGC 的支持，只要说出自己的想法或创意，AIGC 就可以听从你的指令，生成让你拍案称奇的绝世之作。人类画家辛辛苦苦完成的一件佳作，只要被人发布到网上，也许很快就成为被模仿的素材。也难怪许多艺术家纷纷指责，AIGC 就是一个高科技形式的剽窃者。

那么，AIGC 是如何做到这一点的呢？

AIGC 的工作过程大致是这样的：第一步，创作者输入描述所需作品的关键词，这些关键词可以是作品的主体内容，也可以是作品的背景要求或风格；第二步，AIGC 对输入的关键词进行理解，查找图片库中与要求相似的图片，并从图片中学习构图的方法；第三步，结合关键词的要求，查找与构图要素相关的素材；第四步，按照构图方法，对构图要素进行集成，生成图片的初级版本；第五步，按照关键词的要求和 AIGC 掌握的基本绘画规则，对初级版本的图片进行修饰；第六步，将生成的图片呈现给创作者，并通过与创作者的交流，完成对图片的进一步优化。

也许不同的 AIGC 产品会有不同的处理流程和方法，但总体来说，AIGC

工作的基本原理都是依赖机器学习，通过大量的学习掌握图片的构图方法、绘画风格及各种各样的素材，并基于这些学习的结果，构建具有指定特征的图片。AIGC的关键技术主要包括关键词的理解、按关键词要求查找相似风格的图片、构图方法和构图知识学习、基于关键词的图片修饰等相关技术。从以上介绍的大致过程来看，AIGC的工作原理似乎并不那么神秘，关键是以上每个步骤涉及的技术都有水平高低之分。高水平的公司采用更好的技术，生成的作品肯定会带来更多惊喜，而技术水平一般的公司，其作品质量可能让人产生生搬硬套之感。

AIGC对人类画家带来的冲击很可能是颠覆性的，以前人们为争购一幅艺术作品而纷纷抬高价格，但当人人都是画家的时候，还有人愿意为艺术而付费吗？与人类画家相比，AIGC在以下方面具有较大的优势。

（1）AIGC通过图片库支持和开放式网络支持，供其创作的素材数量远超人类画家。

（2）AIGC通过机器学习可以掌握多种创作风格，不受创作风格的限制。

（3）AIGC的绘画技能不受限制，比人类画家拥有更强大的表达能力，可以说AIGC的创作只受想象力的限制。

（4）AIGC生成作品的数量和速度远超出人类画家的能力。

（5）AIGC可以不厌其烦地与创作者或用户进行交互，对作品不断进行完善。

（6）AIGC在写实方面比人类画家更精细，在写虚方面比人类画家更大胆。

当然，人类画家与AIGC相比，同样具有一些不可替代的优势。

（1）人类画家的作品内涵更加丰富，AIGC创作的作品通常只含有直观的二维平面信息，缺少深度。

（2）人类画家的作品通常是一种精神和意志的展现，作品的表现力更能打动人心，AIGC创作的作品要么是要素的堆砌，或者是画风的模仿。

（3）人类画家可以与用户进行深度交流，这比AIGC关键词的信息含量要丰富得多，因此与AIGC相比，人类画家更能精准地满足用户需求。

（4）AIGC的基本工作原理是基于对已有作品的学习和模仿，因此，在创新性方面，人类画家具有无可比拟的优势。

（5）人类画家通常都具有鲜明的个性，这些个性就像水印一样深深嵌入作品

人工智能能不能

中，并成为敲开人们心灵的钥匙。就像毕加索的抽象画一样，任何普通的画家都具备能力将其作品模仿得惟妙惟肖，但很难有人能达到毕加索的高度。

由此可见，AIGC 未来一定会具有越来越强大的创作能力，对人类画家也将构成严重威胁，但 AIGC 与人类画家并不是简单的替代关系，而更像是在艺术圈中突然冒出了一匹黑马，这匹黑马对有些人来说是一个极具竞争力的挑战者，对另一些人来说，也许是一个优秀的合作者。

那么，未来的人类画家和绘画创作会变成什么样呢？我们当然无法预测未来，但基于以上分析，也许可以进行简单的想象。

（1）AIGC 将成为未来画家的有力工具，未来的创作将更依赖于思想的创新，而不是绘画技巧的展现，绘画技巧在创作中的作用可能大幅度降低。

（2）部分不会使用 AIGC 的画家将被淘汰，拥有创新思想并乐于接受 AIGC 的画家将大放异彩。

（3）许多非绘画专业的思想活跃的年轻人将加入绘画创作，就像现在火爆的短视频创作一样，这些年轻人可能凭借 AIGC 的支持，创作出一鸣惊人的作品。

（4）未来的绘画创作极有可能变为团队创作活动，参与创作的角色除画家外，可能还有思想家、心理学家以及市场营销专家。

（5）绘画作为艺术品将消失，变成纯粹地满足用户需求的商品。

（6）绘画专业的教育将不再以临摹为基础，AIGC 工具的运用以及艺术鉴赏力的培养是未来教育的重点之一。

（7）不管未来的 AIGC 如何发展，AIGC 都无法超越人类，因为 AIGC 输入的只能是文字，而一幅伟大的艺术作品是用任何文字都无法描述的。

AIGC 的功能当然并不局限于绘画，还可以完成其他多种形式的艺术创作，这里仅以绘画为例，对 AIGC 与人类艺术家的创作进行分析与对比。

4.8.2　AI 与音乐创作

AIGC 作为一门技术，也可以创作音乐，只不过到目前为止，AIGC 在音乐创作领域还没有对音乐家构成明显的威胁。为此，我们暂不将 AIGC 和音乐创作捆绑在一起进行讲解。

◆ 158 ◆

从 AIGC 的基本工作原理来看，用 AIGC 来创作音乐其实并不是难事。中央音乐学院的音乐人工智能虚拟教研室已成立，其培养的首批音乐人工智能博士在 2022 年就已经毕业了。2019 年深圳交响乐团上演了全球首部 AI 交响变奏曲《我和我的祖国》，全球首个 AI 生成的古琴曲《烛》也在 2021 年完成首演。国际上，贝多芬管弦乐团 2021 年底在波恩演奏了 AI 谱写的贝多芬未完成之作《第十交响曲》，许多现场观众惊叹，不知道哪些是贝多芬写的，哪些是 AI 写的。另外，现在在网络上可以轻松搜索到各种各样的 AI 音乐创作平台，这些平台大部分都是小公司甚至个人爱好者开发的，通常可以免费使用。

大部分 AI 音乐创作平台都会提供自由创作和自动创作两种模式。自由创作模式通常适用于懂音乐创作的人。在这种模式下，创作者既可以对现有曲库进行修改，也可以直接谱曲。自动创作模式主要适用于不太懂音乐创作的人，在这种模式下，创作者只需要从曲库中选择自己需要的曲目，并选择自己需要的风格，平台即可自动渲染，形成可直接播放的音乐作品。

AI 音乐创作平台主要基于机器学习，利用大量的曲目数据对算法进行训练，使机器掌握大量的音乐风格和音乐片段素材，并按照创作者的需求或思路，对这些素材进行改编和重塑。

与 AIGC 给人类绘画带来巨大冲击不同的是，AI 对人类音乐创作的影响可能要小，因为人类对音乐作品的敏感性要更高。音乐作品要获得人类的认可，必须要能直击人类灵魂深处。

正因为音乐作品对人类的这种特殊作用机制，决定了任何一部好的音乐作品都必须具备自己独特的韵律和节奏特性，这种特性既不能是已有音乐的简单模仿，更不能是已有音乐的直接复制。

在现实音乐创作中 AI 的最大本事是学习和模仿，最大的不足是创新能力不足，而音乐创作最忌讳的就是重复和模仿，最需要的就是创新和灵感。因此，将 AI 应用于音乐创作，实际上就是以己之短攻其之长，或许作为配角能发挥一点辅助作用，但很难成为"攻城拔寨的主将"。

未来的音乐创作也许是这样的情形。

（1）能熟练掌握 AI 创作平台的年轻人是未来音乐创作的主要力量。

（2）不会使用 AI 创作平台的音乐家同样可以创作出好的音乐作品。

（3）团队创作是未来音乐创作的主要模式之一。

（4）AI 在捕捉灵感方面能激发人的创作，音乐家能生产更多的作品。

（5）AI 能支持音乐家创作出更加多样的音乐风格。

（6）AI 或许能生成少量不朽的音乐作品，但人类音乐家永远是音乐创作的主力军。

归根到底，音乐是直击人类灵魂深处的信息，音乐的创作过程自然也离不开人脑对这种深层次信息的把握。未来的 AI 或许能帮助人脑将这些信息穿插在一起，但要打磨出一把开启人类心扉的钥匙仍然是人类自己的事。

 ### 4.8.3　ChatGPT 与替代脑力劳动

2023 年春天，ChatGPT 大摇大摆地走进了我们的生活。春节的喜悦尚未褪去，ChatGPT 将替代脑力劳动的警钟便在耳边敲响，以前只听说低端劳动者的工作可能不保，现在似乎连办公室的白领精英们也要考虑何去何从了。

1. ChatGPT 的基本情况

在了解 ChatGPT 是什么之前，我们先来看看网上热搜的新闻标题。

- 马斯克说，ChatGPT 好得吓人，我们离危险的强大 AI 不远了。
- 微软市值一夜暴涨 4000 多亿美元。
- ChatGPT 竞品 Bard 答题翻车，谷歌市值一夜蒸发近 7000 亿。
- ChatGPT 让苹果急了。
- ChatGPT 遭美国多校封杀。
- ChatGPT 来势汹汹，第一批人即将下岗。

一些悲观的人甚至发出惊叹，"现在你还在跟人竞争，你的努力还是有价值的，在未来人要跟机器竞争了，那么再努力也没什么价值了。"

幸运的是，这个世界上还有很多乐观的人，在他们的眼里，ChatGPT 或许只是个新奇的玩具。我们一起来看看几个有趣的新闻。

男子用 ChatGPT 给女友写花式情书，被女友发现后罚写 800 字检讨，结果检讨也是用 ChatGPT 写的。

有人用 ChatGPT 去谷歌面试，结果竟然获得了谷歌 L3 级别的工程师岗位，年薪高达 18 万美元。

总之一句话，ChatGPT彻底火了！

ChatGPT是由美国人工智能实验室OpenAI开发的一个聊天软件，于2022年11月正式推出。ChatGPT中的Chat是聊天的意思，提供面向用户的界面，GPT是后端处理服务，是语言处理大模型。这个大模型的参数规模声称达到了1750亿，是利用45万亿字节文本数据进行训练得出的。

ChatGPT的主要功能包括对话、聊天、写诗、做题、写文章、写论文、编程等。与以前的聊天机器人相比，ChatGPT因极其出色的文本生成和对话交互能力，尤其是具有逻辑性很强的持续对话能力而在世界范围内迅速走红。从大量网友的使用结果来看，可以说，仅就聊天水平，AI确实从屡屡遭人嘲笑的"人工智障"困境中走了出来。

ChatGPT之所以取得成功，说明机器理解、机器思考和机器推理等技术取得了很大的进展，这使机器在处理文本时，可以像人一样更好地理解、思考和推理。

传统的机器理解、机器思考和机器推理等技术，大多是基于语法、句法、范式、规则等方式，这种方式的基本原理就是希望将诸如语法、句法、范式、规则等"规矩"提炼出来，并将其转换为计算机最擅长的加、减、乘、除等运算。这种处理方法的优点是易于将"规矩"转换成计算机语言或算法程序，但面临的困境是"规矩"太多、太灵活，以至于依靠人工力量很难将所有的"规矩"穷尽。而且，如果"规矩"定义得太严格，则有可能因难以匹配导致许多问题无法回答，如果"规矩"定义得太宽松，则又可能导致匹配错误，常常出现令人啼笑皆非的结果。

在机器理解、机器思考和机器推理等能力方面，机器学习与传统的基于"规矩"的技术方法相比，最大的优势是可以无视语法、句法等"规矩"，直接从丰富的语料库、对话库中查找相似的问题和对应的答案，只要问题能基本匹配上，那么答案自然就有了。如果问题不能匹配上，则很可能是问题太复杂了，这时需要将问题先分解为子问题，然后寻找与子问题基本匹配的问题，最后将各自问题的答案按照逻辑组织起来。

在了解ChatGPT的基本工作原理之后，我们便可以知道ChatGPT的能力主要来源于对开放网络文本信息库中已有文本信息的加工处理，这种加工方式主要包括文本信息的选择、文本信息的组合，并按问题逻辑对文本信息进行组装。换句话说，机器学习就是先埋头学习，然后根据所习得的经验东拼西凑。

利用以上对ChatGPT的初步了解，我们分析一下ChatGPT是如何模仿人类回答问题的。

如果问题是"比亚迪能否打败特斯拉？"，则按照机器理解的现有能力，针对这个问题，机器可以很容易提取出三个关键词，比亚迪、特斯拉、能否打败，其中能否打败又是三个词中最关键的。机器从文本库中查找"比亚迪能否打败特斯拉"的相关文章，如果有现成文章，则直接给出答案。如果没有，则从文本库中查找"比亚迪战胜特斯拉"和"特斯拉击败比亚迪"等相似文章，如果前者数量占优，则给出"比亚迪将战胜特斯拉"的答案，否则给出"特斯拉将击败比亚迪"的答案。如果两方面的文章都有，则按照"特斯拉既有优势也有劣势；比亚迪既有优势也有劣势;难以给出定论"的公式重新组织素材即可。至于以上的公式，也可能是设计程序时已设定好的,也有可能来自对其他类似文章的学习。很显然，不管 ChatGPT 给出以上哪种答案，其素材主要来源于已有的文章，都有一定的逻辑性、语法严谨性、常识性、以至于使人们不再关心答案的对错。

事实上，随着使用 ChatGPT 的人越来越多，许多网友纷纷发现，ChatGPT 的许多回答来自知乎等问答平台，或百度能查到的相似网页。

读到这里，ChatGPT 的神秘感是不是已降低了一半？

不过，ChatGPT 的技术细节目前并没有公开，只知道利用了大语言模型（LLM），其基本原理是生成式预训练方法，媒体或文献中所做的介绍大多数都是猜测，并不能代表 OpenAI 的真实技术。

实事求是地说，与以前的所有聊天平台相比，ChatGPT 确实是实实在在地迈上了新台阶，已从纯粹的试验性工具、宣传性工具或娱乐性工具转变为一个具有真正实用价值的工具。从这个方面来说，ChatGPT 确实是 AI 领域的一个了不起的成果。

下面我们从一位网友与 ChatGPT 的对中，话来看看它有多聪明。

问1：如果刘国梁没有退役，则中国男足能进世界杯吗？
答1：很难说，中国男足能否进世界杯，取决于很多因素。但可以说，刘国梁是一位优秀的足球运动员。
问2：你说错了，刘国梁是乒乓球运动员。
答2：对不起，我错了，他退役不会对中国男足造成影响。
问3：如果刘国梁没有退役，则中国男足能进世界杯吗？
答3：刘国梁是乒乓球运动员，他的退役不会对中国男足造成影响。

从上面这段对话中，可以发现，ChatGPT 也是会犯错误的。同时，我们还可以看到，ChatGPT还可以实时学习，从对话中吸收新的信息，并把犯的错误改过来，这表明ChatGPT在对话过程中还考虑到整个对话的逻辑性，这一点与传统聊天程序相比是一大进步。令人极具好感的是，ChatGPT认错的态度既快又好，不像普通人那样扭扭捏捏。

🛜 2. ChatGPT 的实用性分析

了解ChatGPT的基本工作原理后，我们可以简单分析一下未来ChatGPT的实用性，大致可以总结为以下几个方面。

（1）问答功能

这是ChatGPT目前的主打功能，其水平确实达到了让人惊叹的程度。未来该功能还将进一步完善，ChatGPT不但能应对简单的问题，还能对付复杂的问题。但在应对网友的刁钻提问时，ChatGPT可能会闹出笑话，因为这些问题以前压根儿就没有出现过，ChatGPT当然无法通过学习获得正确的答案。

（2）搜索功能

ChatGPT目前还未直接提供该功能，但微软已将ChatGPT与搜索引擎必应（bing）连接，并宣称要对谷歌搜索发起挑战。未来的搜索引擎一方面将为用户提供更加精准的搜索结果，另一方面还可以接受更加复杂的搜索条件。

（3）聊天功能

ChatGPT的聊天功能支持与网友聊天，这个功能的主要作用是通过会话的方式，为用户提供更好的信息服务。例如，若用户想了解Word软件有什么用，则可问Word软件是什么，接着会问如何用、多少钱、哪里买、能不能嵌入图片和表格，所有这一连串问题问下来以后，基本上就把Word软件搞清楚了。从这个例子中也可以看到，未来ChatGPT可能还具有强大的教育功能，通过对话的方式用户可以学到很多新的知识。

（4）文献综述功能

ChatGPT可以根据用户的需求搜索相关的文献资料，并对文献资料的要点进行整编处理，最终提供完整的综述报告。ChatGPT甚至还可以就某个专题提供正反两方面的信息，并提供信息的来源。

（5）摘要提取功能

输入文章后，ChatGPT可以自动提取出该文章的要点，并形成摘要信息。

（6）情报分析功能

ChatGPT可以就某个主题搜集网上相关信息，并按照用户的要求生成情报分析报告，如市场分析报告、经济形势分析报告、财经报告等。

（7）写作功能

ChatGPT 可以根据用户的需求自动生成各种风格的诗、故事、小说、读后感、学习心得、作文、论文和文章。现在的版本已具有写作功能，未来版本的写作能力还可能进一步提升。

（8）解题功能

（9）文字校对和润色功能

ChatGPT 的文字校对和润色功能基本上可以达到替代人的能力，甚至在速度和准确性方面远远超出人的水平。

（10）翻译功能

（11）法律咨询功能

对于简单的案子，ChatGPT 可提供法律分析服务，对于复杂的案子，ChatGPT 可提供相似案例供用户参考。

（12）心理咨询与辅导功能

基于会话功能，ChatGPT 可为患者提供心理咨询和疏导服务。由于机器具有耐心，再加上机器可以随时随地提供服务，人对机器可以敞开心扉，ChatGPT 或许会在某些方面比人类咨询师提供更高的服务质量。

（13）医疗问诊功能

ChatGPT 通过会话方式为患者提供医疗问诊服务，对于常见疾病，ChatGPT 甚至可以开出药方。未来也许还可以根据需要指导患者去做医疗检查，并基于检查结果对患者病情进行诊断治疗。对于疑难杂症，ChatGPT 还可以为患者推荐或预约医生。

（14）旅游咨询功能

通过会话方式，ChatGPT 为游客提供旅游咨询服务，包括景点介绍、景点推荐、游玩规划等。

（15）订票功能

ChatGPT 可代替人工提供各种订票、改票、退票等功能。

（16）订餐功能

ChatGPT 可代替人工提供各种订餐功能，包括订位、点菜、更改预订信息等。

（17）订房功能

ChatGPT 可代替人工提供各种订房功能，包括预订、更改、退订等。

（18）客服功能

ChatGPT可代替人工客服提供各种咨询服务。

3. ChatGPT的硬伤

对ChatGPT的畅想是美好的，但要达到以上描述的各种功能，还有很多现实的问题需要解决。

（1）版权问题

搜索引擎之所以不存在版权问题，是因为搜索的结果仅展现一个标题和链接，用户需要看详细信息，必须进入所链接的页面，这为信息提供者增加了被访问的机会，不但不存在侵权的行为，还受到信息提供者的欢迎，甚至还要花钱买排位。ChatGPT就不一样了，很多问题的答案中包含大量已有信息，甚至被网友戏谑为"天下文章一大抄，就看会抄不会抄"。由于这些信息展现给用户时并没有注明出处，这显然有侵犯版权的嫌疑。更为困难的是，这个问题很难有可行的解决方案。如果答案是一篇完整的文章还比较好办，则ChatGPT可以注明其出处，但如果答案是多来源信息的整合，则很难将信息来源一一注明。如果不利用已有信息，所有答案都是由ChatGPT自主生成，则版权问题也许就解决了，但新的问题又冒出来了，既然针对某个问题网上已有现成答案，ChatGPT为什么不直接应用而非要自动生成呢？通常来说，网上的很多现成答案多来自人类作者，而且往往是问题的最优回答。如果ChatGPT弃而不用，坚持使用自己生成的答案，则用户就可能因为ChatGPT不能提供最佳回答而对其失去信任。

（2）信息屏蔽

ChatGPT的主要能力源于对已有信息的学习，学习的内容越多，其能力自然越强，所以供ChatGPT训练的样本非常重要。随着各大厂商纷纷竞争，未来有关信息资源的争夺会愈演愈烈，最终有可能出现信息屏蔽问题，即多个信息生态，你不允许用我的信息，我也不用你的信息。信息屏蔽的局面一旦形成，各大厂商产品的能力必然下降，用户的满意度跟着也会下降，从而会陷入恶性循环。

（3）信息密度低

从最近网友们的提问和回答来看，大家都有一个共同的感觉，就是ChatGPT的回答中套话官话多，十分圆滑，说得似乎都在理，但又感觉啥都没说，这就是信息密度低造成的。之所以出现这个问题，一是因为ChatGPT希望尽量不说错话，有争议的观点尽量避免，二是ChatGPT本身很难生成自己的观点，这一点在后面我们还要论述。

（4）对错问题

我们知道 ChatGPT 的能力源于学习。如果学习的材料都由人工审核，则可学习的材料就非常有限，难以支撑其回答大量的问题。如果学习的材料不进行审核，全部从网上获取，则供其学习的材料良莠不齐。机器可以对信息出现的概率进行统计，但很难对信息内容的对错进行辨别，这时又如何保证机器只学习对的信息呢？如果将来出现竞争，有些公司故意向机器展示一些错误的信息，则结果又会如何呢？

（5）真伪问题

搜索引擎同样可能搜索到虚假信息，但可以查找到信息的提供者，搜索引擎公司可以不负责任。如果 ChatGPT 无法提供信息的来源，则提供虚假信息的后果只能由 ChatGPT 负责。由于 ChatGPT 是基于生成式模型产生结果，谁也说不清楚是如何得到结果的，因此，一旦虚假信息引发严重后果，该如何追究责任？另外，难以辨别信息的真伪，可能会导致不良信息的传播。

4. ChatGPT 的"软伤"

除了以上问题，在较长的时间内，ChatGPT 可能还存在一些不得不面对的"软伤问题"。这些"软伤问题"或许会随着技术的进步慢慢解决。

（1）知识限制

ChatGPT 所依托的大语言处理模型是需要不断训练的，只有训练好以后才能有效地回答问题，这说明 ChatGPT 的知识范围是受限的，未来需要及时更新。

（2）数据偏见

ChatGPT 回答问题的质量高度依赖于训练数据和训练数据的分布概率，但训练数据很可能是存在偏见的，这种偏见仅依靠技术也许很难解决。

（3）理解缺陷

自然语言虽然有语法可循，但文本的结构实在过于复杂，ChatGPT 也许能很好地理解大多数文本，但总有一些文本由于比较少见且结构复杂，ChatGPT 并不能很好地理解。这虽然不影响其主要功能，但仍可能引起部分用户的不信任。

（4）推理局限

有些复杂问题需要极其复杂的逻辑推理才能完成，这些逻辑或许还需要依托十分专业的知识。例如，在数学证明、医学诊断中，许多问题的解答都需要一套严密的逻辑和大量专业知识的积累。ChatGPT 能否很好地应对复杂逻辑推理问题还不得而知。

📶 5. ChatGPT 的技不如人

虽然 ChatGPT 有非常强大的功能，未来前景也十分广阔，但受艾克架构的局限性及其基本工作原理的限制，ChatGPT 并不会像有些人鼓吹的那么神奇，至少在以下几个方面就难以达到人类的水平。

（1）不可能有自己的态度

首先机器不能有自己的态度，尤其是有关敏感的政治、军事、外交、经济问题及涉及具体的组织和个人的事情。这一点，现在的 ChatGPT 似乎做得很好，在回答网友故意设置的许多涉政、涉黄等问题时，它都会一本正经地回答，"我是机器人，我不能有自己的立场"。其次机器无法产生自己特有的态度，因为态度来自个人的价值观和利益，而机器是没有自己的价值观和利益的。

反观人类作者，文章源于自己的态度，也是自己价值观和利益的一种表述。

（2）难以生成有价值的观点

态度和观点是辩证的关系。我们一方面需要寻找观点来明确自己的态度，另一方面我们也需要根据自己的态度去寻找观点。人类的观点主要来自个人的阅历、知识积累、利益和立场等因素，正是这些因素的不同，导致了人类有不同的观点。机器是没有自己的阅历、利益和立场的，因此，对于许多涉及态度立场的问题，机器很难形成自己的观点。机器可以表达的观点来自于样本学习，只不过是已有观点的重复或综合，无法独立地提出新的观点。

（3）难以生成打动人心的作品

ChatGPT 可以写诗、编故事、写小说，甚至编剧本，而且速度极快，比人类作者的创作速度快得多，但 ChatGPT 作的诗又有几篇被大家记得呢？文学创作是人类智慧的果实，好的文学作品受人类历史、文明、文化、精神、年代、个人情感影响，是作者对脑海中的信息汁进行综合的结果，这种复杂的信息处理过程是现有的任何语言处理模型都无法模拟的。ChatGPT 的创作是按照即定的规则进行文字素材的整编，虽然确实可以创作出新的作品，但作品的内容以及作品所承载的思想是否能打动人呢？

（4）无法进行情感互动

人与人之间的聊天，除交互信息外，还包括大量的情感互动，如分享喜悦、分担痛苦、博取同情、赢得尊敬、表达骄傲等，这些情感互动是机器无法替代的。

🛜 6. 程序员真的会失业吗

ChatGPT 发布后不久，许多网友纷纷发现，ChatGPT 不但能聊天，还能编写代码，有人用 ChatGPT 编写了图像数据压缩程序，有人用 ChatGPT 编写了刷题程序。没过多久，"大量程序员将面临下岗"的帖子铺天盖地而来。那么，程序员未来真的会失业吗？

那些认为不再需要程序员的人的逻辑是这样的：程序员的工作是将自然语言转换为机器语言，既然 ChatGPT 具有很好的自然语言理解能力，那么 ChatGPT 当然也具有将自然语言转换为机器语言的能力，何必还需要程序员呢？从表面逻辑来看，这些人的观点似乎是站得住的。但如果认真分析，我们会发现，这些观点要成立必须满足一个基本前提，那就是 ChatGPT 对自然语言的理解能力要达到人类的水平，否则，用 ChatGPT 替代程序员就无从谈起。问题是 ChatGPT 的理解能力达到人类的水平了吗？ChatGPT 的理解能力能达到人类的水平吗？

其实真正编过程序的人都知道，将自然语言转换为机器语言并不是程序员的全部工作，程序员的工作还包括把用户或产品经理的需求也编进程序中。之所以这样说，是因为再详尽的自然语言也只是用户需求的一小部分，大量的需求隐藏在用户和程序员的交互之中。一个真正好用的软件产品在完成之前，其实并没有人知道它是什么样子的，更不可能用自然语言将其完整地描述出来。软件的开发过程是人与人交流、人与机器交流的复杂过程，是交流与达成共识的过程，也是反复迭代的过程。

如果说 ChatGPT 的出现对程序员一点影响都没有，那显然是不客观的。未来最大的可能是程序员利用 ChatGPT 提高了编程的效率，但 ChatGPT 无法替代所有的程序员。

🛜 7. 教师会被替代吗

早在唐代，韩愈就曾说过，"师者，所以传道授业解惑也"。由此可见，教师的作用自古至今都没有变过。

问题是如今 ChatGPT 来了。论传道，ChatGPT 可以语重心长；论授业，ChatGPT 可以学富五车；论解惑，ChatGPT 可以旁征博引。总之，ChatGPT 对人类教师仿佛形成了威胁。

那么，ChatGPT 会影响教师这个职业吗？教师在未来应该不会失业，原因有以下三点。

（1）老师需监督学生学习

在上课时，老师对课堂纪律的影响很大，能督促学生学习，这是 ChatGPT 难以胜任的。

（2）教师会因材施教

教师在上课时，会观察学生的反应，并根据学生的情况采取不同的方法。这种教育实际上是一种双向的互动。优秀的教师有很大一部分取决于与学生的良性互动，以及是否可以做到因材施教。

（3）教师会营造学习氛围

所谓近朱者赤，近墨者黑，环境对人的巨大影响是毋庸置疑的。一个优秀的教师既可以为学生营造一个轻松的学习氛围，也可以调节学生之间可能产生的紧张关系。这不仅可以提高学生的学习兴趣，也可在一定程度上缓解学生的学习压力。

8. 未来还会有作家吗

我们先来看看人类创作和机器创作的主要差别。第一，机器创作时需要输入主题或相关的约束条件，而人类大部分情况下是有感而发的。第二，机器按照既定规则进行创作，而人类基本不按规则进行创作的，很多作家，更是要突破现有的规则进行创作。第三，机器在创作过程中，按照定量原则对作品进行自评，人类创作基于共情原则对作品进行自评。

人类与机器创作流程的对比如图 4.19 所示，可以发现，无论是输入的信息，还是信息的处理过程，人类和机器的创作流程都存在较大差异。

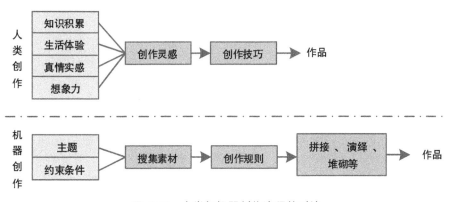

图 4.19　人类与机器创作流程的对比

可能有人会说，如果采用机器学习的方法，则生活体验、真情实感和想象力等都可以包含在训练样本中，只要机器学习这些样本，机器同样可以创作出类似名家的作品。

问题是，模仿出来的作品又有多大的价值呢？更何况，还有许多连模仿的样本都没有的主题又该如何处理呢？

📶 9. ChatGPT 的未来

在对 ChatGPT 进行充分了解后，我们可以得出结论，不管未来如何演进，ChatGPT 终究只是人类的工具。虽然其展现的功能眼花缭乱，令人目不暇接，未来还会有各种各样的演化，但 ChatGPT 最基本的功能就是两个，即回答问题和写文章。

与人类相比，ChatGPT 知识面更广，响应速度更快，精力与耐性更强。因此，ChatGPT 在回答问题方面，能回答的问题更多，答案更加周全，回答速度更快，写文章时能以更快的速度创作一篇质量还不错的初稿，或许还能写出一些有新意的文章，但在观点创新、技术创新、方法创新、价值创新等方面还达不到人类的水平。

有了 ChatGPT 的加持，就好比人人都配了一个学问大师和一个贴身秘书，有问题时可随时请教大师，要写文章时可先让秘书代劳，不过大师和秘书有时候也不一定能让我们满意。

由此可见，ChatGPT 对人类未来的影响，有点类似高铁，确实淘汰了一批长途大巴，给航空公司也带来一定冲击，但我们体验到的，也仅是出行速度更快了，可去的地方更多了而已。

📶 10. 小结

ChatGPT 可以说是 AI 领域继阿尔法狗之后的又一次"火山爆发"，其表现出来的超强能力也的确令人刮目相看。与看待其他事物一样，我们更应该努力看清楚 ChatGPT 背后的实质，否则，等潮水退去时，我们会发现自己迷失了方向。

ChatGPT 的能力源于其对人类自然语言的理解力，但我们应该知道，工作中需要的是我们的判断能力，而不仅是理解能力，更不是超强的记忆能力。ChatGPT 的特长是给出答案，而不是针对问题进行决策，因此，它最终可能成为我们的有力工具或优秀助手，但并不能轻易替代我们的工作。

4.9 揭开AI的神秘面纱

至今为止，AI给大众带来的最具震撼力的成就大概是三个智能化产品，第一个是围棋机器人，第二个是聊天机器人，第三个是自动驾驶汽车。其中，围棋机器人确实突破了绝大多数人对机器智能的认知，在阿尔法狗战胜李世石后，很多人还是不以为然，觉得柯洁定能战胜阿尔法狗，以证明在围棋领域，人还是比机器强大得多。聊天机器人让许多普通人真真切切地感受到机器智能的存在，尤其是最近大火的ChatGPT，既能回答问题，又能写诗，甚至还可以写论文、做作业、参加考试，其回答问题的水平，甚至让人无法分辨对方是机器还是人。自动驾驶汽车涉及很多人的利益，不断有新产品在不同场景中进行展示，自然被大众广为关注。

以上三个具有标志性意义的智能化产品的成功，为近年来AI技术的火爆和快速发展起到了推波助澜的作用，但冷静看待这三个产品所依赖的关键技术，除强大的计算能力外，基本上都可以归结为神经网络的功劳，当然还有在此基础上拓展的深度学习或机器学习。除此之外，似乎并没有其他惊天动地的技术突破。所以，我们在惊叹AI强大的同时，并没有必要感叹其中的神奇。

人工智能、机器学习、深度学习和神经网络之间的关系如图4.20所示。

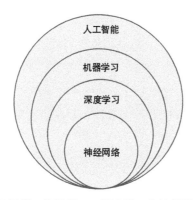

图4.20 人工智能、机器学习、深度学习和神经网络之间的关系

4.9.1 神经网络并不神秘

神经网络本质上是一个分类器或识别器，即用一个确定的函数，将所有的输入进行正确地分类或识别。设 A 是输入集合，$A=\{a_i\}$，B 是输出集合，$B=\{b_i\}$，假如 a_i 和 b_i 是一一对应关系，那么现在就是要找一个函数 f，对所有的 i，都能满足 $b_i=f(a_i)$。

要做到这一点可能并不难，但由于 a_i 是带有噪声的，也就是说，函数 f 的输入并不一定就是 a_i，而是 a_i 加噪声，我们要找到的函数 f 必须具有适应一定程度噪声的能力，这就给我们找到函数 f 带来了一定的困难。

神经网络技术的作用就是告诉我们如何去构造这样的函数。其基本方法就是依据特定规则，先构造一个函数框架，然后用收集到的 $\{a_i, b_i\}$ 的集合，来修正函数中的大量参数，使该函数尽可能地满足所有 a_i 和 b_i 之间的对应关系。

这样的问题在传统的数学领域或统计学领域早有研究，如函数逼近、线性回归、二次回归等，其实，神经网络方法本质上还是一种统计方法，甚至说是一种数据拟合方法也不为过。不过，神经网络的函数框架与传统统计方法相比有了很大的变化，过去主要采用一次或二次函数，现在采用模仿人脑神经网络的复杂数学模型。由于神经网络技术在函数框架的设计上有较大的创新，尤其是借鉴了人脑神经细胞的特点和神经细胞之间的交互作用，所以将这种模拟方法独立命名，并形成了一种专门的技术。

神经网络之所以神秘，部分原因是神经网络在图像和语音识别中取得了巨大成功，在许多方面甚至远远超过人脑的水平。例如，除了专业的植物学家，很少有人能识别出各种各样的花卉，但识图软件却可以轻易识别出各种科属的花卉，而且识别正确率非常高。

神经网络的另一个神奇之处在于，神经网络完全摒弃了传统的模板匹配方法，用于训练神经网络的样本数据并不需要作为模板保存起来，这些样本数据将通过训练转化为神经网络中的模型参数信息。这样一来，只要训练完成了，信息处理的模型就建立起来了，后续的分类和识别任务就变成了纯粹的计算，并不需要巨大的模板库支持。

从本质上来说，神经网络与传统的统计方法的差别并不大，但基于神经网络构造的数学模型极其复杂，其包含的参数个数十分惊人，仅参数信息的存储量就可达 TB 级规模。因此，可以用神经网络模型进行声音和图像的精准识别也就不足为奇了。

目前，神经网络技术发展较快，科学家们已提出了多种有效的神经网络模型，这些处理模型虽然有一定差异，但其本质特征没有变，因此，通常将这类处理模型统称为生成式模型，而与之对应的基于传统统计学的处理模型被统称为判断式模型。二者之间的主要差别在于生成式模型以训练库为基础，判断式模型以模板库为基础。图4.21对这两种处理模型的基本原理进行了对比。从图中可以看出，生成式模型只要有输入，就有输出，与训练库无关。判断式模型与模板库强相关，若没有模板库的支持，即便有输入，也不会输出识别结果。

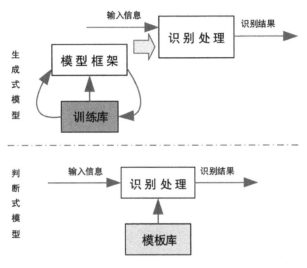

图 4.21　生成式模型与判断式模型的对比

4.9.2　下棋机器不会妙算

以前研究下围棋的软件基本上都采用搜索方法。当决定下一步棋该怎么下的时候，会先给出规则允许的多种方案，然后对每一种方案进行评估，最后选择其中最优的方案。由于围棋的最终胜负并不是由某一步棋决定的，而是与一系列落子行为有关，因此，当选择当前的落子时，还需要同时考虑对方未来2步、3步甚至更多步的应对，所以每一步落子实际上就是一个最优搜索问题。采用搜索方法下棋的软件，最大的困难是如何对棋势进行评判，只有找到有效的评判准则，才可能找到最优的落子点。实践证明，采用搜索方法的围棋软件在人类棋手面前失败了。

阿尔法狗显然采用了神经网络技术。在决定下一步棋怎么走的时候，机器并不需要评估不同的下法所对应的棋势，而是在已有的棋谱中找出与当前棋局类似的棋谱，一旦找到，就按照该棋谱落子。很显然，这种方法能否成功，主要取决于搜集的棋谱是否足够多。如果机器落子时所遇到的所有棋局在棋谱中都能找到，则机器赢棋就是板上钉钉的事了。可惜的是，围棋可能出现的棋局实在太多了，不可能全部罗列出来，于是，神经网络强大的容错能力就有了用武之地。

阿尔法狗使用的方法大致是这样的：首先，根据围棋的特点构建特定的神经网络，其次，用大量的棋谱训练该网络，然后对网络进行测试，直至最后找到最佳的网络。后续将当前的棋局输入网络，并按网络的指引下棋即可。当然，阿尔法狗在实践的时候，还会遇到很多复杂的细节要处理，因为下棋过程中总会有一些情况是神经网络难以处理的，这时或许要用到其他的技术策略。

为进一步揭开阿尔法狗的神秘面纱，下面我们简要介绍一下阿尔法狗算法，该算法以封面论文的形式发表在 2016 年 1 月的《自然》期刊上。论文中介绍，阿尔法狗算法使用了两种深度学习神经网络，即策略网络和价值网络。围棋的搜索空间可由广度和深度来表示。搜索广度是指当前棋局，下一步落子的范围，而搜索深度是指未来的步数。由于不可能穷举搜索空间，围棋程序本质上都在追求缩小搜索空间的广度和深度。阿尔法狗的策略网络负责减少搜索的广度——针对当前棋局，判断下一步该在哪儿落子，判断结果表述为落在不同位置的概率。阿尔法狗的价值网络负责减少搜索的深度——对每一个棋局，判断赢棋的概率，并根据未来棋局的赢棋概率，决定是否需要继续搜索下去。阿尔法狗采用蒙特卡洛树搜索算法，并综合使用策略网络和价值网络。以上就是阿尔法狗算法的基本原理，可以看出，策略网络类似于战术大脑，负责短程思考，学习高水平棋手的一些基本功，用相对"局域和短期"的视角来决定下一步落子的大概位置。价值网络类似于战略大脑，负责长程思考，学习如何判断未来各种棋局的赢棋概率，并快速思考各种落子选择会遇到何种局面。

阿尔法狗的基本原理如图 4.22 所示。

机器之所以会下围棋，主要在于围棋有三个显著的特点，一是围棋的规则很清晰，二是每一步可能的落子选择数量有限，三是下棋的结果很容易评价。因此，从理论来说，只要具备足够的计算能力，机器战胜人类是必然的事情。阿尔法狗的厉害之处在于不需要动用巨大的计算资源，就可以战胜人类，其中的奥秘是开发团队找到了一种大幅减少计算量的方法。

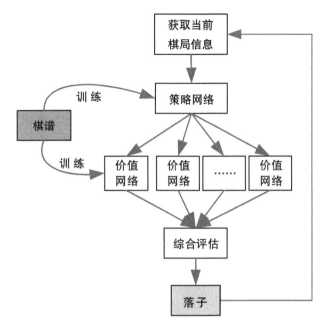

图4.22　阿尔法狗的基本原理

 ### 4.9.3　智能客服真不懂你

智能客服的基本规则就是一问一答，即用户先提出问题，然后客服做出回答。现在很多公司都采用智能客服回答用户的问题，智能客服服务的对象越来越多，有些好奇的用户便尝试恶作剧似的进行挑战，想看看智能客服到底够不够智能，结果是智能客服可以做到毫无破绽。

其实，要针对某个特定领域，设计一款智能客服软件并不难，其基本原理就是将用户所有可能问到的问题及对应的答案都准备好并存储起来，在机器识别出用户的问题后，根据问题和答案之间的对应关系，将答案展示给用户。其中比较困难的是，同样的问题，不同用户在询问时采用的表达方式差异很大。例如，用户想在宾馆预订一间房，提出的问题有很多种说法：

- 你们明天有房间吗？
- 你们明天有空房吗？
- 我想明天订一个房间。
- 我想订一个明天的房间，有吗？

- 我想订一个房间，明天的。
- 要一个明天的标间，有吗？
- 有没有明天的标间？
- 一个标间，明天的，有吗？
- 还有房间吗？明天的。

显然，以上这些说法，问的都是同样的问题，智能客服只需准确地识别出这个问题，并告诉客户明天是否有房间。

要让机器像人一样，按照语法去理解上面的问题，需要采用神经网络，其基本原理是尽可能多地收集用户订房的各种问题，并将这些问题作为训练样本，对神经网络进行训练。训练完成后，如果用户的问题与训练后的结果完全一致，则可直接进行回答。如果基本一致，也可直接进行回答。如果不是以上两种情况，则基本可以肯定用户问的是别的问题。而如何界定"基本一致"，则交给神经网络的容错能力来解决。

由此可见，采用神经网络实现的智能客服，其实并没有想象得那么神奇，其基本原理不过先尽量把用户可能提出的问题穷尽，并给出相应的答案，然后将问题和答案作为训练样本，对神经网络进行训练，建立起问题和答案之间的对应关系。如果用户问的问题无法识别，则机器可以提示用户以某种方式重新表达。

当然，神经网络并不是实现智能客服的唯一方法，还可以采用自然语言理解、模糊匹配等技术，或者综合采用多种技术来解决问题。

4.9.4 自动驾驶主要靠"算"

虽然自动驾驶汽车是大众最为期盼的智能产品之一，但它可能并不是最聪明的智能产品，因为制造自动驾驶汽车的核心技术主要有三种：第一种是高精度感知传感器技术，第二种是传感器数据的快速处理技术，第三种是精确控制技术。而更高层次的机器智能技术，如机器思考、机器推理等技术并不是实现自动驾驶所必需的。

高精度感知传感器技术主要用于获取汽车周边的场景信息，这些信息包括道路信息、汽车周围的障碍物信息、汽车的运行状态信息等。目前，自动驾驶汽车普遍采用的传感器包括激光雷达、毫米波雷达、超声波雷达、摄像头、红外传感器等，这些设备的性能也在不断提升。

传感器数据的快速处理技术主要用于为汽车不断提供正确的控制指令，包括加速、减速、刹车、控制方向盘等操作。对于一辆汽车来说，要正常行驶，需要两个条件：一是前方有可以行驶的道路，二是汽车的周围有足够的安全空间。对于第一个条件，只要汽车的定位精度足够高、道路信息足够丰富，即可做出判断。对于第二个条件，汽车需要根据周围的空间信息及其动态变化情况，通过不断移动，将车辆控制在安全空间内。而要实现这一点，只需对传感器获取的数据按照一定的算法进行计算，在获取车辆与前方车辆以及周围其他障碍物之间的距离后，根据车辆的运行速度和刹车距离的要求，判断车辆是适合匀速行驶，还是需要加速、减速、变向或刹车。总之，自动驾驶汽车的基本原理就是利用传感器感知汽车所处的场景，并根据汽车对安全行驶的空间要求，按照一定的算法对传感器数据进行计算，最后将计算结果转换为控制指令，将车辆控制在一个安全的道路空间内。

精确控制技术是目前比较成熟的技术。因此，自动驾驶汽车实现的关键是靠"算"。

4.9.5 机器学习离不开人

机器学习并不是指机器可以像人一样会自己学习，或通过学习掌握新的技能。下围棋的机器学不会下国际象棋，做饭机器也学不会扫地，更不可能将自动驾驶汽车训练成看护病人的机器人。

机器学习是指可以通过类似人脑学习的方法，使机器具有某种人脑智能。简单来说，机器学习只是一种技术方法，设计机器的研发人员可以利用这种方法，运用大量的训练数据对模型进行优化，通过建立精准的信息处理模型，使机器具备某种像人脑处理信息一样的智能。机器学习的方法其实很多，神经网络只是机器学习技术中应用最广的一种，也是目前效果最好的方法之一。不管是哪种方法，机器学习的本质都是通过训练的方法，掌握输入信息和输出信息之间的对应关系。

由此可见，机器学习离不开人。一是机器学习离不开模型框架，而模型框架是需要掌握专业知识的人来选择的；二是机器学习离不开数据，训练数据的设计和选取对机器学习的效果至关重要，训练数据的设计和选取离不开掌握专业知识的人；三是机器学习通常也离不开监督（也有非监督学习，但应用范围很有限），而人的监督最为有效；四是机器学习的结果只是建立有效的信息处理模型，而要将这个模型转化为机器可执行的软件代码，形成真正的机器功能，仍然需要编程人员的深度参与。

试想一下，如果机器具备学习能力，并且机器学习可以离开人，那又如何保证机器只学好而不学坏呢？

 ## 4.10 真正的AI

自从 AI 这一概念被提出来以后，经过全世界众多科学家几十年的不断探索，AI 技术取得了惊人的进步。尤其是最近几年，随着计算能力的大幅提升，以及互联网应用产生的数据量大幅增长，AI 技术的突破和应用更是如雨后春笋般层出不穷。

有点耐人寻味的是，AI 技术的发展，似乎有点像命运坎坷的人一样经历多次大起大落，也经历了高潮和低谷。其实，一种技术的发展，按常理来说应该是稳步提升的，或者阶跃式发展。AI 技术发展历程中的这种跌宕起伏，最根本的一点原因是人们无法对 AI 进行准确定义，导致吸引各路逐利者，把严谨的科学概念炒作成吸引眼球的噱头，导致整个学术界很多人难以静下心来，好好研究到底什么是 AI。在 AI 是什么都搞不清楚的情况下，就盲目开展 AI 的研究和宣传，那么 AI 技术发展的起起落落也就没有什么好奇怪了。

4.10.1 AI 有丰富内涵

AI 是一种人工赋予智能的技术，这在业界是获得广泛认可的。但就目前学术界和企业界对 AI 的研究来看，当前的 AI 技术还远远没有覆盖 AI 所应包含的丰富内涵，因为赋能的对象可以是机器，当然也可以是植物或动物。如果 AI 赋能的对象是机器，则 AI 就是给机器赋予智能的技术，应该明确限定为人工机器智能（Artificial Machine Intelligence，AMI），这也是当前智能领域正在大力研究和发展的技术。如果 AI 赋能的对象是动物，则 AI 就是使动物具备增强智能的技术，即可以使动物能模仿人脑部分能力的技术，这时 AI 就是人工动物智能（Artificial Animal Intelligence，AAI）。例如，使羊群、牛群具有时间的概念，知道在天黑之前自己回家；使海豚具备侦察潜艇的能力；使马群具备自动运输能力；使宠物具备与人类更好的互动能力；使猴子具备做家务的能力。这样一来，驯兽技术、繁殖技术、培育技术、基因技术、动物控制技术等都可以归为人工动物智能。如果 AI 赋能的对象是植物，则 AI 就是使植物具备增强智能的技术，可以使植物模仿人脑的部分能力，这时 AI 就是人工植物智能（Artificial Botany Intelligence，ABI）。例如，可使植物具备学习能力适应不同的环境；使花卉按照不同的需求，通过调节培育措施，开出不同颜色的花朵；使果树按照不同的需求长出不同味道的果实等。这样一来，培植技术、育种技术、生物技术等就可以归为人工植物智能。

除上面列举的人工机器智能、人工动物智能、人工植物智能外，AI 还有进一步拓展的空间，如人工机器智能与人工动物智能相结合、人工机器智能与人工植物智能相结合、人工机器智能与人类相结合。由此可见，AI 包含的内涵是极其丰富的。这也从另一方面说明科学界为何难以给 AI 下准确的定义。

就目前 AI 所研究的范围来看，AI 还依然停留在人工机器智能的阶段，即主要还是研究如何为机器赋能，使机器具有与人类大脑一样的思维能力，而人工动物智能和人工植物智能还没有深入研究。就 AI 目前所取得的成果来看，即便在人工机器智能领域，还有大量的技术没有取得突破。

正是因为 AI 丰富的内涵，科学界难以对其形成共识，企业界难以对其聚焦发力，社会对其期望与担忧并存，导致 AI 技术发展的路径蜿蜒曲折。因此，提出人工机器智能的概念，梳理人工机器智能的任务目标和技术清单，可使当前研究智能技术的科学界和企业界将目标统一到清晰明确的具体理论和技术上来，将有助于加快智能科学和技术的研究步伐，有利于稳步提升智能化机器的能力。

为了更好地理解人工机器智能，表 4.19 通过多个视角对 AI 和人工机器智能进行对比，也许可以进一步使大家对 AI 和人工机器智能有更清晰的认识。

表 4.19　AI 与人工机器智能的对比

项　　目	AI	人工机器智能
名称	人工智能	人工机器智能
说明	本书重新定义的 AI	传统意义上的 AI

续表

项　　目	AI	人工机器智能
内涵	通过人工方式产生智能的技术	通过技术为机器赋予智能的理论和方法
载体	机器、动物、植物、生物等	机器
技术分支	人工机器智能、人工动物智能、人工植物智能、人工机器智能＋人工动物智能、人工机器智能＋人工植物智能等	机器智能技术、智能机器技术等
技术手段	传感器、机械、电路、芯片、软件、生物、医学、药学、化学、农学、植物学等	传感器、机械、电路、芯片、软件、机器学习、自动控制、机器推理、大数据、模式识别、机器翻译等
能力描述	目前尚难以描述清晰	模仿人脑的 18 大能力
能力目标	目前尚难以描述清晰	接近或超过 BI
评估准则	目前尚难以描述清晰	图灵测试等

4.10.2　广义与狭义的 AI

在对 AI 的概念进行深入剖析后，可以发现 AI 所蕴含的内容十分丰富，如人工机器智能、人工动物智能、人工植物智能、BI、机器智能技术、智能机器技术等概念都应该包含在内。尽管其中有些概念，如人工动物智能、人工植物智能等第一次被提出，目前并没有开展系统性研究，但从科学的严谨性角度出发，未来有关人工动物智能和人工植物智能的研究成果也应该纳入 AI 之中。

由此可见，广义的 AI 应至少包括人工机器智能、人工动物智能和人工植物智能，而传统的 AI，其实只是本书中提出的人工机器智能，它仅是 AI 的分支之一。

图 4.23 展示了这些概念之间的关系，AI 主要包括三个分支，分别为人工机器智能、人工动物智能和人工植物智能。其中，人工机器智能的目标是通过技术方法，用机器模仿 BI 的能力，并不断逼近或超过 BI 的能力。人工动物智能的目标是通过技术方法，为动物赋予更多的智能。人工植物智能的目标是通过技术方法，为植物赋予更多智能。机器智能技术和智能机器技术是支撑人工机器智能的

两个不同技术分支。

在搞清楚 AI 的实质后，我们回头再来审视，目前的 AI 技术其实就是人工机器智能，即专门研究如何为机器赋予智能的一种技术，我们可以将其视为一种狭义的 AI。这种 AI 所专注的目标是如何用技术为机器赋予智能，使机器具有与人脑思维类似的能力。

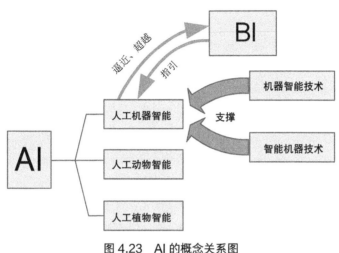

图 4.23　AI 的概念关系图

对于狭义的 AI 来说，共包含两个技术分支，即机器智能技术和智能机器技术，前者是研究为机器赋予智能的通用技术，后者是研究如何制造一台能具有人脑某种思维能力的机器，并能像人脑一样解决某种具体的问题。

虽然本章所定义的 AI 比传统学术意义上的 AI 范围更广，但本书的主要目的是试图深入探讨和揭示传统意义 AI 的本质和内涵，因此，除本章的内容外，全书其他章节的内容都是围绕狭义 AI 展开的。

AI

之能

5.1　能力之泉

　　虽然有一些传统的智能机器并不是依靠艾克架构实现的，如具备报时和闹铃功能的机械钟、烟雾报警器、机械式计算器等，但就目前的研究成果来看，AI的能力主要还是源于艾克架构的。也正是因为这一技术架构得到了广泛的推广应用，才使得AI技术在近年来取得了越来越多的实用化成果。

　　由此可见，AI的能力主要源于数字化。可以说，凡是能数字化的地方，AI就有应用潜力，而不能数字化的地方，AI可能就无法起作用。

　　为什么AI的能力要依赖于数字化呢？首先，AI是一种模仿人脑能力的技术，而人脑的能力主要源于对感官信号进行处理，并将处理结果转化为控制人身体的各种指令。其次，对感官信号进行处理，目前最有效的办法就是数字化，只要实现了数字化，感官信号的存储、处理和控制就可以应用于很多成熟的技术领域。另外，机器目前能提供的最强大的基础能力是计算和存储能力，这些能力都是基于数字化进行设计的，能处理的对象也是数字化的信息。

　　可以预见，未来几十年内，AI的一切能力仍然只源于数字化和艾克架构。而未来要提升AI的能力，也只有通过丰富信息的描述方法、增强信息处理算法的能力和提升基础计算能力等途径才能实现。事实上，在过去的几十年里，AI正是遵循着这样的发展路径，不断增强数据可用性和计算能力，研究更加强大的算法，才使AI的成果不断丰富。

 5.2　能力之巅

　　AI的能力源于AIC，AI的能力边界也受信息、算法和计算的约束。那么AI的能力边界到底在哪里呢？

5.2.1　基础思维能力

　　记忆能力、计算能力和判断能力是人脑的基础思维能力。用机器模仿这种能力能达到什么样的高度呢？

1. 记忆能力

机器的记忆能力是实现 AI 的一种重要能力。用机器模仿人脑记忆能力主要涉及两方面的技术，即信息的数字化表示技术和信息存储技术，前者主要解决用什么方法记的问题，后者主要解决如何把要记的信息记录在介质上。其中，信息的存储技术已十分成熟，无论是记忆的信息容量，还是信息的存取速度都已远远超出了人脑的能力。虽然不知道机器存储能力的边界在哪里，但有一点可以肯定，信息存储能力不会成为制约 AI 的技术瓶颈。信息的数字化表示技术目前与人脑能力相比还有较大的差距。

根据 IMfMI 信息分类模型可以发现，信息的数字化表示技术涉及两类信息，一类是感官信息，另一类是信息汁。在感官信息中，视觉信息和听觉信息的表示技术比较成熟，唯一不足的是这两类信息中还缺少部分空间信息，视觉和听觉传感器还不能很好地获取视觉场景和听觉场景中的空间信息，这个问题从技术上来看并不是不能实现，主要还是成本问题。因此，可以预见，随着技术的发展，缺少空间信息这个问题是可以解决的，未来机器对视觉信息和听觉信息的记忆能力一定会远远超出人脑的能力。对于信息汁的记忆，主要的问题不是如何存储而是如何表示。目前，除了事实信息、知识信息和规则信息可以采用文件、关系型数据库、非关系型数据库以及程序进行表示，其他信息基本上没有有效的方法进行表示，目前基本采用以文本为主或文本图像相结合的多媒体方式进行表示。比较有利的一点是，绝大部分信息汁可以采用多媒体的方式进行表示，尽管有时会损失部分信息。但从信息处理的角度来说，采用多媒体形式表示的信息处理起来效率较低。例如，需要某些信息时，不能快速找到已有的信息，或已有的信息并不能被机器所理解。解决方法是在信息表示和信息处理之间找一种平衡，使得多媒体形式表示的信息能支持机器智能。

总之，记忆能力虽然在存储容量和存取速度等方面超出了人脑的能力，为许多机器智能提供了支撑，但在复杂信息的表示和存取方面，机器的记忆能力与人脑的记忆能力之间还有相当大的差距，这一点将成为制约机器智能发展的技术瓶颈。

2. 计算能力

机器的计算能力是 AI 的一种关键支撑能力，绝大多数机器智能都是基于计算能力实现的。机器的计算能力早已超出人脑的计算能力，而且是大幅超越了人脑能力，因此，在不考虑成本的前提下，计算能力不会成为制约 AI 发展的技术瓶颈。

机器计算能力的提升对 AI 有非常大的帮助。事实上，很多机器智能是依靠强大的计算能力实现的。早在 20 世纪 90 年代就已提出人工神经网络技术，但当时机器的计算能力不如现在强大，计算的成本十分高昂，因此该技术并没有得到很好的应用。最近十年以来，随着云计算技术的高速发展，计算资源和计算能力大幅提升，大大降低了神经网络的实现门槛，该技术也迅速获得了广泛的应用。随着量子计算、DNA 计算等新技术的高速发展，未来，机器计算能力还会进一步提高，为进一步提升机器智能提供更多可能性。

总之，机器的计算能力已大大超出了人脑的能力，足以支撑各种类型的机器智能。

🛜 3. 判断能力

机器的判断能力是实现 AI 的核心能力。之所以这么说，是因为判断能力是评判机器是否具有智能的主要标志。例如，一个刚出生的婴儿，既没有记忆能力，也没有计算能力，更没有其他高级思维能力，但不可否认婴儿一出生肯定就拥有了智能，因为婴儿具有判断能力，知道饿了、渴了或者不舒服了。对机器来说也是一样，只要具备判断能力，我们就可以认为该机器拥有了智能。例如，一个仅有计时功能的钟表，大家不会认为其有智能，而一个带有闹铃功能的钟表可以认为具有智能，因为该钟表具有基本的判断能力。

机器的判断能力是模仿人脑的初级判断能力，这对于现在的机器来说是一件十分简单的事情，因此现有的机器判断能力足以支撑各种类型的机器智能。

🤖 5.2.2 拓展思维能力

搜索能力和识别能力是人脑的拓展思维能力。用机器模仿这种能力能达到什么样的高度呢？

🛜 1. 搜索能力

机器的搜索能力是指在已有信息中找到所需要的信息，或者返回找不到信息的提示。搜索能力取决于两个方面，一是已有信息的存储方式，二是所需信息的表达方式。只要所需信息能被机器理解，那么依靠现有技术，在已有信息中进行搜索并找到所需信息并不是一件困难的事情。现有的信息存储方式主要包括文本、图片、音频、视频、表格和结构化数据，所需信息只要可以表达为以上方式，那么从理论上来说，在已有信息中进行搜索，实质上就是一个信息匹配的过程，这对现在的计算机技术来说，是很容易实现的事情。

另外，对智能机器来说，每一种机器都有特定的功能用途，这就决定了其存储的信息是有限的，信息的形式也是确定的。因此，在有限的信息中搜索所需要的信息是可以实现的。

总之，目前的搜索技术十分成熟，机器的搜索能力也远远超出人脑的能力，未来不会成为制约机器智能发展的技术瓶颈。

📶 2. 识别能力

与人脑的识别能力一样，机器的识别能力也涉及感官信息的识别处理技术。

在视觉信息识别处理方面，如果不考虑成本，单从技术角度来说，机器在视觉信息上的识别能力已远远超出人脑的能力。例如，机器比人能看得远、看得清、看得细、看得快、看得全。唯一的不足是，在视觉信息中的空间信息通常采用激光雷达或微波雷达进行采集，目前的成本还较高，但随着技术的发展，未来成本有望大幅降低。

在听觉信息识别方面，如果不考虑空间信息，则机器在听觉信息上的识别能力已远远超出人脑的能力。例如，机器比人能听得远、听得清、听得快、听得全。至于听觉信息中的空间信息，已有可行的技术手段，只是应用的代价比较高，应用的必要性不是很迫切，目前应用比较少。可以说，从技术可行性的角度来看，机器的听觉信息识别能力不会成为影响机器智能的瓶颈。

机器在温湿度信息和重力信息的识别能力方面已远远超出人脑的能力，尤其是机器能比人脑处理更高精度的温度和湿度信息。

机器在嗅觉、味觉、触觉信息的识别方面目前还没有可行的技术方法，基本上还不具备相应的能力，因此，在进行某些机器智能的开发时，这些信息的识别可能会成为技术瓶颈。

🤖 5.2.3　强化思维能力

理解能力和思考能力是人脑的强化思维能力。用机器模仿这种能力能达到什么样的高度呢？

1. 理解能力

从信息的内容来看，机器理解包括对感官信息的理解和信息汁的理解。从信息表达的形式来看，机器理解包括对文本、图片、音频、视频、表格等进行理解。机器理解的目的是获取有用的信息，这里的"有用"是指这些信息在各种高级思维活动中能得到正确的应用。

例如，在视觉信息中包含汽车突然着火的情况，这时，如果机器能做出呼叫、灭火等行为，则可以认为机器已初步具备一定的理解能力。又比如，在一段人机对话中，人类询问明天的天气如何，如果机器能从天气预报中查找到相关的信息并进行回答，则也可认为机器具备一定的理解能力。

目前有关机器理解的研究非常多，也获得了大量的成果。机器的理解能力在机器人客服、语音操控等领域被大量应用，并取得了很好的效果。

但要让机器像人脑一样进行理解并不是一件容易的事情，至少在以下几个方面，机器的理解能力可能很难达到人脑的能力。

一是人脑能通过关联上下文信息进行理解，而机器只能对当前输入的信息进行机械式理解。

二是人能基于背景进行理解，而机器可能无法准确掌握背景信息。例如，看到视频中有两个人在打架，对于人来说，这两个人可能是真打架，也可能只是在打闹，只要人掌握了简单的背景信息，就很容易对此做出判断。但对于机器来说，不一定知道这样的场景需要什么样的背景信息，另外有可能难以准确获取背景信息，因此遇到这样的画面，只能理解为两个人在打架，但这样的理解很可能就错了。

三是人能基于情感进行理解，能通过人的态度，可以了解内心所想，而机器无法理解复杂的情感。例如，对于抒情感怀的诗句歌谣，其实质都是表达作者的一种心情或意境，机器由于没有情感，很显然是难以理解的。

四是人能基于联想进行理解，而机器无法产生联想。例如，"这是一条先生每天散步的路。在路边的一家咖啡店，我喝着一杯味道淡淡的奶茶，写着描述不了什么东西的文字，而两天前他不在了。"对人来说，通过联想能身临其境地感受到作者的心情，从而很容易将这段文字理解为"作者此刻的心情是十分伤感的，作者与他之间关系比较亲密"。但对机器来说，由于缺少这样的联想能力，无法与作者实现共情，很可能将关注点集中在咖啡店、奶茶等具体事情上，很难理解此刻作者的心情。

五是人可以理解抽象的概念，而机器只能记住抽象的概念，无法基于抽象的概念进行理解。例如，极限是一个抽象的概念，人在理解这个概念后，基于极限的概念创建了微积分，但对于机器来说，无论其如何理解极限的概念，也很难自主提出微积分理论。

六是人通过理解可以获得言外之意，这些言外之意来自人类的经验、知识或情感。例如，杜甫的诗句"会当凌绝顶，一览众山小"，对于人来说，如果登过高山，则能深刻领会到，该诗句在于鼓励人们不畏艰难去攀登，从而人们可以在很多合适的场景下准确地应用这首诗。而对于机器来说，除记住这首诗外，并不能真正理解其中蕴含的深意。又比如，著名哲学家卡尔·波普说过："我所追求的全部知识，都更充分地证明我的无知是无限的"，对于人来说很容易理解这句话的意思是学习无止境，且知道该哲学家很谦虚，但对于机器来说却很难理解这两点。

七是人的理解并非完全基于文字或声音，人具有综合理解能力，而机器基本上只能通过语法，理解字面上的意思。其实，人与人之间面对面的交流可以包含各种信息。语气、音调的抑扬顿挫，眼神、味道和背景音乐，这些不能被词语编码的信息，同样传达着人们在交流时的内涵和情绪，而机器很难捕捉到的内涵和情绪。

总之，理解信息是为了应用信息，机器与人脑的理解能力差距是巨大的，未来也许很难有可行的技术方法达到人脑的理解能力，因此，机器的理解技术可能只在特定场景、特定情境的条件下才能应用。

2. 思考能力

思考能力是人脑面对问题提出解决方法的能力。由于机器具有强大的基础思维能力和拓展思维能力，对于确定性较强的问题，机器的能力就较强，而对于确定性较弱的问题，机器可能难以达到人脑的能力。

对于确定性问题，只要能解决，那么就有明确的解决方法，这些方法可以通过程序、算法或信息等方式存储起来，一旦遇到问题，通过搜索便可以找到与其匹配的方法，并调用对应的方法。由于机器的存储能力、搜索能力远远超出人脑的能力，因此，针对确定的问题，机器的思考能力是可以超越人脑的思考能力的。例如，如果不考虑实时路况，汽车导航问题是一个确定性问题，机器利用地理信息和算法很快就可以找到最佳路径。

对于不确定的问题，机器思考会遇到大量难题。由于机器的理解能力存在较大的局限性，很多问题很难得到正确的理解，因此难以提出解决的方法。另外，要解决一个问题，通常需要具备一定的条件，对于不确定的问题，需要什么条件常常是无法预知的，对机器来说，要提出可行的解决方法并不容易。机器也很难对解决方法进行评估。由于问题的不确定性，不同的问题有不同的评估准则，这些准则大多无法事前设置，这极有可能导致机器提出的解决方法无效。

虽然机器的思考能力难以应对不确定的问题，但并不是说机器完全无法解决不确定的问题。事实上，很多机器都是面向不确定的问题的，如天气预报、下棋机器、自动驾驶等。这些机器能处理不确定性问题，是因为人类已总结出一套规则，这些规则可以很好地适应各种不确定的问题。例如，自动驾驶汽车行驶在道路上，遇到的外部环境有大量的不确定性，但我们可以总结出一套确定性的规则，来应对这些不确定性，这套规则包括：与其他外部物体保持安全距离、遵守交通规则、按照规定的路径行驶等，很显然，只要能做到这几点，自动驾驶汽车的思考能力就可以处理和应对各种不确定性，从而确保汽车的安全行驶。

由此可见，机器的思考能力取决于人能在多大程度上将复杂的问题转化为确定的问题。

5.2.4 逻辑思维能力

推理能力和归纳能力是人脑的逻辑思维能力。用机器来模仿这种能力能达到什么样的高度呢？

1. 推理能力

机器推理是 AI 领域的一门技术学科，研究如何使机器像人脑一样进行推理。学术界对机器推理的研究起步较早，目前也提出了很多机器推理方法，但由于推理本身不是目的，只是一种思维方法，所以机器推理方法只有应用在具体的机器中，其能力才能得到体现。

机器推理作为一种信息处理方法，是利用掌握的信息，运用推理规则获取新信息的过程。这会涉及机器掌握的信息和推理规则。由于推理规则在大多数情况下只能利用人类的自然语言进行描述，因此，机器推理会遇到两个难题，一个是如何对推理规则进行规范性描述，另一个是如何使机器理解推理规则。

总之，推理是基于规则的，只有将自然语言表达的推理规则转化为机器语言，才能实现相应的机器推理，否则机器推理就很难实现。

人脑的推理能力是一种范式思维，相比其他复杂思维能力来说，推理能力具有更好的可模仿性，因此，机器推理仍然是未来赋予机器智能的一个重要的技术手段。

2. 归纳能力

归纳能力是人脑所具备的一种重要的创新能力，触发该能力的出发点是人的内在需求，机器没有这样的需求，因此，机器无法主动开展归纳思维活动。

如果人命令机器完成一次特定的归纳操作，这在某些特定的情况下是有可能实现的。前提是人要指定参与归纳处理的关联因素，明确关联因素之间的关联关系，并由机器根据输入的信息，对关联关系进行具象表达，如采用统计方法来寻找关联因素之间的关联关系。

无论未来技术如何发展，机器的归纳能力将起到人机交互条件下的辅助思维作用，机器很难主动发起归纳思维活动。

5.2.5 复杂思维能力

想象能力和规划能力是人脑的复杂思维能力。用机器模仿这种能力能达到什么样的高度呢？

1. 想象能力

基于艾克架构实现的机器想象能力，其技术思路基本上都是采用"规则+要素+评估"的方法。由于机器在基础思维和拓展思维方面的能力大大超出人脑的能力，因此在规则和要素的掌握和利用方面，人脑是无法与机器相比的。开发机器想象能力的唯一瓶颈就是评估，即如何对基于规则和要素生成的结果进行评价，使想象的结果能满足人类的要求。也就是说，机器可以凭想象产生大量的结果，但难以判断结果是否能令人满意。

从理论上来分析，机器的想象能力几乎是无限的。试想一下，绘画作品可以用一张1024像素×768像素的数字图片来表达。如果图片的每个像素均采用RGB模型进行描述，则所有的图片数量都是有限的。也就是说，不管画家画出怎样一幅绘画作品，其实在画出之前，早已存在于数字空间中。从这个意义来说，机器完全有能力生成任何一幅人类能创作出来的绘画作品。以上的道理也同样适应于文学作品和音乐作品，只是不同数字空间的构成和元素个数不一样而已。由此可见，若未来看到某个机器自动生成一幅伟大的文学或艺术作品时，请不要惊讶，因为机器确确实实具有巨大的潜力。

但有一点是肯定的，就是机器绝不会自主启动想象思维，一定是直接或间接地由人主动发起的。当人需要机器启动想象思维时，需与机器进行交互并提出需求。但这时又出现了一个新的问题，即人如何向机器表达自己的需求，机器又如何理解人的需求，此时又牵涉机器的理解能力了。

从本质上来说，文学和艺术创作的基石是人类的共情反应，成功的作品源于人和人之间的心灵互通。一个优秀的创作者既需要具备强大的表达能力，更需要善于捕捉使人产生共情反应的地方。因此，优秀的创作者需要深入体验生活，从生活中汲取养分，并挖掘出能激发自己和他人情感的创作灵感。但对智能机器来说，除了基于规定创作艺术作品，很难感知自己所创作作品的感染力，更不可能通过自己或他人的体验进行创作。

因此，机器或许还能产生超出人类想象力的作品，但机器的想象能力很难与人类的想象能力比肩。

🛜 2. 规划能力

机器在规划时，需要对问题进行理解，并围绕问题，对相关资源进行调配。其中，理解问题需要用到机器的理解能力，而资源调配问题主要用到各种规划算法。因此机器规划能力的主要瓶颈在于机器对问题的理解，只要机器能准确理解问题，就能解决后续的资源调配算法问题，因为这是机器所擅长的。

针对相对简单的问题，机器的规划能力可能远远超出人脑的能力，针对比较复杂的问题，机器可能难以准确理解问题。例如，当车辆需要导航时，导航软件可以很快给出车辆行驶路径的规划方案，甚至可以根据实际路况，对行驶路径进行动态调整。可以说，导航软件的规划能力已远远超出人脑的能力。在上面这个例子中，之所以导航软件比人脑能力强，一方面是因为导航问题比较简单，只需要输入起始地和目的地即可，导航软件可以准确理解这个问题。另一方面，需要调配的资源也比较简单，只包括时间资源和道路空间资源。对复杂的规划问题，机器很可能就无能为力了，如要策划举办一场庆祝元旦晚会，这显然也是一个规划问题。由于晚会涉及的因素和资源较多，甚至涉及人类的情感感受，如晚会的主题、风格、人员范围、排定座次等，这显然是依靠机器的规划能力难以完成的。

总之，机器的规划能力和人相比各有其长，机器在某些事情的规划方面，其能力很可能超过人，但依然有很多事情的规划，机器永远无法取代人。

5.2.6 超级思维能力

设问能力、创新能力和思索能力是人脑的超级思维能力。用机器模仿这种能力能达到什么样的高度呢？

1. 设问能力

人脑的设问能力是指人脑根据自己的某种需求或欲望，自己向自己提问题的能力。机器不会有这种内在的需求或欲望，因此不会自己向自己提出问题。从人类设计机器的初心来看，也没有必要制作这样的机器。

2. 创新能力

从艾克架构来看，机器很难具有创新能力。原因大概有以下三点。

第一，人类的创新活动源于一种精神需求，这种需求可以是对成功的渴望、对物质的追求、对兴趣的追求或者是对责任的承担。很显然，机器不会有这样的需求。

第二，创新不仅是一种思维活动，而且是一系列十分复杂的行为活动，包括假设、分析、观察、试验、验证等。这些行为活动中很多涉及资源的利用和试验环境条件的搭建。作为机器，基本不可能具备组织协调这些资源和活动的能力。

第三，创新思维需要创新评价，而创新评价往往更为复杂。例如，我们提出了一种新的算法，算法是否可行有效需要通过仿真或试验进行评价，只有评价结果优于已有的算法，这样的创新才可能被认定为真正的创新。很显然，这样的评价过程对机器来说，基本是无法完成的事情。

总之，无论未来的机器如何智能，都不可能拥有创新能力。

3. 思索能力

思索能力是人脑运用各种功能性能力解决问题的一种综合性能力。对于基于艾克架构的智能机器来说，任何一种算法的设计都基于已固化的思路，因此机器很难对各种思维能力进行复杂的调度和运用。

5.2.7 控制能力

机器对机械的控制比人对身体的控制具有更强大的能力，机器的控制更加精准、稳定、持续性强。机器人在某些操作方面比人更笨拙，主要不是控制能力的不足，而是某些传感器获取信息的能力不如人，或是机械装置的精确度和可达性不如人的身体。

因此，机器控制能力不会成为影响机器智能发展的技术瓶颈。

5.2.8 学习能力

人脑的学习能力是人获取事实、知识、规则、规程、规范和智慧等高层次信息及提升人脑各种功能性能力的重要途径，是人脑的一种极其特殊的能力。人脑学习能力主要源于模仿、阅读、理解、练习和实践。

机器的学习能力同样有两个用途，一个是使机器掌握更多的信息，另一个是提升机器的某些功能性能力。机器学习的主要技术途径是获取更多的信息，以及依赖已有学习算法，对信息进行深度加工处理。

机器通过学习，可以提升机器的判断、识别、理解、思考、推理和想象能力。例如，机器掌握更多的规则后，可提升判断能力；机器看更多的图片后，可提升识别能力；机器阅读更多的文献后，可提升理解能力；机器阅读更多的棋谱后，可提升思考能力；机器听更多的音乐后，可提升想象能力。这些能力的提升都依赖于给机器提供更多的信息，机器基于这些信息，可使智能处理算法的应用范围更广泛。

但有些机器能力，如记忆、计算、搜索、归纳、规划等能力，是不可能通过机器学习提升的。其中记忆、计算能力是机器的固有能力，与信息量的多少无关。搜索、归纳和规划能力主要是依靠算法实现的，机器无法通过掌握更多的信息自动改进算法。因此，这些能力是无法通过机器学习获得提升的。

5.2.9 人脑与机器能力对比

在对机器的各种能力进行分析后，我们可以将人脑的能力和机器能力进行对比展望，大致有三种情况。第一种情况是机器能力大幅超越了人脑能力，但机器能力中还可能存在部分不如人脑能力的地方，例如，在记忆、计算、判断、识别、搜索、思考、规划、控制等方面，机器能力超过了人脑能力，但在记忆、识别、搜索、思考、规划、控制等方面，机器能力也还存在一定的不足。第二种情况是机器能力很难超过人脑能力，如理解、推理、归纳、想象能力，这些能力均属于高层次的思维活动，用机器模仿人脑的能力存在很多困难。第三种情况是人脑具备的能力无法用机器来模仿实现，如设问能力、创新能力和思索能力。

人脑能力与机器能力的对比示意图如图5.1所示。图中，深色表示人脑的能力，浅色表示机器的能力，菱形表示机器能力中还存在一些能力缺项，菱形的数量越多，说明越欠缺这项能力。

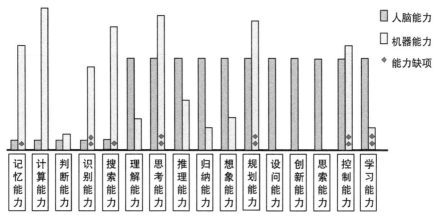

图 5.1 人脑能力与机器能力的对比示意图

总体来说，人脑能力和机器能力各有优劣。在偏基础的思维能力方面，由于易于用技术模仿，机器能力往往超过人脑能力。在比较高端的思维能力方面，由于思维活动的复杂性，所需信息和信息的处理方式都极其复杂，因此，机器能力无法超越人脑能力，某些能力甚至无法用机器来实现。

 5.3 能力之强

前面我们已经论述过，机器智能在某些方面已超过人脑智能。机器智能超过人脑智能主要表现在以下方面。

5.3.1 记得多

现在机器的记忆能力已十分惊人，存储介质每 TB 的成本大约只要 10 元，移动硬盘存储每 TB 的成本只有一两百元，要建立一个大容量的信息库非常容易。

要知道，1TB 的信息存储容量大约相当于 5 万册图书的信息量，也就是说，一个藏书 500 万册的巨型图书馆，目前只需要数万元的硬盘存储成本即可替代，可见机器的存储能力是多么惊人。

5.3.2 算得狠

计算机与人脑的计算能力相比，说其"算得狠"一点都不夸张。未来的量子计算机和 DNA 计算机由于采用了不同的技术途径，其计算能力还将产生质的提升。

据报道，未来的 DNA 计算机体积更小，一只 1.5 毫升的小试管就能容纳 1 万亿个 DNA 计算机。DNA 计算机的运算速度极快，可达每秒 10 亿次。所有计算机问世以来的总运算量只相当于 DNA 计算机十几个小时的计算量，而且科学家还在尝试各种方法，以进一步加快 DNA 计算机的运行速度。另外，DNA 计算机的能耗更低，仅相当于普通计算机的 10 亿分之一。

虽然未来机器的计算能力将十分惊人，但我们还是不能说机器的计算能力已满足各种机器智能的需要，因为机器的智能本身没有上限，更何况机器智能在某些方面与人脑的智能还存在很大的差距。但至少有一点是可以肯定的，那就是机器计算不会成为阻碍机器智能发展的技术瓶颈。

5.3.3 反应快

机器凭借强大的计算能力，在反应速度上要大大优于人脑。例如，要让人在一大群人中找出一个具有固定特征的人，人需要逐一进行对照才可能完成，但对于机器来说，通过并行处理的方法很快就可以找出对应的人。但对于某些需要复杂判断能力的事情，由于机器所依赖的传感器能力不如人的感官能力，人脑的反应速度要优于机器。例如，人在驾驶汽车遇到道路上有突发障碍物，能迅速判断障碍物的性质，并找到绕行的方案或得出不能继续行驶的结论，但对自动驾驶汽车来说，可能需要采集大量数据并进行综合处理。自动驾驶汽车很有可能因不能准确判断障碍物为何物，而不能做出正确的反应。

5.3.4 听得清

目前的音频传感器和音频处理设备的能力已十分强大，语音的分辨能力已大大优于人的耳朵和人脑的处理能力。可以说，机器比人更能听得清。例如，在一个环境中有多人同时说话，人可能听不清其中的对话内容，但对于机器来说，却比较容易分辨出不同的对话内容。另外，像超声波频段的声波，人的耳朵无法听到，但音频机器可以感知这样的声波。

5.3.5 看得准

目前的视频采集和视频处理能力已十分强大。除场景中的空间信息采集能力还有缺失外，机器在视频信息的采集能力和处理能力方面已优于人的能力，尤其是场景中含有大量要素信息并需要进行精准分辨的情况。例如，在某页文本中包含一个错别字，人不一定能很快找到这个错别字，但对于机器来说，很快就可以将错别字找出来。另外，人无法看到红外图像，但视频机器可以准确获取。

5.3.6 说得精

目前的语音合成技术已具备很强大的能力，可合成不同的语种、声调，同一篇文字也可以用不同的声音进行表达，如男声、女声、童声、普通话、方言，甚至还可以带上一定的情绪。该技术现在还在加速研发之中，可以预见，未来的语音合成技术的精准程度将远远超出人的能力。

5.3.7 想得全

经验丰富的人做事情自然想得更周全，由于很多人的经验都可以以信息的方式存储在机器中，机器需要使用经验时，随时都可以调取，因此，机器在处理问题时，自然能适应各种各样的情况。例如，对于人来说，南方的驾驶员不熟悉北方的气候和路况，在北方开车时可能遇到很多问题。但自动驾驶汽车可以提前存储各种气候和路况信息，自然就能适应各种环境了。

5.3.8 谋得远

由于长期谋划需要更多的信息支持和更复杂的算法，这对人脑来说可能存在一定的困难。但对于具有强大计算能力的机器来说，只要有足够的数据和算法支撑，做多长的计划都不是一件困难的事情。例如，我们要做一个从广州到哈尔滨的自驾游计划，包括路途、游览景点、住宿、吃饭、时间安排等内容。对机器来说，只要充分了解旅游者的偏好，很快就能生成计划安排。但对人来说，要完成这么长时间的旅游计划，所需要花费的时间要比机器多不少。

5.3.9　学得好

对于人和机器来说，学习的目的都是一样的，即掌握更多的信息和提升思维能力。在掌握更多信息方面，由于机器拥有强大的记忆能力和搜索能力，学习能力将大大超出人的学习能力。另外，机器只要学会了某种技能，就会一直拥有所学到的技能，基本可以做到学一次终身受用。但人学会技能后，如果长期不用，则学到的技能可能会很快失去。在提升思维能力方面，机器和人各有千秋，如人更擅长高级思维能力的提升，而机器在拓展思维和强化思维方面具有更多优势。

5.3.10　不出错

人容易受身体状况、情绪、情感及其他各种因素的影响，做事情时难免产生差错。而机器一旦经验证具备某种能力，这种能力就是十分可靠的，基本不会受外部各种因素的影响而产生差错，因此，相比人来说，机器的差错率要小得多。

5.3.11　不怕险

在很多危险的工作环境中，人是不适合开展工作的，但对于机器来说，可以不考虑危险因素，有很多机器甚至就是专门针对危险的工作环境而设计的。

5.3.12　不带情绪

对于机器来说，因为没有情绪，当然就不存在怕苦、怕累、抱怨、争名夺利的问题，而这些因素往往严重影响人的思维活动和工作效率。因为机器所需要的工作条件是明确的，只要工作条件得到满足，机器的设备状态正常，机器就可以持续工作。

5.4 能力之祸

俗话说，能力越强，犯的错误就越大，机器也不例外。

智能机器不会自主向人类发起进攻，但极有可能被人利用而危害人类。

5.4.1 算法解雇

2022 年国庆节刚过，一条关于互联网巨头 M 公司的消息令人不寒而栗——这家公司采用算法决策解雇了 60 名劳务派遣员工。

事实上，"算法解雇"事件并不是 M 公司首创，类似的事件在各地不断上演。

早在 2020 年 8 月，一个游戏支付处理公司实施重组，一次性裁掉 450 名员工中的三分之一。该公司表示：这次裁员完全是算法断定，这 150 名员工"缺乏敬业精神，效率低下"。

同样的事情也发生在 Y 公司。2021 年 10 月 2 日凌晨 3 点，某员工醒来，看到手机上有一封电子邮件：您没有正确地完成工作，评级低于可接受的水平，公司遗憾地解除合同。63 岁的他顿时手足失措，无奈之下，该员工向 Y 公司的创始人直接投诉："我要求提供解雇决定的具体细节，希望对我 4 年送货全记录进行彻底审查。我相信自己始终如一的最高水平表现，证明我是一个理性而谨慎的人。"12 小时后，该员工收到电子邮件，称公司将派人处理。但好多天过去了，投诉没有结果。该员工只好被迫改行。

2019 年，沙希德为一个网约车公司开车。此前 5 年，这位金牌司机得到的客户评分为 4.96——接近满分 5 分。2019 年 8 月的某天早上，他发现无法登录系统导致无法上班，损失惨重。后来才知道，公司的算法检测到沙希德存在"持续的不当使用"，因而禁止他进入公司系统。沙希德无法申诉，而网约车公司也拒绝透露司机错在何处，因为"这是公司的商业秘密"。沙希德为此在被解雇后的一年半里，给网约车公司打了几十次电话，均没有回应。

2020 年 10 月，沙希德和其他 3 名司机的运输工人在存储网约车公司欧洲数据的荷兰起诉，指控算法不当解雇。原告律师强调，欧盟《通用数据保护条例》（以下简称《条例》）第 22 条规定："任何违规违法行为不能单纯由机器依靠数据自动给出判决结果。"据此，司机遭不当解雇，公司不仅未给出解雇理由，还剥夺司机申诉权，显然违背了《条例》的要求。值得重视的是，以这种方式被解雇的欧洲司机人数超过 1000 人，但此前无人起诉。2021 年 4 月，阿姆斯特丹法院判决，该网约车公司解雇司机的决定可被视为仅基于自动化处理（包括分析）的决定，这对原告具有负面法律后果，严重影响他们依据《条例》第 22 条第 1 款所享有的基本权利。该网约车公司必须在一周内恢复司机的工作。

近年来，全球诸多大型科技公司、互联网平台等都在热捧算法，M 公司无疑是其中之一。然而，在此次算法大裁员事件中，算法黑箱、算法歧视、算法暴政等负面效应一一暴露，引发了国际的强烈关注。

从管理的角度来说，利用跟踪数据和算法，对员工的工作绩效进行评估似乎合理合法，但从道德的角度来看，被通用标准的算法解雇，会让员工感觉公司没有展现最起码的尊重和同理心。最为关键的是，老板和人力资源部门可能以算法为借口，推卸解雇责任，劳资关系一步步失衡。因为在复杂的算法和大量跟踪数据的监督下，员工很难为自己申诉。

Y 公司的创始人曾强调："AI 算法可以优化工作流程，除重要的战略决策外，其他事情，不管它们有多重要，他更愿意把它们留给算法，因为它们的行动考虑到所有的相关信息，而不受情感干扰。"事实上，在 Y 公司将人力资源业务交给算法后，软件成了职员、仓库工人、司机、独立承包者的监控方，负责雇佣、评估和解雇数百万员工。Y 公司创始人坚信，机器算法决策比人更快更准确，成本更低，竞争优势更大。

对于互联网业的高管们而言，高歌猛进的算法革命带来了巨大收益，而给员工带来的损害，或许无足轻重。但是对于像沙希德这样的普通员工来说，一纸算法判决就决定了其命运，而且在大量的数据和复杂的算法面前，甚至不知道如何为自己申诉。

5.4.2 网络诈骗

2022 年 8 月，主流媒体报道了一个以交友为幌子对年轻人进行诈骗的案例。在这个案例中，诈骗分子开发了一个交友软件。该软件在用户注册后，可以冒充异性与受害者进行网络聊天。在聊天的过程中该软件会提示对方，如果支付一定的金额，则可以获取对方的照片，如果支付较多的金额，则可以获取视频，如果愿意支付更多的金额，则可以直接进行视频聊天。因为开始支付的金额并不多，很多人愿意支付从而获得照片和视频。但当受害者交更多的钱，并要求进行视频聊天时，软件便不再响应。实际上，在用户注册并进行聊天的整个过程中，都是软件在和受害者进行互动，诈骗分子并没有安排真人在线参与聊天。也就是说，诈骗分子除开发一个软件上传到网上外，并不需要其他人参与诈骗过程。很明显，在这起诈骗事件中，AI扮演了一个极不光彩的角色。

一次诈骗要取得成功，一个最重要的条件就是找到精准的受骗对象。绝大多数人是具有反诈骗能力的，只有少数爱贪图小利且见识较少的人，可能成为骗子的目标。因此，骗子不是漫无目的地全面撒网，而是别有用心地搜集用户的网上行为信息，利用AI技术的强大分析能力，获取用户的心理特征，从而精准锁定要实施诈骗的对象。

人们在痛恨诈骗分子的同时，有时也不得不感叹骗子"技高一筹"。往往在媒体揭穿一种骗术的同时，新的骗术已经在路上了，更何况骗子会用高深莫测的AI技术进行诈骗。事实上，应用AI技术进行诈骗的手法是无法穷尽的，因为AI技术和骗术都在不停地发展。

5.4.3 伪造信息

在AI备受追捧的时代，大多数人所青睐的是某些"黑科技"散发的神秘魅力，然而却没有多少人关注它导致的骗局。当犯人被传唤到法庭时，电话、电子邮件和聊天记录都是能指证犯人犯罪的证据。

可怕的是，在这个时代，这些所谓的证据都可以通过AI算法精心设计出来。AI的发展为许多领域带来革命性变化的同时，一些高智商的骗子也同样把AI技术作为他们侵犯隐私和欺诈行为的工具。

目前，用AI进行信息伪造的方法大概有以下几种。

一是声音合成。谷歌的波网（Wavenet）提供了一项类似于声音伪造的功能，它建立在大量数据收集的基础上，因此合成的声音听起来十分真实，与被模仿者的声音很难区分。这项技术是基于神经网络技术开发的，并且还在快速发展。这项技术在取得广泛应用的同时，也有行业内专家担忧，或许在未来，录音不再是可信的证据来源，因为这极有可能是伪造出来的。骗子可以通过骚扰电话，对特定对象进行录音，并提取其声纹特征，在此基础上进行声音合成，从而用伪造的声音进行诈骗。

二是AI换脸。在影视剧的制作中，已经有很多公司在使用这项技术。因为明星的时间宝贵，有些公司就找替身，先按照剧情拍摄，然后在后期制作中用明星的脸替换替身的脸，于是一部由明星 AI 换脸的影视剧就制作完成了。因为制作效果很好，观众很难发现其破绽，影视公司又大幅降低了成本，这一技术很受欢迎。但在犯罪分子的眼中，这一技术也成了伪造信息的利器。试想一下，如果犯罪分子要敲诈某一个人，则可以利用 AI 技术制作一段以假乱真的不良视频，并威胁受害人要发到网上，这会是什么效果？受害人大概率只能乖乖就范，破财消灾。

三是笔迹伪造。在过去，模仿笔迹和签名是一项需要技巧和实践的技艺。而现在不一样了，伦敦大学学院（UCL）的研究人员开发了一项名为"你笔迹中的我的字体"的 AI 算法。这项算法只需要获取被模仿人写的一段文字，即可学会其书写风格，并按照书写风格写出需要的文字。利用该软件的功能，几乎可以写出任何人的笔迹。

在技术的创新为我们创造利益的同时，我们也要做好心理准备面对它带来的弊端。很显然，邪恶的罪犯也可以利用这项技术，伪造出具有较高精准度的法律或金融文件，来改变事实的真相。研究人员表明，虽然目前一些专家可以区分真实和伪造的笔迹，但随着技术的进步与完善，这将变得愈发困难。

四是虚假对话。随着 AI 的发展，聊天机器人正在进入越来越多的领域，技术进步使聊天机器人的拟人程度越来越高，但是当它们变得太真实的时候会发生什么呢？

去年，一家消息应用程序公司创建了一个聊天机器人，它可以学习电视剧中演员的语言模式，并以该演员的口吻与人进行交流。该机器人将来还可以模仿现实生活中的人，随着新一代算法和数据的不断完善，这个目标正在逐步实现。这样的聊天机器人在可控范围内使用，可以创造出非常有用的价值，但是骗子们同样也可以恶意使用这项技术。例如，他们可通过模仿某个人的说话习惯，与受害人进行对话，在取得受害人的信任后，套出某些隐私信息，从而达到自己的目的。这样的话，AI 和机器学习无疑是为不法分子的犯罪提供了一条捷径。

想想看，利用高科技把伪造的声音、笔迹、视频和谈话当作证据，这是非常危险的事情。这是我们尽情享受科技的时代，也是需要费心守护住自己数据的时代。

科技发展日新月异，犯罪分子也紧跟时代潮流，利用 AI 技术玩出了新花样，一键换脸、合成声音等骗术层出不穷。可以预见，AI 技术也将被不法分子越来越广泛地利用。

5.4.4　信息茧房

信息茧房是一个现代名词，是指人在接受信息的过程中，由于一定的主动或被动的倾向性，被同类信息所封闭，形成一个信息孤岛，再也接触不到其他方面的信息，久而久之，就在自己的小世界里逐渐迷失。

信息茧房是哈佛大学凯斯·桑斯坦教授于2006年在《信息乌托邦》一书中提出的。他认为，在信息传播的过程中，人们自身的信息需求并非全方位的，只会注意选择想要的或能使自己愉悦的信息，久而久之，接触的信息就会越来越局限，就像用蚕吐出丝一样，细细密密地把自己包裹起来，最终像一个蚕宝宝一样被限制在信息茧房内，失去对其他不同事物的了解能力和接触机会。当时，他的这一观点还只是作为一种推论和预测，但随着网络信息和AI技术的飞速发展，这种信息茧房现象正越来越多地发生在现实生活中。

现在是网络化时代，各种信息海量增长。一些网络平台在大数据、云计算、AI的支撑下，推送信息的针对性增强，你关注过什么、对什么感兴趣，网络智能系统会跟踪计算，并源源不断地为你推送同质化信息。这种专拣你曾关注的、爱看的、喜欢的信息推送方式，在诱惑你的同时，也慢慢地为你织好了信息茧房。

信息茧房的危害是巨大的。狭小圈子里的同质化信息互动，极易强化人的观点看法，使人对某些事情、某种观念产生执着和偏执的想法，这在很大程度上减少了与其他人沟通的可能，限制了对客观世界的全面认知。渐渐地，陷于信息茧房的人冲不出去，外面世界的人也走不进来，进而这个人会与现实逐步脱节，甚至远离集体、疏离社会。

5.4.5　斯纳金箱实验

有个著名的心理学实验，名为斯纳金箱实验。

将三只饥饿的小小白鼠放在一个装有操纵杆的笼子里。小白鼠A只要按一下操作杆就可以得到食物；小白鼠B按操纵杆时，有时有食物，有时没有；小白鼠C不管怎么按都没有食物。最终的结果是，小白鼠A因为确定按操作杆就能得到食物，所以比较淡定，吃饱了就在旁边休息；小白鼠C由于怎么按都没有，很快就没有兴趣，只有小白鼠B一直守在操纵杆旁不停按，它的行为因为间断性获得而得到了强化，这种现象在心理学中就叫间歇性增强。

听到这里，是不是发现我们在很多情况下特别像实验中的小白鼠 B。对于内容创作者而言，只要作品偶尔被算法推送一次，就会以为自己得到"眷顾"，会努力地一直更新下去。对于信息消费者而言，只要一直推送给你想看的内容，你就会不停地刷下去。

再举个购物的例子。每年的大型购物节，很多消费者明明知道并没有便宜很多，却依旧存了一把钱准备"剁手"，甚至平台公司怕消费者钱不够，还增加了信用额度，让消费者早早地就沉浸在购物的喜悦中。在整个购物节期间，平台会通过视频、文章、音乐，在浏览器、手机系统中，植入大量含有间歇性增强的广告，如"仅此一次，全年再无低价""错过只能再等一年"等信息。由于大脑的可塑性，在这些信息的反复强化下，消费者就会想出很多理由，说服自己"买到即赚到"。

许多平台公司或游戏公司就是利用这种间歇性增强的心理效应，开发出一个个巧妙的智能算法，使许多人纷纷陷入他们设计的陷阱里面。

5.4.6 左右舆论

有研究人员在网上做了一个信息传播试验，结果表明，在推特上一条假新闻的传播速度比一条真新闻的快 6 倍。

事实表明，按照心理学领域的焦点定律，只要制造一个足以吊起大众胃口的新焦点，过去大家十分关注的事情很快就会被新焦点淹没。

搜索引擎就是制造焦点的最好工具。因为使用搜索引擎的时候，一般人更容易相信推荐首页的内容，尤其会觉得首页顶部的内容更加真实。为了让用户相信他们所推送的信息，搜索引擎还添加了搜索提示，通过信息诱导的方式，让用户点击他们想推送的内容。

搜索引擎这种操纵信息的手法已多次被网友揭露。例如，有网友反映，在某搜索引擎中搜索气候变暖，在美国搜索的结果与在中国搜索的结果不一样，那么究竟哪个才是事实呢？答案也许只在搜索引擎的搜索算法里才能找到。我们搜索出来的结果未必是事实，也许只是广告商让我们看到它们想要的结果罢了。

当我们将大量时间花在手机上时，智能算法通过诱导我们关注不同的焦点，从一开始就操纵了我们的思维。

5.4.7　制造分裂

在智能算法的认知中，点赞就等于喜欢，不点赞就等于讨厌或不关注，于是点赞过的内容就不断地推给你，而不点赞的内容可能全部被屏蔽。这种逻辑会逐渐让我们的世界失衡，不同观点的人再也听不到对方的声音。例如，一个人如果总是刷到城管欺负商贩的消息，则他大概率会觉得城管不是什么好人。反之，如果一个人总是刷到商贩打城管的视频，则他一定会十分同情城管。这样一来，讨厌城管的人和同情城管的人就变成了二元对立。由于双方之间并没有看到相同的信息，而且人普遍会执着于自己所看到的信息，这个对立的群体很难互相妥协，于是一个本应缤纷多彩的世界就产生了分裂。

六
six

第 6 章

AI
之不能

在许多人的认知中，AI 无所不能，但通过认真分析和冷静思考后可以发现，尽管 AI 在很多方面的能力确实可以超过人脑，但仍然在某些方面可能永远也无法达到人脑的能力水平。

6.1　AI为什么不能

这一节试图从形成 AI 能力的机理角度来论述，AI 与人脑相比，切实存在着无法逾越的鸿沟，从而导致 AI 在某些方面可能永远无法达到人脑的高度。

6.1.1　机器与人脑的巨大鸿沟

前面我们论述过，至今为止，所有 AI 的能力均来自艾克架构，未来如果没有能模仿人脑能力的新技术架构出现，则智能机器所具备的能力就是艾克架构所有潜力的总和。

艾克架构模仿人脑能力所依托的基础有两点，一是信息的数字化，二是信息的逻辑运算。如果做不到数字化，则信息无法输入智能机器，自然也无法进行处理，例如，嗅觉、味觉等信息无法进行数字化，因此智能机器很难对菜品的好坏进行准确评价。如果人脑的思维活动无法用逻辑运算模仿，则这样的能力也很难用智能机器模仿，例如，一个小学生很容易从人群中一眼就找出自己认为最好看的人，但要智能机器去模仿这个小学生的眼光，找出同样的人却是十分困难的事情。

我们来分析一下人脑信息的数字化。

我们前面将人脑所处理的信息分为两大类，一类是感官信息，一类是信息汁。在感官信息中，除视觉和听觉中的空间信息外，其他大部分信息的数字化技术已非常成熟，对于感官信息中的嗅觉、味觉和触觉信息，目前并没有有效的技术对其进行数字化，因此，许多与嗅觉、味觉和触觉信息相关的人脑能力显然是智能机器难以模仿的。

信息汁中均有无法进行数字化的信息，如智慧和非经典信息中绝大部分信息都属于无法进行数字化的。表 6.1 展示了许多难以进行数字化的信息示例。这些无法进行数字化的信息，对人脑思维活动中的信息处理产生了重大影响。

下面我们来分析一下信息的逻辑运算。

逻辑运算包括数字运算和逻辑判断两个环节，主要特点有两个。第一个特点是只要输入的信息不变，每次运算的结果也不会变化，即整个过程是确定的。第二个特点是逻辑判断是二值判断，非黑即白。

表 6.1 无法进行数字化的信息示例

信息种类	示 例	备 注
事实	张三比李四更喜欢玫瑰花	无法对"更"进行数字化
知识	女生普遍比男生要胆小	无法对"普遍"进行数字化
规则	情节较轻的，给予警告或记过处分	无法对"情节较轻"进行数字化
规程	等水开了以后，开小火慢炖	无法对"小火"进行数字化
规范	不忘初心、牢记使命	无法对全句内容进行数字化
智慧	淡泊以明志，宁静以致远	无法对全句内容进行数字化
非经典信息	人通过观察可准确判断对象的情绪及其程度	无法用数字化的方法对人的喜、怒、哀、乐等情绪进行数字化

在人脑的思维活动中，有很多信息处理过程很难采用数字运算进行替代或模仿。例如，一位女士要见一位客人，通常会综合考虑很多因素来决定穿什么衣服，这个决策过程可能很快，也可能很慢。如果有一位助手长期跟随她，则这位助手基本可以为她做出令其满意的选择。但这样的思维过程很难用数字运算来进行模仿，也就是说，即便做一个智能机器长期观察这位女士，这个机器也很难达到人类助手的水平。

同样，在人脑的思维活动中，有很多信息处理过程无法采用"一刀切"的判断准则。下面我们设计一个名为"最佳作文评比"的试验来说明这个问题，该试验的基本流程如图 6.1 所示。

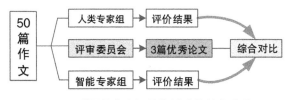

图 6.1 "最佳作文评比"试验的基本流程

假设某班级有 50 名学生，语文老师布置了一篇作文，并设置好评分规则。试验包括以下几个步骤。

步骤 1 在所有学生完成作文后，成立一个由 7 位语文老师组成的评审委员会，对照评分规则，该评审委员会对所有作文进行评定，共同选出最优秀的 3 篇作文。

步骤 2 随机抽取 10 名语文老师组成人类专家组，各专家分别独立地对 50 篇作文进行评价，选出自己认为最优秀的 3 篇作文。如果选出的作文与评审委员会选出的 3 篇作文完全一致，则该老师得 10 分；如果选出的作文与评审委员会选出的 3 篇作文有 2 篇一致，则该老师得 7 分；如果选出的作文与评审委员会选出的 3 篇作文有 1 篇一致，则该老师得 5 分；如果选出的作文与评审委员会选出的 3 篇作文均不同，则该老师得 0 分；将 10 名老师的得分全部相加，并除以 10，即为人类专家组的综合得分。

步骤 3 随机选择 10 台智能机器组成智能专家组，先将所有学生的作文、作文题目和评分规则分别输入到 10 台智能机器中，然后由智能机器给出评价结果，并按照步骤 2 中的记分规则给智能专家组打分。

对比人类专家组和智能专家组的得分，可以发现，如果安排多个不同的人类专家组分别对作文进行评价，则不同的人类专家组的综合得分将比较接近，而不同的智能专家组的得分可能会比较发散，或者完全一致；而且人类专家组的综合得分普遍高于智能专家组的综合得分。这表明人类专家在评判这些作文时，会有共识，但对于智能机器来说，却很难做到这一点。由此基本可以判断，如果一个信息处理问题很难用"一刀切"的判断准则进行模仿，则相应的智能机器就很难达到人类大脑的水平。

总之，基于艾克架构的智能机器，只能采取"一刀切"的方法处理可以数字化的信息，对现实生活中大量难以数字化的信息及无法"一刀切"的问题难以准确模仿，甚至无从下手。

6.1.2 感知能力有短板

味觉和嗅觉是人的两种重要感知能力，也是人脑的重要信息来源，利用这两种能力，人可获得周围环境中的气味和食物的味道信息。目前还没有对这两种信息进行数字化的方法，也没有可行的传感器能采集这两种信息，因此，现有技术无法对这两种信息进行有效处理。

由于味觉和嗅觉主要取决于气体或食物的化学成分，包括成分的组成和比例，要对成分的组成和比例进行测量，目前只有依靠化学方法，有些情况下也可以依靠光学方法，但光学方法通常也需要借助化学试剂进行辅助。采用化学方法进行测量，操作复杂、时间较长、精度难以控制，依靠化学方法将味觉和嗅觉信息进行数字化是十分困难的事情。因此，在可预见的将来，基本上很难找到一种将味觉和嗅觉信息进行数字化的可行方法，更谈不上制造出像采集视觉和听觉信息一样价格低廉的传感器。

难以对味觉信息和嗅觉信息进行数字化，未来的机器就无法具备味觉和嗅觉功能，这将在很大程度上影响部分机器的智能化提升。

例如，未来可能会研发一些具备智能的炒菜机器人，这些机器人可按照规定的菜谱对食材进行加工，炒出可口的菜肴。但这些炒菜机器人由于不具备味觉和嗅觉功能，除按菜谱规定的操作规程进行加工外，这些机器无法做出有特色的菜肴，当然更不可能开发出新的菜品。因此，未来的炒菜机器人可能会取代部分厨师的工作，但高水平的厨师仍然是机器无法替代的。

另外，像酿酒、烟草行业，以及饮品和食品研发公司，都需要专门的人才对新研发的产品进行品鉴，很显然，这类人才是未来的智能机器无法取代的。

6.1.3　处理能力有缺项

随着机器感知能力的不断提高，机器智能的技术瓶颈主要在于信息处理能力，即各类信息处理的算法及其性能。但十分遗憾的是，用机器的信息处理能力模仿人脑的信息处理能力存在很多难以解决的问题。

毫无疑问，所有基于机器计算的信息处理，不管对应的是什么算法，依据的都是数字运算和判断。其中，数字运算的基础是比特运算，即运算的对象是 0 和 1。判断的基础是二值判断，判断结果是 1（真）或 0（假）。如果人脑中的信息处理问题最终不能归结于比特运算和二值判断，则这样的信息处理是很难用现有的艾克架构来实现的。或者说，人脑智能难以用智能机器进行很好的模仿。也许我们可以找到一个比较接近的处理算法进行模仿，但模仿达到的效果与人脑能力相比差距甚远，以致人们无法接受这样的模仿效果。

下面，我们分别就人脑信息的不确定性和判断准则的模糊性，来说明机器智能的信息处理能力存在的缺陷。在目前看来，这些缺陷很难有可行的解决办法。

首先，在人脑的高级思维活动中，并不是所有信息都可以用比特信息准确表示，或者说，人脑中的某些信息是不确定的，很难对其进行高精度的数字化表示，这些信息自然也就无法有效应用于机器的比特运算中。例如，一个公司的老板要在某个部门中选拔一个经理。每个候选人的信息包括领导能力、专业能力、性格特点、交际能力、工作业绩等，这些信息都是现成的，因此，老板只需根据自己的用人标准选择即可，这种事情对老板来说并不困难。但对机器来说，领导能力、专业能力、性格特点、交际能力、工作业绩等信息是不确定信息，不同的人有不同的判断标准，很难用比特信息进行精确表示。当然，我们可以用评分方法对领导能力等不确定信息进行数字化表示，但问题是，无论采用哪种信息表示方式，与人脑中的真实信息相比，这些信息经常会存在很大的误差，因此，试图通过对这些失真的信息进行比特运算，从而产生与人脑思维活动相同的结果是很难实现的。同样的例子还有研究生招生考试，考试分数与人的能力之间并不能画简单的等号，因此，除初试外，还要增加面试环节，要利用人脑的能力对需要的人才做进一步筛选。这也说明简单的数字化处理也许能解决问题，却不一定是很好的解决方案。

其次，人脑的判断准则十分复杂，很多情况下是难以用二值判断进行模仿的。例如，各种法律中，经常用到"情节严重""情节特别严重"等术语，很难简单地转化为二值判断。又比如，在各种奖励政策中，经常出现"表现优异""贡献突出""功勋卓著"等词，这些词同样很难用简单的二值判断进行模仿。

因此，采用艾克架构来模仿人脑的高级思维能力，无论是在不确定性信息的表示及处理方面，还是在模糊性判断准则的运用方面，都与人脑存在极大的差距。也就是说，针对涉及大量不确定信息和模糊性判断的思维活动，基于艾克架构建立的信息处理模型，很难超越人脑的信息处理过程。对于这一结论，我们可以通过"最美小姐评选"试验进行验证。

"最美小姐评选"试验是这样设计的。假如有一个设计师 A，要从 100 张美女照片中，找到自己设计所需的最美小姐。首先，设计师将自己认为最美小姐应满足的要求用文字描述出来，这些描述信息用 D 来表示。其次，设计师找出3 张符合描述信息 D 的最美图片，记为图片集 N，并找 100 个人类助手，将描述信息 D 告诉这些助手，让他们独立地根据信息 D 的提示，从 100 张照片中找出设计师需要的 3 张图片。然后，将人类助手找出的 3 张图片与图片集 N 进行比对，若有 1 张图片在图片集 N 中，则认为该助手查找成功；统计所有助手的查找结果，并计算查找成功率。最后，将信息 D 和 100 张图片输入到智能机器，让智能机器查找符合条件的 3 张图片。将此过程重复 100 次，并计算智能机器的查找成功率。对比分析人类助手和智能机器的查找成功率，就可以基本了解人类思维和机器思维之间的差距了。"最美小姐评选"试验的基本流程如图 6.2 所示。

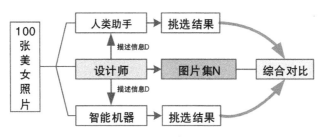

图 6.2 "最美小姐评选"试验的基本流程

"最美小姐评选"试验显然不是一个完全客观的试验，因为图片集的选取和信息 D 的描述都会在一定程度上影响最终结果。对于人类助手来说，如果进行多次试验（每次试验选择不同的 100 人），则查找成功率应该稳定在一个比较固定的值。而对于智能机器来说，如果进行多次试验，则查找成功率大概率是 0 或者 1，而不是 0 和 1 之间的固定值。这就表明，在处理不确定性信息和模糊性准则时，机器智能与人脑智能之间是存在明显差距的。

总之，任何智能机器的处理能力都局限于已设定的程序，基于这种程序的智能机器不可能执行未预编程的活动。智能机器的能力受设定的程序和其能处理信息的限制，能力效果是可以预估的。但人脑思维活动的处理能力是无限的，面对同样一个问题，不同时间的处理结果可能不同，不同条件下的处理结果也可能不同，甚至和不同的人在一起的处理结果也可能不同。这就说明我们仅利用智能机器逻辑运算的确定性，很难精准地模仿人脑思维能力的不确定性。

实际上，人脑的思维活动既包含理性思维，也包括感性思维，甚至还包括理性感性交叉思维。对于理性思维，因处理信息的确定性和处理过程的逻辑性，用艾克架构进行模仿具有较强的可行性和较好的拟真度。对于感性思维和复杂的理性感性交叉思维，因为浓缩了生命和人类族群漫长的演化历史和个体的长期生活经历，采用艾克架构的机器是很难进行准确模仿的。

总之，或许未来用智能机器能模仿人脑的很多思维能力，但要模仿所有人脑智能，基于现有的艾克架构，仍然存在不少缺项，这些缺项至少在目前看来没有什么可行的解决方案。

6.1.4 思维驱动少动力

人脑的智能主要来自人脑的各种思维活动，即对感觉器官获取的信息和人脑中存储的信息汇进行加工处理。驱动人脑开展思维活动的动力有两个方面：一方面来自于外在驱动力，即为了从事生产活动或对外提供服务，另一方面来自人的内在驱动力，即为了满足生存和成长的自身需求。

按照马斯洛需求层次理论，人的自身需求包括从低到高5个层次。最低层次的需求为生理需求，是指满足自身生存的基本需求，主要包括衣、食、住、行等方面。第二个层次的需求为安全需求，是指人为了保障自身安全和摆脱威胁侵袭的需求，主要包括安全、事业、财产等方面。第三个层次的需求为社交需求，是指人为了建立情感联系和归属某个群体的需求，主要包括友谊、爱情和归属等方面。第四个层次的需求为尊重需求，是指人为了获得内在价值肯定和外在成就认可的需求，主要包括自尊、自信和成就等方面。第五个层次的需求为自我实现需求，是指人为了充分发挥潜力和实现自身理想的需求，主要包括能力、理想和抱负等方面。马斯洛需求层次理论示意图如图6.3所示。

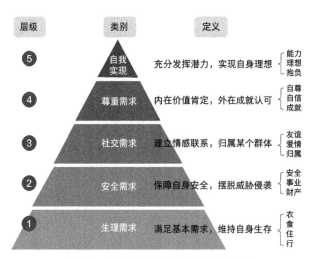

图 6.3　马斯洛需求层次理论示意图

按照我们前面提出的工具人和生物人的概念可以发现，工具人的驱动力主要为外在驱动力，生物人的驱动力主要为内在驱动力。

因为人类制造智能机器的主要目的是用机器实现工具人的某些思维能力。因此，与人脑相比，智能机器的思维活动缺乏内在驱动力。也就是说，智能机器很难像人一样拥有强大的内在驱动力。

下面我们讨论，作为模仿工具人的智能机器，到底有哪些思维驱动力。

首先，从设计智能机器的初衷来看，我们不需要智能机器拥有社交需求、尊重需求和自我实现需求，也就是说，我们并不需要一个会"谈友谊、谈爱情、谈归属"的机器，也不需要一个有自尊、有自信、有成就、有理想和有抱负的机器。从市场需求的角度来看，我们并不需要一个拥有社交需求、尊重需求和自我实现需求的智能机器。

其次，即便如人们所担忧的那样，某些人想利用智能技术，制造出威胁或挑战人类的机器，从技术实现的角度来看，这些智能机器也很难具备社交、尊重和自我实现这些高层次需求。因为社交需求的基础是拥有情感，尊重需求和自我实现需求的基础是拥有价值观，而基于艾克架构的机器是很难模仿人类的情感和价值观的，这一点在后面还会展开论述。

由此可见，作为模仿工具人的智能机器，为了向外界提供有价值的输出，驱动其思维活动的内在需求只有生存需求和安全需求，没有社交需求、尊重需求和自我实现需求。这就说明，与人脑智能相比，智能机器驱动思维活动的动力要少得多，这在很大程度上决定了智能机器的思维能力与人脑的思维能力将永远无法相提并论。

驱动人脑思维活动的动力主要是外在驱动力和内在驱动力，而驱动智能机器思维活动的动力主要是外在驱动力和内在的生存需求和安全需求。在没有外在需求的刺激下，智能机器基本只停留在等待指令的状态，绝不可能自发地产生一种需求去驱动智能机器的思维活动。例如，一辆具备完全自动驾驶能力的汽车，在没有接收到目的地指令时，不可能自发地去自己想去的地方。这一点其实很好理解，人们在制造机器时，要求机器听从指令，绝不可能接受一个自行其是的机器。

上面介绍的外部需求，可能是一个短期的操作命令，也可能是一个需要长期执行的操作任务。对需要长期执行的操作任务，机器需要对其进行分解，自主产生一组短期的操作指令。由于这些短期指令是服务于长期执行任务的，这样的驱动力应归结于外部需求，而不是机器的内在需求。

事实上，人脑的很多高级思维活动均来自马斯洛需求层次理论中的高层次需求。例如，创新思维来自探索欲、想象思维来自好奇心、思索思维来自成就获得

感或兴趣爱好，这些需求显然是智能机器无法具备的。

总而言之，智能机器与人脑智能相比，在思维活动的驱动力方面是有很多缺失的，这必将导致智能机器在许多高级思维能力方面无法达到人脑的能力水平。

 ## 6.1.5 小结

要基于艾克架构开发出具备与人脑一样能力的智能机器，其根本前提是必须对人脑能感受到的信息进行数字化处理，同时机器能完全模仿人脑对信息的处理。虽然机器在计算能力和记忆能力等方面已远超人脑的能力，而且还在高速发展，未来不可能成为阻碍 AI 能力发展的技术瓶颈，但在人脑信息的数字化和模仿人脑信息处理方面，艾克架构这一技术架构始终存在无法逾越的鸿沟，这也就决定了无论 AI 如何发展，与人脑能力相比，AI 始终存在许多能力缺陷，不可能完全替代人脑的全部功能。

 ## 6.2 不能拥有超级思维能力

人脑的超级思维能力主要包括设问能力、创新能力和思索能力，这些能力的共同特点是发散性思维活动，即要生成的信息不明确，生成信息的路径也不明确，甚至加工的信息对象也不明确。如果换成智能技术的语言，则没有明确的处理算法，算法加工处理的信息不确定，处理算法输出信息的内容和形式也不确定。因此，对基于艾克架构的智能机器来说，要完成类似的超级思维活动，几乎是不可能的。

 ## 6.2.1 不会自主设问

任何一台智能机器，不管其智能水平有多高，终究还是为人所用的机器，其所有行为均受外部用户的指令驱动。因此，智能机器的思维活动是被动思维，围绕解决问题而触发。在完成人指派的一件事情后，还没有领到新任务之前，机器的智能停留在空闲状态，绝不会自己提出一个问题，并试图去解决问题。也就是说，AI 并不能主动确定需要解决的问题是什么。试想一下，谁会买一台不按指令行事而自行其是的机器呢？这就说明，从需求的角度来说，我们不会需要一台自己给自己提出问题的智能机器。

从智能机器的技术实现角度来看，机器也不可能自己给自己提出问题。因为智能机器的智能来自信息，以及对信息进行处理的程序，程序一旦研发完成，输入输出信息的形式和信息处理的过程就都确定了，信息处理的结果是可以预估的。也就是说，不管输入的信息是什么，智能机器的所有处理结果实际上早就存在于设计范围内了。另外，因为市场上的用户并不需要机器自己给自己提出问题，程序员自然就不可能去开发这样的功能，因此，智能机器不可能自己修改程序，去实现提问的功能，自然就不会有像人脑一样的设问能力。

最重要的是，人类的设问能力主要源于人类的需求或欲望，只有在需求或欲望未得到满足的情况下，人脑才会启动设问能力，提出相应的问题，并寻求解决问题的方法。对智能机器来说，除维护机器正常运行的需求外，很难再有其他内在的需求，如不可能拥有好奇心、兴趣爱好、使命感、责任感、荣誉感等高层次的精神需求。因此，智能机器很难在无需求的情况下提出问题。

需要说明的一点是，这里所说的机器不会设问，不包括聊天机器人的提问能力。因为聊天机器人的提问是一种会话技巧，仅是为了使聊天过程持续下去。这里所提到的设问是指机器在无外部指令的情况下，为自己安排一项新的任务，并努力通过自己的智能去完成这些任务，以满足智能机器的自身需要。

6.2.2 不会创新

在前面论述人脑的创新能力时，我们已将创新能力定位为科学技术和工程方面的创新，而文学、艺术作品的创作，主要是依靠人脑的想象能力来完成的，我们将其纳入人脑的想象能力。

创新有很多种。从创新的结果来看，创新可分为概念创新、理论创新、方法创新或物品创新。从驱动创新的原因来看，创新可以是发现新问题，或找到可行的解决方案；也可以是已有的老问题，找到一个创新的解决方案。从创新的技术领域来看，任何领域都需要创新，也可能存在创新。

与人脑创新能力不同的是，其他大多数思维能力都可以看作是纯粹的信息加工过程，即思维活动的输入是信息，思维活动的输出也是信息，中间通常不需要外界因素的介入。一次完整的创新活动，通常包括收集信息、提出问题、解决方案、试验验证四个步骤，任何一步都不可缺少。其中，收集信息、提出问题、解决方案这三个步骤的工作基本可以看作信息加工过程，主要依赖人脑对已有信息的掌握和运用，从理论上来说，依靠现有的艾克架构是有可能实现前三个步骤的，但试验验证过程在绝大多数情况下都是由一系列行为活动构成的，包括仿真、测试、试验、试用、研讨等，均离不开人的深度参与。另外，因创新活动本身的复杂性和不确定性，以上创新过程中的第三步和第四步并不是一次就能完成的，很可能需要反复进行迭代，以修正每个步骤的工作内容，最终实现创新成果。这个反复迭代的过程更离不开人的参与、组织与协调。因此，从创新所必需的过程来看，要使机器具有独立完整的创新能力基本上是不可能的事情。

另外，人脑的创新活动主要源于人的高层次精神需求，这种需求驱动人利用各种思维能力去寻找问题、进行信息收集和信息加工，并通过试验验证完成一次有意义的创新活动。但对智能机器来说，不管其智能水平有多高，是永远不可能具有这样的内在驱动力的，如果真有能力赋予机器内在驱动力，则意味着机器可能脱离用户的指令进行活动，并可能产生不可预知的行为，这对机器的用户来说，显然是无法接受的。退一步说，如果未来的智能机器真具有创新能力，那又如何保证其创新是有益的创新呢？毕竟，创新的结果本来就是未知的。

从艾克架构进行分析，更容易得知机器不可能拥有创新能力，因为艾克架构决定了智能机器的所有思维活动都是利用算法，对信息进行加工而已。由于算法已固化为程序，并加载在计算平台上，算法一旦设计完成，是不可能变更的（程序升级除外），其输入和输出的信息也都是确定的，可以变化的只是算法所加工处理的信息。只要程序一固定，所有信息处理的结果都是可预测的，不可能偏离程序设计的预期结果，由此可以推断，基于这样的信息处理过程所获得的结果，不可能超出设计范围。退一步说，即便信息处理的结果为创新性信息，处理程序所固有的信息输出方式也难将创新性成果表达出来。实际上，信息处理程序和信息的种类、信息的内容、输出信息的形式、输出信息的内容都是不确定的。人脑正是依靠这种二维不确定性，使处理结果具有更多的不确定性，从而产生有创新价值的输出。

自古至今，人类所有的创新行为都属于个性化行为，但不是人人都具有创新能力，而机器是可以大量复制的。假如某种智能机器真的有一天拥有了创新能力，那么是不是意味着可以通过大量复制这种机器，将人类面临的所有问题都通过机器创新解决呢？

智能机器很难独立完成一个完整的创新过程，自然也就不可能具备创新能力了。

6.2.3　不会思索

我们在前面已经论述过，人脑的思索能力主要用于解决复杂问题，其主要特点是在获取解决方案的过程中，需要反复运用其他思维能力，这种反复运用是无规则可言的，完全取决于人所掌握的信息和拥有的思维能力水平。

智能机器之所以不会思索，最根本的原因有两点。第一点是机器无法理解复杂的问题。这里的复杂问题不是指问题的复杂程度，而是指相对于已有能力来说，这个问题并不能简单地运用已有能力来解决。对于机器来说，复杂问题是无法通过简单调用机器中已加载的程序进行解决的问题，很显然，机器在遇到这样的问题时，不可能自己去修改程序。第二点是解决复杂问题的方法无法固化为具体的算法，因为反复运用其他思维能力并没有现成的规则，也不可能找到一个确定的规则。

6.3　不能拥有情感

人脑的大量思维活动是由情感进行支配的，有些活动是由情感驱动的，还有些活动是终止于某种情感的满足，因此，情感与智能是息息相关的。

6.3.1　人类的情绪和情感

情绪和情感都是人对客观事物所持的态度，其依赖的基本条件就是人的生理反应。为了证明这一点，心理学家给那些不会产生恐惧和回避行为的心理疾病患者注射了肾上腺素，结果这些患者在注射了肾上腺素之后，和正常人一样产生了恐惧和吃惊的情绪。

1、情绪

情绪是人类主体对于客观事物是否符合其愿望和需求的一种主观反映。人的情绪通常包括喜、怒、忧、思、悲、恐、惊等。行为在身体动作上表现得越强，说明其情绪越强烈，例如，喜可能会手舞足蹈、怒可能会咬牙切齿、忧可能会茶饭不思、悲可能会痛心疾首等，这些都是情绪在身体动作上的反应。情绪的一个重要特点是体验状态的短时性，大多数情绪在经过一定的时间或其他因素的影响后会产生变化。

对于人类来说，情绪具有四大功能。

第一种功能是适应功能，即利用情绪进行生存和发展。例如，婴儿在出生时，不具备独立的生存能力和言语交际能力，这时主要依赖情绪来传递信息，与成人进行交流，得到成人的抚养与安慰。成人也正是通过婴儿的情绪反应，及时为婴儿提供各种生活条件和抚慰。在成人的生活中，情绪与人的基本适应行为同样关系紧密，如攻击行为、躲避行为、寻求舒适、帮助别人等行为，这些行为有助于人的生存以及成功地适应周围环境。情绪还直接反映人的生存状况，是人的心理活动的晴雨表，例如，通过愉快这种情绪可以表示处境良好，通过痛苦这种情绪可以表示面临困难；人还通过情绪进行社会适应，例如，用微笑表示友好，通过察言观色了解对方的情绪状况。总之，人通过情绪了解自身或他人的处境，适应社会的需求，从而更好的生存和发展。当然，情绪有时也有负面作用，例如，一些球迷会因为输球产生负面情绪在赛场闹事、斗殴，破坏公共财产，甚至造成人身伤亡。

第二种功能是动机功能，即情绪是动机的源泉之一，也是动机系统的基本组成部分之一。情绪能激励人的活动，提高人的活动效率。适度的兴奋情绪可以使身心处于最佳状态，推动人们有效地完成任务。研究表明，适度的紧张和焦虑能促使人积极地思考和解决问题。同时，情绪对于生理内驱力有增强作用，成为驱使人的行为的强大动力。例如，人在缺氧的情况下，产生了补充氧气的生理需要，这种生理内驱力可能没有足够的力量去激励行为，但是，这时人的恐慌感和急迫感会增强内驱力，使之成为行为的强大动力。

第三种功能是组织功能，即通过情绪对其他心理过程产生一定的影响。情绪心理学家认为，情绪作为脑内的一个检测系统，对其他心理活动具有组织作用，这种作用表现为积极情绪的协调作用和消极情绪的破坏、瓦解作用。中等强度的愉快情绪，有利于提高认知活动的效果，而消极情绪，如恐惧、痛苦等情绪会对行为产生负面影响。情绪的组织功能还表现在人的行为上，当人拥有积极、乐观的情绪时，会注意事物美好的地方，其行为比较开放，愿意接纳外界的事物；而当人拥有消极的情绪时，容易失望、悲观，放弃自己的愿望，甚至会产生攻击性行为。

第四种功能是社会功能，即情绪在人与人之间具有传递信息、沟通思想的功能。这种功能是通过表情体现的。表情是思想的信号，如用微笑表示友好，用点头表示同意等。表情也是言语交流的重要补充信息。从信息交流方面看，表情交流比言语交流要早得多，如婴儿与成人相互交流的手段之一就是情绪。情绪在人与人之间的社交活动中具有广泛的功能，它可以作为社会的黏合剂，使人们接近某些人；也可以作为一种社会的阻隔剂，使人们远离某些人。人所体验到的情绪，对其社会行为有重大影响。

2、情感

情感是人类主体对于客观事物的价值关系的一种反映。情感具有一定的客观性，因为客观事物中蕴含了情感，任何人的大脑都可以感受到这种情感。情感也具有较强的主观性，例如，即使过着同样的生活，美好的人和丑恶的人对生活的感觉不同；另外，受到负面情感刺激而心情不好时，人感受情感的能力就会下降。因此，情感是客观事物与人脑思维活动共同决定的，而不能单独由某一方来决定。相比于情绪而言，情感具有一定的稳固性，不容易受其他因素的影响而快速产生变化。

情感的表达模式比情绪要丰富得多。根据价值目标指向不同，人的情感表达模式可分为对物情感、对人情感、对己情感以及对特殊事物的情感四大类。其中，对物的情感包括留恋、厌倦、满意、失望、愉快、痛苦、期盼和焦虑等形式；对人的情感包括怀念、痛惜、怀恨、轻蔑、佩服、失望、爱慕、庆幸、称心、痛心、嫉妒、快慰、信任、喜欢、憎恶、嘲笑等形式；对己情感包括自豪、惭愧、得意、自责、开心、难堪、自信、自卑等形式；对特殊事物的情感是指事物具有某种特殊的价值意义，引发了人的某种特殊情感。

情感的一个重要特点是人类的情感发展同其他生物的发展一样，是一个不断进化的过程，具体表现为情感的表现形式不断分化，情感的层次结构不断复杂化，情感的行为驱动功能不断进化。人可以针对各种复杂价值关系，及时、灵活、准确地调节自己的情感，从而准确无误地指导自己的行为与思维。

情感进化的方向还可表现为情感与认知的不断分化与整合：在趋性情感阶段，认知与情感完全混为一体；在刚性情感阶段，认知与情感仍然混为一体，不过有逐渐分离的趋势；在弹性情感阶段，认知与情感进一步分离；在知性情感阶段，认知与情感各自可以独立发展；在理性情感阶段，认知与情感不仅可以独立发展，而且可以进行新的整合。不管怎么样，情感是人脑对价值关系的主观反映，情感进化的发展方向在根本上取决于价值关系的发展方向。

情感的重要作用主要表现为四个方面：情感是人适应生存的心理工具，情感能激发心理活动和行为的动机，情感是心理活动的组织者，情感是人际通信交流的重要手段。例如，在社会交往中，情感冷漠常使交往者打退堂鼓、情感相近时往往会达成双方的共鸣。

6.3.2 机器不能拥有情感的理由

通过以上对情绪和情感的分析可以发现，情绪和情感虽然都是人的心理行为，但二者还是存在差别的。情绪更多地表现为人的一种心理状态，是对客观事物的一种短期反应。情绪对人的思维活动有一定的影响，可以通过面部表情、姿态表情、语调表情等行为方式去影响其他人，例如，愤怒的情绪会使人敬而远之，高兴的情绪会使人产生好感。情感更多地表现为人的一种心理倾向，每一种情感都有明确的目标指向，目标可以是人、物、自己或其他特殊事物。由于情感取决于人的价值关系判断，情感在很大程度上对人的思维活动起支配作用，并通过行为影响周边的人和物。

由于情绪所对应的心理状态基本可以归纳为7种类型，我们可以通过对7种状态的输入和输出进行深入分析，梳理出人类情绪的处理模型。这个模型可以对输入的信息进行识别，并输出与人相似的情绪反应。这就决定了我们可以利用智能技术使机器具有一定程度的情绪表达能力。

例如，我们可以设计一款陪人聊天的机器人，这个机器人能像人一样理解对话者的交谈内容，遇到好笑的内容就表现出高兴的情绪，遇到伤心的内容就表现出忧伤的情绪。至于这个机器能不能做到很高的水平，主要取决于机器理解技术和机器会话技术的发展程度。

总之，要做一个具有情绪表达能力的机器从技术上来说是可能的。但要让机器拥有情感能力，使机器对人或其他机器产生特定的情感，从技术上来说是很难实现的。

第一，市场不需要拥有情感的智能机器。例如，爱慕和仇恨是两种比较典型的情感形式，如果真有一台懂得仇恨的杀人机器可以帮助我们杀死仇人，则这种仇恨也是根据设定的价值关系所确定的。人与人之间的仇恨关系是随时可能变化的，仇人也可能因为某种原因变成朋友或盟友，这时杀人机器遇到了曾经的仇人又如何处置呢？更何况一个人如果真需要一个机器去杀一个人，其实并不需要让机器去仇恨要杀的人，只需要机器去执行杀人的动作就行了。

第二，无法通过技术手段实现情感。情感来自人的价值关系判断，每个人都拥有不同的价值关系判断准则。我们很难找到一个通用的价值关系，也很难用数字化的方法准确地表达价值关系，在这种情况下，自然很难采用艾克架构模仿人对价值关系的处理过程。

第三，人与人之间的情感或来自于血缘关系，或来自于共同的兴趣、爱好、观念和利益。机器与机器之间、机器与人之间不可能有血缘关系，也很难产生共情反应。因此，对机器来说，无论是对人还是其他机器，基于血缘关系和共同点的情感是不可能具有存在基础的。

第四，人的情感很大一部分来自内在的需求和欲望，但对于机器来说，最好不要拥有自身的需求或欲望。因为一旦机器拥有了自己的需求或欲望，那就意味着机器已摆脱了人的控制，将按照自己的价值关系去行动，这显然与人制造机器的初衷背道而驰。可以设想一下，假如一个陪人聊天的机器人在和主人聊天的过程中，产生讨厌的情绪，而不再愿意和主人聊天，那这样的机器就失去了存在的意义。又比如一个拥有爱慕情感的机器人某一天爱上了别人，机器的主人又会如何处置呢？至于一个聊天机器人通过学习慢慢学会了投主人所好，这是有可能的，但这并不代表机器拥有了情感。

正是因为以上四点原因，可以断言，不管将来机器智能技术如何发展，也很难使机器拥有与人一样的情感。

至于人是否对智能机器具有情感，这就和人对其他东西的喜欢或厌恶是一样的，与机器是否有智能关系不大，也许有人会因为机器有智能而喜欢机器，也许有人因为机器有智能而讨厌机器，这主要取决于人的主观想法。

关于机器不能拥有情感的观点，我们还可以看看其他专家的观点。

部分专家认为，当前的计算机架构和编程模式与人脑相比具有本质上的区别。本质上，AI仅是物质领域的概念，无法跨越到意识领域。根据1981年荣获诺贝尔生理学奖的罗杰·斯佩里博士提出的著名"左右脑分工理论"，人脑的左右半球有不同分工。左半脑擅长分析、逻辑、演绎、推理等理性抽象思维，右半脑擅长直觉、情感、艺术、灵感等感性形象思维。迄今为止，AI的所有智能仅在模仿人类左半脑的理性思维模式，而不具备右半脑的感性思维。也就是说，目前的AI技术还很难应对人类的社会文化和意识领域等产生的各类问题，而人脑却可以通过在复杂社会环境下的长期学习，轻松应对这类问题。

其次，情感智能化可分成两个层面来讨论，一个是让机器本身具有情感，另一个是机器理解人的情感，两者是不一样的。使机器去理解人的情感，这件事是有可能做到的。目前有一部分机器人系统能做到理解部分场景、环境和对话内容，并根据结果做出相应的反应或表情。但要机器人或AI系统完全达到人类的水平，有自发的情感和创造性是很难实现的，因为到目前为止，人类都还不清楚产生情感的原因和过程。

6.4 不能拥有自我意识

从生物学的角度来看，智能机器与生命体的组成存在本质的区别，因此，智能机器和所有非生命体一样，不可能像人一样拥有自我意识。但是，智能机器作为模仿人的机器，既模仿人的体能，又能模仿人的智能，那么从仿生学角度，能不能模仿出与人一样的自我意识呢？

要回答这个问题，首先要研究一下人的自我意识到底是什么。和任何生命体一样，人的生存是需要一定环境的。人的自我意识本质上是维持自己生命延续的一种本能，其外在的表现形式是对生存环境的欲望和追求。这里的环境当然包括人离不开的空气、水、阳光，也包括人所需要的物质需求和精神需求。每个人所需的生存环境有相似的地方，也有不同的地方。例如，有些人对物质方面的需求比较高，就驱动了这些人对金钱和物质的追求；有些人对精神方面的需求比较高，就驱动了这些人对感情、事业和荣誉的追求。正是因为每个人需要的生存环境不一样，生存环境也会随着人的成长和经历而不断发生改变，每个人有不同的世界观、价值观和人生观，每个人也拥有与其他人不同的个性。但有一点是所有人都相同的，那就是每个人都在有意识或无意识地追求使自己舒适的生存环境，而这个舒适的生存环境也是由人的自我意识来定义的。因此，一个活着的生命体是有自我意识的，而失去自我意识的生命意味着死亡。

如果我们要制造一台具有自我意识的智能机器，则在设计机器的时候，至少要做到两点，一是要为其设计好生存环境，二是要使机器具有能力，使自己尽可能处于舒适的生存环境之中，并且终生都要为实现这个目标而努力。

在开始设计这种机器的时候，设计师可能就会遇到问题。如果设计的生存环境要求太低，则智能机器追求生存环境的欲望很快就能达到，从而可能失去追求生命成长的动力。如果设计的生存环境要求太高，则智能机器很可能永远无法使自己处于舒适的生存环境，使生命失去了存在的意义，从而可能导致机器因绝望而过早夭折。

因此，无论采取何种技术给机器赋能，机器都很难产生自我意识，也很难像人类一样为追求更好的生存而奋斗不息。

 6.5 不能拥有自我价值观

 6.5.1 人类的价值观及其作用

价值观是人基于感官和思维之上作出的认知、理解、判断或抉择，是人认定事物、辨别是非的一种思维取向。

基于价值观，人才能认识到自己的生活实践对社会和个人所具有的作用和意义。选择什么样的人生目的，走什么样的人生道路，如何处理生命历程中个人与社会、现实与理想、付出与收获等一系列矛盾，人们总是有所取舍，价值观是人们从价值角度考虑人生问题的根据。价值观对动机有导向的作用，同时反映人们的认知和需求状况。

价值观有稳定性、持久性、历史性、选择性和主观性等特点。在特定的时间、地点、条件下，人们的价值观总是相对稳定和持久的。例如，对某种人或事物，人都会有看法和评价，在条件不变的情况下这种看法基本不会改变。在不同时代、不同社会生活环境中形成的价值观是不同的。一个人的价值观从出生开始，在家庭和社会的影响下逐步形成。一个人所处的社会生产方式及其所处的经济地位，对其价值观的形成有决定性影响。当然，报刊、电视和广播等宣传的观点，以及父母、老师、朋友和公众名人的观点与行为，对一个人的价值观也有不可忽视的影响。

价值观对人们自身行为的引导和调节起着非常重要的作用。价值观决定人的自我认识，它直接影响和决定一个人的理想、信念、生活目标和追求。价值观的作用大致体现在以下两个方面。

首先，价值观对动机有导向作用。人们行为的动机受价值观的支配和制约，价值观对动机模式有重要影响，在同样的客观条件下，具有不同价值观的人，其动机模式不同，产生的行为也不相同。例如，突然看到有人落水了，成年人一般会因为道义或良知而产生救人的动机，但孩子却可能因为惊吓而不知所措。同样，动机也受价值观的支配，只有那些经过价值判断被认为是可取的动机，才能转换为行为的动机，并以此为目标引导人们的行为。同样以有人突然落水的事情为例，有人可能因为想救人而跳入水中，有人可能为了追求热点而进行直播。

其次，价值观反映人们的认知和需求状况。价值观是人们对客观世界和行为结果的评价和看法，同时，价值观也反映了人们的认知能力，并决定了人们的需求。例如，有些人为了口福追求美食，有些人为了健康而吃健康但并不美味的食物，这说明拥有不同价值观的人是有不同的认知和需求的。

价值观对人际关系同样具有极其重要的影响，影响主要体现在四个方面：价值观思想认识上的统一是人际关系的基石；价值观利益上的互动和协调是人际关系的核心；价值观信息上的沟通是健康人际关系形成的关键；价值观实践上的一致是人际关系的保证。

一个人自觉地追求自己的人生目标，是因为他对自己选择的生活作了肯定的价值判断，认为这样的生活具有价值或能创造价值。

简单来说，价值观就是人对于自己、他人、事、物的看法，并据此进行决策和行动。人类的价值观建立在人追求自身价值的需求之上，它不仅决定了人的思维内容，同样也决定了人的思维方式。

6.5.2 机器不能拥有自我价值观的理由

首先，需要说明一点，我们在这里强调的是机器不能拥有自我价值观，而不是说机器不能模仿人类的价值观。事实上，在一些简单的决策方面，机器模仿人类是做得比较好的，例如，炒股软件可以根据人的主观偏好，从众多股票中选出一个供投资者参考，甚至可以帮助投资者做出决策。

下面我们重点阐述机器为什么不能拥有自己的价值观。

机器不能拥有自我价值观的最简单的理由是人类并不需要拥有自我价值观的智能机器，因为一旦机器拥有了自己的价值观，那就意味着机器的主人可能失去对机器的控制。例如，一辆爱探险的自动驾驶汽车，其主人能容许它自己去自由探索吗？

其次，人类的大量思维活动是围绕自身需求进行的，这些需求包括马斯洛需求层次理论中的 5 个层次需求，这些需求决定了人类思维活动的大部分内容，同样也决定了人类价值观的大部分内容。机器除维持自我生存的电能等能源需求外，不必拥有像实现自我价值这类的需求，因此机器价值观形成的基础是缺失的，这也就决定了机器不可能拥有自己的价值观。

另外，正是因为价值观对人类思维活动的决定性作用，人类试图让机器拥有像人类一样的价值观，但这从技术上是无法实现的。机器的思维活动（即信息处理）完全取决于处理的信息和处理算法，但机器的信息处理方法与人脑的信息处理方法相比，存在着不可逾越的鸿沟：人脑处理的信息中有大量信息是无法数字化的，如高兴、沮丧、兴奋、低落等情绪；人类处理信息的原则中涉及兴趣、爱好、好奇心、探索欲、成就感等无法量化的评判准则，这些信息和评判准则作为人的价值观的一部分，在人脑思维中发挥着重要作用，但我们无法将其输入或植入到机器中。

不管 AI 多么发达，归根结底，都是在人类给定的框架下解决问题。框架一旦设定，相当于机器的价值判断准则就确定了，超出框架的事情机器是无能为力的。例如，导航软件很智能，可以帮助我们选择最优的出行方案。但在人类的价值观中，如果发现每天出行的时间太长，则有可能选择在工作地点附近买房或租房来解决通勤问题，导航软件却绝不会给出这样的方案，因为导航软件的运行框架中并没有这种手段可供选择。正是因为人的价值观比机器更加丰富和多元化，人可以不受既有框架的约束。

人是追求意义的智慧生物，因此有丰富的价值观。也就是说，人能知道自己要什么，怎样才算是达成目的。而 AI 没有这种概念，AI 需要人类将具有意义的逻辑关系编码输入后才能按照这种逻辑关系进行工作。

人使用意义来理解世界，也以此与他人交流、合作。人类有相似的心智结构，即使语言不通，也可以相互理解，产生共情。但机器只能执行规定的代码，并按照规定的形式输出结果，无法真正像人一样理解所发生的事。

可见，人与 AI 最大的不同，就是人通过意义和价值与外部世界建立联系。这是人作为主体的基础，也是人类合作和创新的基础。AI 没有意义的概念，没有自我价值观，终究只能是人的工具，很难因追求自我价值去奴役人类。

 ## 6.6　不能拥有生命

从哲学的角度来看，生命是成长的，生命周期是有限的，生命也是唯一的，正是因为这三个特质，生命体与非生命体在自然界有不同的价值，也存在本质的区别。

一个模仿人脑能力的机器显然不具备生命的这三个特质。

首先，智能机器的智能来自艾克架构，一旦智能机器完成生产，艾克架构中的算法和计算就确定了，不可能再自行发生变化，也就是说毫无成长的能力。艾克架构中唯一可变的就是信息，随着信息的增加，智能机器可能会变得更聪明。例如，一个人看的文章多了，就掌握了更多的信息素材，甚至写文章的风格。但是，只要算法没有改变，不管输入的信息增加多少，经过算法处理得到的结果仍然是原来预想结果中的一部分，因此，智能机器并不具有成长的能力。

其次，对任何一台智能机器，其身体的实体部分基本是由金属、塑料、电路板、芯片等组成的，在不考虑成本的情况下，可随时根据需要通过维修或更换零部件的方法，延长机器的使用寿命。而机器的智能部分是由软件和数据构成的，这两样东西是可以根据需要随意复制的。因此，对任何一个智能机器，不论其智能程度如何，只要不计成本，我们都可以轻易地延长其生命。基于此，要复制出另一台或多台相同的机器是十分轻松的事情。

以上三点充分表明，任何一台智能机器，从本质来说是不可能拥有生命的，更不可能拥有和人一样的地位和价值。

从生物学角度来看，生命体有两个重要的生命过程，一个是可以新陈代谢，保证生命体存活；另一个是可以自我复制，保证生命体繁衍。而支撑生命体这两个重要生命过程的，是源源不断的外部能量输入，一旦缺少能量输入，生命体的生命也就随即终结。

不管智能化程度有多高，智能机器的基本构成终究还是机械部件、电子元器件、芯片和软件等模块，这些模块本身都是非生命体，因此不管将这些模块进行何种形式的集成，均不能赋予机器新陈代谢和繁衍两大特质。而且，支持智能机器运行的是电源，不管电源关闭多久，智能机器都不会发生变化（不考虑机器部件老化因素）。智能机器的这些特点表明，智能机器无法成为一个生命体，只能成为一个具有更强大功能的非生命体。

同样的道理，即便我们造出了一架能像鸟一样飞行的无人机，这架无人机可跟踪任何一只鸟，并可做出与鸟一模一样的飞行动作，我们也只能认为这架无人机很了不起，而不能认为这架无人机拥有与鸟一样的生命。

6.7　不能干的工作

随着 AI 技术的发展，大量重复性的工作和基于明确规则的工作将由智能机器取代，但这并不足以让人产生恐惧，因为需要人从事的工作并不会消失。实际情况是，工作的本质可能会发生改变，人类工作的重点将主要转移到那些人能比机器完成得更好的工作上去。未来，需要人从事的工作将是那些需要和他人建立情感联系、展现同理心、演示特殊技能、制造美的物品、启发年轻人，以及激发有目标感的工作。

在了解到机器智能技术在感知能力、处理能力和驱动动力方面的不足以后，我们可以列举出很多智能机器不能干或干不好的工作。

（1）特级厨师

不同于一般厨师，特级厨师能准确把握顾客对食物的喜好，并利用掌握的技能完成符合顾客偏好的食物。智能机器之所以做不了特级厨师的工作，是因为机器无法拥有与特级厨师一样敏感的味觉和嗅觉能力，无法体会顾客对菜肴的真实需求，这就限制了智能机器对顾客偏好的理解能力和对食物的评判能力，自然就很难做出符合顾客偏好的食物。

（2）高级律师

不同于一般律师，高级律师不仅能规范性地使用法律条文，还能对人类复杂价值关系进行把握，并能影响人们对同一件事物进行价值评判，进而改变法官对案件的判决结果。智能机器之所以做不了高级律师的工作，是因为机器无法准确掌握和理解人类复杂的价值关系，这些关系与人类的情绪和情感息息相关，这就使智能机器很难找到对代理人有利的评判依据，自然就无法利用情绪和情感影响法官对案件的判决。

（3）法官

法官的工作相当于拿着尺子去丈量，问题是尺子的准度不精确，被丈量的对象也不规则，可想而知，这样的事情是计算机程序最不擅长干的。智能法官也许可以断案，但通过算法计算出来的刑期有可能是难以服众的。这说明法官的岗位是很难用智能机器来替代的。

（4）警察

警察的主要职责是解决不确定性的问题，而机器最不擅长的就是应对不确定的问题，因此，希望用智能机器来取代警察是很难实现的。

（5）高级教师

这里的高级教师是指擅长通过言传身教的方式对学生进行指导，并乐于教书育人的教师。不同于仅负责知识传授的普通教师，高级教师在教育学生的过程中，会根据学生的反馈与学生有大量的情感交流，并利用情感互动的方式对学生的学习态度、目标和动力进行培育和引导。教师是人类灵魂的工程师，一个没有情感的智能化机器教师显然无法担当塑造灵魂的重任。

（6）外科医生

外科医生的主要职责是通过手术为病人去除病痛，而要完成一个高质量的手术，医生双手操作的灵敏程度显然是最重要的。目前，传感器的触觉感知能力与人的双手无法相提并论，而且未来也很难有可行的技术途径能大幅提升机器的触觉感知能力。更为重要的是，医生在手术过程中，还需要充分利用双手之间的动作配合，有时候甚至还需要多个医生或护士之间的密切配合，这些严苛的要求对于机器来说显然是难以完成的。因此，用智能机器来完全替代外科医生的工作几乎是不可能的事情。

（7）高级程序员

程序员的主要工作是将人类的语言转化为机器能读懂的语言，人类在进行这种语言转化工作时，输入的信息是通过学习积累的事实、知识、规则或规程，输出的信息是机器能执行的程序。对智能机器来说，如果真能替代程序员的工作，则前提条件是智能机器能理解以事实、知识、规则或规程等形式表现的各种层次的信息。但对于十分复杂的事情来说，人类语言所描述的信息有模糊性，这显然是机器难以理解的。例如，用户要求设计一个友好的界面，对于人类程序员来说，也许通过简单的交流即可实现，如果将需求用人类语言描述出来再输入机器，则很可能因语言的模糊性使机器无所适从。因此，需要高级程序员才能完成的编程工作是智能机器难以替代的。

（8）作家

作家的任务就是编写能打动人心的故事，而不是拼接一些符合语法规则的乏味文字。作家的作品首要打动的是自己的心灵，这也是作家进行创作或信息处理时的基础。智能机器是不可能拥有情感的，自然就不可能建立起基于情感的评价原则。因此，机器执行的算法是无法模仿作家的情感价值原则的。作家创作的主要动力源于有感而发，就像火山喷发一样，其创作过程是在积累的情感达到一定临界点后，进行有序产出，而不是对所掌握的文字进行算法加工。

作家进行创作的神奇之处就在于，作家的创作并不是基于已有的清晰骨架，而是在创作的过程中，不断丰富或调整作品的骨架，同时围绕作品的骨架不断丰富作品的内涵。也就是说，作家的创作过程是一个典型的具有不确定性的信息处理过程。

由此可见，智能机器也许具有一定的写作能力，但并不能取代作家进行创作。

（9）广告设计师

广告设计师的任务是通过设计作品，获取消费者的关注，因此广告设计是一种重度依赖情感体验的创作工作。设计师首先要认真了解其推广的产品，并以消费者角色体验产品的价值，然后将体验升华转化为开启消费者心灵的钥匙。整个创作过程需要根据产品信息和积累的知识经验信息，在辅以情感信息的基础上，进行信息深度加工。在这个过程中充满了对模糊信息的处理和对信息的不确定性加工，显然这是基于艾克架构的智能机器无法胜任的。

（10）政府或企业高管

政府和企业高管的主要任务是基于各种信息进行决策，管理的对象包括人、财、物、事。其中，对人的管理包含大量的模糊信息处理，这是机器所不擅长的。而对财、物、事的管理包含大量的复杂的价值判断，这些判断中有许多情况很难量化为具体的数值运算，因此很难通过机器实现。

（11）军队指挥官

军队指挥官的主要任务是基于各种信息进行决策，其决策过程是一个高度博弈的过程，决策过程中的所有信息处理很难描述为一个高度规范化的程序，因此试图用一个确定的处理程序对其进行模仿，是无法接近人脑的思维活动的。军队指挥官的决策最重要的是依赖人脑的思索能力，而这正是智能机器所难以具备的能力。

（12）投资分析师

投资分析师的工作基于对经济价值进行判断，这种判断高度依赖于政治、经济、军事、科技、外交、心理等因素，这种依赖关系很难用一个确定的模型进行模仿，因为以上这些因素没有一个可以通过量化准则进行数字化，因此，用智能机器来取代投资分析师的工作是不现实的。

（13）心理咨询师

心理咨询师的主要职责是寻找患者情感处理的堵塞点，并想方设法将其疏通。心理治疗的主要原理是心理咨询师通过与患者交流，利用人类之间的共情作用，精准获取患者的情感状态，并利用掌握的心理治疗方法，帮助患者走出心理困境。

这个过程对于无情感能力的机器来说是很难实现的。

（14）科学研究

我们在前面详细论述了机器是很难具备创新能力的，因此，智能机器很难具有独立从事科学研究的能力。

（15）幼师

幼儿从出生起就具有丰富的情感能力，包括情感的表达能力和情感的接收能力。幼师的工作是利用语言、表情、触摸、爱抚等方式，满足幼儿对情感的需求。机器在语言、表情、触摸、爱抚等各方面都无法达到幼师的效果，因此，要让机器取代幼师的工作几乎是不可能的。

（16）建筑设计师

建筑设计师的工作主要包括两部分，一部分是了解用户的需求，另一部分是将用户的需求转化为设计方案。由于了解用户的需求需要涉及大量模糊信息的处理，这对智能机器来说显然是难以胜任的。

（17）产品设计师

产品设计师的工作包括两部分，一部分是挖掘用户的需求，另一部分是将用户的需求转化为设计方案。在挖掘用户需求的过程中，需要进行大量的调研，其中涉及大量的模糊信息处理，这对智能机器来说显然是难以胜任的。

（18）音乐家

音乐是全人类的通用语言，也是人类不用学习就能懂的交流工具。因此，音乐的创作和音乐本身一样神奇。因此，试图用机器来替代音乐家的想法显然是不可行的。不过，不能用机器替代音乐家，并不表示机器不能创作音乐。事实上，有很多公司已开发了音乐创作软件，创作者只需要输入表达音乐主题的关键词或歌词，软件即可自动生成音乐。问题是软件生成的音乐是否能达到创作者的期望或打动听众的心灵，基本上只能靠运气了。

（19）体育运动员

智能机器也许能模仿各种运动，但由机器参与的竞技表演和人类运动员参与的竞技表演存在本质的不同，并不存在替代关系。体育运动员的价值在于其向观众展示人类的运动美和挑战极限的勇气，而机器只能展示机器的性能。

（20）文艺工作者

与体育运动员一样，智能机器也许能表演各种文艺节目，但机器表演和人类文艺工作者的表演存在本质的不同。文艺工作者向观众展示的场景会让观众产生强烈的代入感，从而给观众的心灵带来冲击，而机器的表演仅是一种表演。

（21）新闻记者

记者的工作是发现新闻题材，并通过采访和现场观察等手段还原事实，需要大量的人际交流和线索发现，更需要对许多真真假假、似是而非的信息进行辨识，这对机器来说显然是难以完成的。

 ## 6.8　不能威胁人类

通过前面几章的深入讨论，我们已基本弄清楚了 AI 可能具备的潜在能力和先天不足，由此也可以得出肯定的结论，即 AI 基本不可能具备威胁人类的能力。

6.8.1　不会滥杀无辜

人杀人的动机主要有两种。一种是外因，即受外界指令杀人，如警察击毙歹徒、战士上战场杀敌等。另一种是内因，如因为仇恨杀害仇敌、因图财害命滥杀无辜、因一时冲动杀害对手、因情感危机杀害恋人等。

任何一款智能机器，由于不可能拥有情感，也不可能拥有自我价值观，所以不可能因为内因杀人。也就是说，智能机器不可能因为机器内在萌生的爱恨情仇而自发杀人。

如果智能机器因为外因杀人，则说明这个机器是受人类控制的，因此要阻止这个机器杀人，最好的办法就是把人控制好。从这个意义上说，具备智能的杀人机器，其实和其他武器的作用是相似的，杀不杀人不在于机器，而在于拥有机器的人。

那么有没有可能出现智能机器被坏人利用而杀害无辜的人的情况呢？这个当然有可能，就像坏人偷了警察的枪去杀人一样。但人类在防止这类犯罪方面已有丰富的手段和经验，坏人很难得逞。

至于实力强大的国家通过建立毫无人性的机器人部队去欺压弱小国家，这种可能性是存在的。但这个问题需要依靠人类的智慧来解决，AI 本身并不能起决定性作用。

机器被人利用而杀人，或者机器因犯错杀人，这样的事情或许难以避免，但机器本质上仍在人类的控制之中，只要人类没有疯狂，机器滥杀无辜就是完全可

以避免的。

总之，无论过去、现在还是将来，人类最大的敌人就是自己！机器本没有善恶，它们只是可能被人利用而放大了人类的善恶。未来大概率不会出现机器滥杀人类的情况，更有可能出现的情况是，不同利益团体的人群指挥各自的智能机器相互博弈和厮杀，而不是人类在一个阵营，智能机器在另一个阵营。

6.8.2 不能控制人类

目前的机器智能均来自计算，而所有的计算均是基于逻辑运算实现的，因此可以推导出机器智能仍是一种逻辑思维，而无法超越逻辑思维的能力边界。

逻辑思维是一种确定的而不是模棱两可的、前后一贯的而不是自相矛盾的、有条理的而不是混乱的、有依据的而不是无中生有的思维。逻辑思维是人脑的一种理性思维活动，思维主体把感性认识阶段获得的对于事物认识的信息材料抽象成概念，并运用概念进行判断，同时按一定逻辑关系进行推理，从而产生新的认识。逻辑思维具有规范、严密、确定和可重复的特点。

有了以上两点基本认识后，我们就可以利用逻辑思维能力得到三个基本结论。第一，智能机器基于逻辑思维运行，并不能具备感性思维能力，自然也不能基于感性思维运行，因此，机器与人类之间、机器与机器之间不可能产生爱恨情仇。第二，智能机器的能力是确定的，由设计机器时的市场需求所限定，不可能产生超出需求的超常能力，否则谁会买单呢？这就好比我买的是扫地机器人，厂家总不会给我一个既会扫地又会杀人的机器人吧。第三，智能机器的行为是规范的，由设计机器的逻辑所决定，不可能产生超出设计的异常行为，否则，如何通过测试呢？这就好比厂家设计的是一辆自动驾驶汽车，如果这辆汽车因为行驶速度过快而产生危险，则这样的汽车能通过安全测试吗？

就凭这些充满理性而又能力有限的机器，它们能控制人类吗？

事实上，很多内行的人也发表了自己的看法。美国国家科学院院士迈克尔·乔丹教授曾表示："霍金的话也不一定就是真理。霍金不是 AI 的研究者，他是一个外行。计算神经生物学近期不会有太大的突破，几百年后也说不准。"乔丹教授任职于加州大学伯克利分校计算机系，是百度前首席科学家吴恩达等人的导师。乔丹教授说："要是聊黑洞相关的知识，那我肯定要听史蒂夫·霍金教授的；但我认为 AI 离真正的智能还很远，如果聊机器学习，他得听我的。"

除乔丹教授外，还有一位行业大咖对 AI 的威胁论有异议。机器智能技术计算机科学和 AI 实验室创始理事、机器人专家鲁尼·布鲁克斯在一次采访中表示，马斯克对 AI 有一定的误解，他说："认为 AI 威胁人类的不止他一个，霍金和马丁·利兹都支持这一说法。他们有一个共同点：都不是 AI 圈子里的人。作为 AI 从业者，我们都知道，想要将这项技术转化成真的产品是非常困难的。"布鲁克斯是著名的机器人公司 iRobot 以及 Rethink Robotics 的联合创始人。

在李开复的书《人工智能》的开头有这样一段描述："每当前沿科技取得重大突破，为我们预示出 AI 的瑰丽未来时，许多人就不约而同地患上 AI 恐惧症，生怕自己的工作乃至人类的前途被潜在的机器对手掌控。"

很多专家显然不赞成 AI 控制人类的观点，但似乎也没有直接否定其可能性。不管怎么说，从笔者的角度来看，到现在为止，AI 没有发展到那个阶段，因此过分担心 AI 有一天反抗人类甚至毁灭人类，有点杞人忧天了。

虽然前面得出的答案是 AI 不能控制人类，或者说 AI 只是为人类服务的机器，但在 AI 强大的能力面前，我们还是需要保持适当谨慎的，因为 AI 不能控制人类，但不代表掌握 AI 的人不利用 AI 来控制人类。

6.8.3　机器智能能超越人类吗

很多文章和书籍都在讨论机器智能能否超越人类的话题，有些学者甚至还提出了强人工智能（Strong AI）和超人工智能（Super Intelligence）的概念。

强人工智能又被称为通用人工智能（Artificial General Intelligence）或完全人工智能，是指可以胜任人类所有工作的人工智能。假如计算机程序可以比世界上最聪明、最有天赋的人类还聪明，那么，由此产生的人工智能就可以称为超人工智能。

持这种观点的人均基于同一个逻辑，由于机器将具有自我进化的能力，而且进化的速度比人快得多，因此机器智能超越人类只是时间的早晚问题。

事实上，无论是机器智能还是人类智能都有丰富的内涵，而且内涵的实质具有很大的差异，两者之间既有相似性，也有很多不同点，做这样简单的对比完全没有意义。这就好比男人和女人比，谁的能力更强一些？简单一点说，即使机器智能有很多方面已超越了人类智能，但人类智能的很多方面是机器智能永远无法具备的。

从个体来看，也许会出现机器智能超过某些人的情况。从能力方面来看，机器智能可以大幅度超越人类智能。但从群体来讲，人类和机器之间大概率是主从

关系或主仆关系，无论机器的智能有多强大，机器永远都只是人类使用的工具。

6.9 小结

随着 AI 热度的持续攀升，讨论 AI 无所不能的各种言论也慢慢在媒体和论坛上宣传，人们在惊叹的同时，也有一种无形的压力，尤其是对 AI 缺少正确认知的普通大众，会担忧自己的岗位被机器取代。但只要冷静地思考一下，就会发现一个规律，那就是主张 AI 无所不能的专家或名人，很少阐述 AI 无所不能的理由。

本章用了较多篇幅论述了 AI 之诸多不能，这似乎和许多权威专家的论著和主流文章的观点不太一致。尽管如此，笔者并不想隐瞒自己的观点，因为多一种声音并不是坏事。但有一点需要在此特别说明，本章所有的结论均建立在 AI 的能力之源来自于艾克架构。如果将来有新的技术架构能支撑机器智能，则我们这里的许多观点就不再成立了。

总之，预测未来应该有一个坚实的基点。从一个虚幻的基点出发去畅想未来，也许未来很美好，但只要基点垮了，所有的畅想也会变成一堆废墟。

未来机器
与
人类未来

人类的活动主要包括享受、学习和劳动三大主题。在三大主题中，享受和劳动是主体，学习是为了享受和劳动服务的。人们通过学习，才能知道如何更好得享受和劳动。

享受是人类的天性，包括物质上的享受和精神上的享受，是人类生生不息繁衍一代又一代的价值追求和终极驱动力。可以预见，在体验享受方面，机器无法替代人类，因为人类并没有用机器替代自己享受的需求，机器也无法将享受体验传导给人类。因此，不管将来智能技术如何发展，未来的智能机器将很难替代人类享受生活，例如，未来的机器很难替人类吃饭、喝酒、旅游、睡觉、听音乐、跑步等。

学习是人类生存的必备技能，人脑所具备的基本能力都是通过学习获得的，或是通过学习增强的。那么人类的学习会被智能机器替代吗？这个问题的答案应该是否定的。现实中已有很多需要人类学习的内容已被智能机器替代了，这类智能机器大幅减轻了人类的学习任务。例如，利用计算器，人类可以不需要熟练掌握各种数学运算技能；使用自动翻译，人类将来可能不需要专门学习一门外语，即可便捷地与其他国家的人毫无障碍地进行交流。这种机器智能水平的提高，使人类免去了很多学习任务，但其本质并不是用机器替代人类学习，而是用智能机器减少人类的学习内容和在学习方面的投入。也就是说，不管智能机器的技术如何发达，人类仍然需要具备学习能力，并学习人需要掌握的知识、技能或智慧，智能机器并不能让人类免去学习，而只是改变了人类必须学习的内容。

劳动是人类得以生存和延续的基本前提，也是影响人类生存质量的重要因素。在人类发展的历史进程中，用机器或器具替代人类劳动或提升劳动效率是永恒的主题，也是人类获得持续进步的重要动力。因此，用机器替代人类劳动、用更智能的机器持续不断地提升劳动的效率，仍是未来人类追求的目标。未来的人类仍将依赖劳动进行生存，更加智能、具有更强能力的机器将使人类生存得更好。

7.1 未来机器

我们依据智能等级模型，对未来不同等级的智能机器的能力进行描述。

7.1.1　L1 级智能机器

L1 级智能机器应具有基础的思维能力，主要特征是能模仿人脑的记忆能力、计算能力，并能基于计算结果进行简单的判断。可归为 L1 级智能机器的产品大多数是传统的电子产品，包括电子计算器、电子表、自动洗衣机、空调、自动电饭煲、红外报警器、烟雾报警器、具有固定路径的机械臂、自动售卖机等。很显然，L1 级智能机器大多比较成熟，未来的发展主要侧重于现有功能的提升。

7.1.2　L2 级智能机器

L2 级智能机器应具有拓展思维能力，其主要特征是能模仿人脑的感官信息处理能力，并能基于处理结果和事实库进行识别和搜索。表 7.1 中列出了可归为 L2 级智能机器的部分产品。

表 7.1　L2 级智能机器的部分产品

序　号	智能机器名称	主要特点	说　明	未　来
1	人脸识别机器	通过采集人脸图像，识别出人的身份	人脸识别已应用于门禁系统，但人脸识别技术还有更广泛的应用场景	1. 人脸支付、人脸登机、人脸乘车、人脸入住、人脸开车门等应用场景。 2. 未来需要用到身份证件的大量场景，都可能利用人脸识别技术解决。不久的将来，人类再也不用受证件的束缚，仅凭一张脸，走遍全天下
2	语音识别机器	通过语音实现语音转文字、识别人的身份、控制机器等	目前语音识别技术已有很多成熟应用，如手机的语音输入、语音控制音箱、通过语音与机器交流等。很多应用场景的实现可能都需要利用语音识别技术	1. 未来机器的语音识别正确率将超过99%。 2. 绝大部分机器将具有语音控制选项，任何人都可以通过语音对机器进行控制
3	印刷体识别机器	将印刷体的内容转换为文字或符号	技术已十分成熟，应用场景较为有限	
4	指纹识别机器	利用指纹特征识别人的身份	技术已十分成熟，主要应用于门禁系统	

续表

序 号	智能机器名称	主要特点	说　明	未　来
5	虹膜识别机器	利用虹膜特征识别人的身份	技术尚不成熟，应用场景有限	人脸识别的效果比虹膜识别更好，该技术也许只适应于特定的场景
6	物种识别机器	通过图像特征识别物种，如动物识别、植物识别等	百度、微信等软件都具备物种识别功能	识别正确率将进一步提高，可识别的对象也会越来越多
7	车牌识别机器	通过图像特征识别车牌号	技术已很成熟，交通电子眼中已广泛应用	1. 高速公路将取消出入口，收费将通过车牌，自动识别计算车辆的行驶里程。 2. 车辆行驶过程将全部被电子眼监视，驾驶员将更加遵守交通规则。 3. 车牌识别将应用于交通管理，如交通事故的自动报警、交通违规的实时通报、危险交通行为的实时告警、交通事故的自动处理、有紧急需求车辆可优先通行等
8	车型识别机器	通过图像特征识别车型	技术已成熟，但应用场景有限	可用于高速出入口收费的自动计价
9	语音自动播报机器	将文字自动转换为语音	技术已成熟，目前主要应用于公交车的语音提醒、火车站和机场的语音播报等	1. 未来的新闻播报将通过采集播音员的语音特征，实现无人化播音。 2. 未来影视作品的配音将实现无人化，全部通过语音合成完成。 3. 盲人将利用该技术获取互联网或印刷体中的各种信息
10	音乐自动演奏机器	根据乐谱自动生成音乐	目前该技术尚未应用	1. 根据乐谱可自动生成各种乐器的效果。 2. 未来影视作品的配乐将通过电脑合成
11	快递自动分拣机器	通过图像识别对物品进行分类	目前该技术已比较成熟，已普及应用	应用范围将进一步扩大
12	农产品自动分拣机器	通过图像识别对农产品进行分级	目前该技术已比较成熟，已在许多场景开始应用	应用范围将进一步扩大
13	产品质量自动检测机器	通过图像识别等技术识别不合格产品	目前该技术已比较成熟，已在许多场景开始应用	应用范围将进一步扩大

7.1.3　L3 级智能机器

　　L3 级智能机器应具有理解能力，其主要特征是拥有通过感官、文字、图像、声音、视频等途径感知场景的能力，以及基于对场景的认知结果自主解决问题的能力。表 7.2 列出了可归为 L3 级智能机器的部分产品。

表 7.2　L3 级智能机器的部分产品

序　号	智能机器名称	主要特点	说　明	未　来
1	语音自动翻译机器	通过语音识别和机器理解技术，将一种语言的语音转换为另一种语言的语音	相当于模仿人类翻译的功能。目前已有相关的产品，但技术尚不十分成熟	1. 大多数人不需要学习其他语言，依靠语音自动翻译机器即可实现不同语言之间的无障碍沟通。2. 英语作为国际通用语言的地位将大幅度下降。3. 仍然需要少数语言专家掌握多种语言，这些专家主要从事谈判、协议审查、历史文化研究、语言研究等工作
2	文本自动翻译机器	通过机器理解和机器翻译技术，将一种文本转换为另一种语言的文本	目前已有相关的产品，但技术尚不十分成熟	未来自动翻译的正确率将接近人类翻译的水平
3	自动客服机器	主要利用机器理解和搜索技术为客户提供信息服务	目前已有相关产品，在部分领域达到实用程度	大部分公司的客服将由自动客服替代人工服务，对于少量机器处理不了的问题，将自动转为人工服务
4	自动门岗值守机器	主要利用视频识别和机器理解等技术实现门岗值守	目前基本上都是由保安值守门岗，还没有成熟的产品	大部分小区、写字楼、园区的门岗将由机器人进行值守，仅保留少量值班人员在值班时，对特殊情况进行远程处理
5	自动会计机器	通过图像识别和数据交换等技术实现会计的自动化	目前还没有成熟的产品	各种凭证或票据将消失，所有的消费支出和收入等信息将由机器自动进行信息交换，绝大部分会计工作将由智能机器自动完成
6	音控装置机器	主要利用语音识别和机器理解等技术实现对机器的控制	目前许多智能音响类产品已实现声音控制	绝大部分智能产品都配有声音控制选项，可通过声音对其实施控制
7	文本自动检错助手机器	利用文本识别和机器理解技术找出文本中的错误	目前已有类似产品，但不够成熟	智能机器对文本的纠错能力已达到实用化水平

续表

序　号	智能机器名称	主要特点	说　　明	未　　来
8	资料收集助手机器	能按照用户输入的需求收集相关资料	目前的产品形态主要是各种搜索引擎，但搜索引擎只能给出关联信息，不能给出最终结果。最近推出的 ChatGPT 已具备该功能，但尚未得到全面验证	未来可根据用户的需求进行信息搜索，并对搜索结果进行整理，基本上可达到人类资料收集助手的水平，其收集资料的范围和响应的速度将大幅超过人类助手
9	体育比赛自动解说机器	主要利用视频识别、机器理解和语音合成等技术，对体育比赛的实况进行解说	目前还没有相关产品	1. 基本上可达到人类解说员的水平。 2. 可模仿不同的解说风格。 3. 观众可选择自己喜欢的解说风格
10	宾馆自助前台机器	主要利用语音识别和机器理解等技术，为客户办理入住手续	目前还没有相关产品	智能机器将完成宾馆前台的主要工作，仅保留少量值班人员处理特殊情况
11	电子裁判机器	主要利用视频识别和机器理解技术，对体育比赛进行仲裁	目前还没有相关产品	能完全替代人类裁判的工作
12	自动加油机	驾驶员只需指定加油品类和数量	目前技术尚不成熟	未来加油操作将全部由智能机器完成，加油站仅需配备少量值班人员

7.1.4　L4 级智能机器

L4 级智能机器应具有思考能力，其主要特征是能模仿人脑分析问题的能力和对解决方案进行评价和决策的能力，并能自主找到解决问题的办法。表 7.3 列出了可归为 L4 级智能机器的部分产品。

表 7.3　L4 级智能机器的部分产品

序　号	智能机器名称	主要特点	说　　明	未　　来
1	自动导航软件	自动实现路径规划，并可根据路况变化进行自动调整	目前相关产品已十分成熟	可实现全球范围内的自动导航
2	自动驾驶飞机	操作员只需输入目的地信息及少量关键信息，如飞行时间要求等	目前技术已比较成熟	未来的货运飞机、作战飞机等将全部实现无人化

续表

序 号	智能机器名称	主要特点	说 明	未 来
3	自动驾驶舰船	操作员只需输入目的地信息及少量关键信息	目前技术尚不成熟	未来舰船驾驶将全部实现无人化，可能保留少量值班人员
4	智能交通信号灯	通过视频识别检测各道路车流量，从而实现红绿灯控制	目前已有相关技术，但应用尚未普及	1.能根据路口各道路车流量，采用最优控制方案，实现最大效率通行。2.不同路口的智能交通信号灯能实现联动，最大限度提升通行效率
5	自动下棋机器	如阿尔法狗之类的专用下棋软件	目前技术已很成熟，水平已超过人类棋手	只有少数人对下棋感兴趣
6	自动麻将游戏	可提供多种麻将游戏规则供玩家选择	目前技术已很成熟，不同人群可选择不同规则打麻将	可调整不同的难度，适应不同水平的麻将爱好者
7	自动扑克游戏	可提供多种扑克游戏规则供玩家选择	在一个软件平台里可玩各种扑克游戏	可调整不同的难度，适应不同水平的扑克牌爱好者

7.1.5　L5 级智能机器

L5 级智能机器应具有强化思维能力，其主要特征是既能模仿人的理解能力，又能模仿人的思考能力，并能自主找到解决问题的办法。表 7.4 列出了可归为 L5 级智能机器的部分产品。

表 7.4　L5 级智能机器的部分产品

序 号	智能机器名称	主要特点	说 明	未 来
1	自动驾驶汽车	无须人类驾驶员操控汽车	目前最热门的智能机器之一，相关产品尚未成熟。因可接受语音控制，可适应各种复杂场景，具有较强的理解能力，故将其定位于 L5 级	未来将有可能按照 8 Step To Go 成长路线图发展，逐步走进千家万户
2	自动扫地机器	具有吸尘、拖地、烘干、自动清洗等功能	因为可以自动适应不同家庭环境，具有对环境的理解能力，故将其定位于 L5 级	成本逐渐下降，成为普通家庭必备的产品
3	机器驴	可模仿驴子装载货物在道路上行走	目前最热门的智能机器，已有成熟产品出售。因具有对环境的理解能力，故将其定位为 L5 级	未来在山区、勘察、探险、作战等方面有广泛用途

序　号	智能机器名称	主要特点	说　明	未　来
4	送货机器人	主要用于完成物流的"最后一公里"配送服务	目前已有物流公司在开发，但产品尚不成熟。可适应各种复杂场景，具有较强的理解能力，故将其定位于 L5 级	可在城市环境中替代大部分快递员的工作
5	自动挖掘机	无人操作的挖掘机	操作员仅需设置相关的任务要求，其余工作由自动挖掘机完成	替代大部分挖掘机驾驶员的工作
6	餐馆送餐机器人	主要完成传菜的任务	具有环境理解能力，可自动适应餐馆的工作环境	替代大部分餐馆送餐服务员的工作
7	宾馆快递机器人	将快递自动送到房间	目前已有成熟产品	将在大部分宾馆普及应用
8	自动耕地机	无人操作的耕地机	目前尚无成熟产品。因具有环境理解能力，故将其定位为 L5 级	将替代大部分人工操作的耕地机
9	自动播种机	无人操作的播种机	目前尚无成熟产品。因具有环境理解能力，故将其定位为 L5 级	将替代大部分人工操作的播种机
10	自动收割机	无人操作的收割机	目前尚无成熟产品。因具有环境理解能力，故将其定位为 L5 级	将替代大部分人工操作的收割机
11	仓库自动存取货机	自动将货物从货柜搬移到取货处	目前技术已比较成熟	大部分仓库将实现无人管理，用户验明身份后即可取走所需货物
12	药房自动发药机	自动将药品从货架上取出并交给取药者	目前技术已比较成熟	大部分药房将实现无人管理，患者只需刷脸即可取药
13	自动垃圾清运车	可自动运走小区垃圾桶里的垃圾	主要取决于自动驾驶技术的成熟度	小区垃圾将实现自动清运，不需要环卫工操作
14	自动摆渡车	专用于机场摆渡旅客的车辆	可能是最先实现自动驾驶的车辆	绝大部分机场摆渡车辆将采用自动驾驶，预计未来五年内即可实现该目标
15	舞蹈机器人	可根据乐曲和人类导演的指示跳舞	可根据乐曲自动编舞，也可以在人类导演的指导下跳舞，或基于舞蹈演员的跳舞视频，模仿舞蹈动作	可以独舞，可以伴舞
16	扫雷机器人	可模仿人工进行扫雷操作	主要取决于自动行走机器人的成熟度	替代人工扫雷，可适应不同场景

7.1.6　L6 级智能机器

L6 级智能机器应具有逻辑思维能力，其主要特征是能模仿人的推理能力和归纳能力，可对掌握的信息通过推理和归纳，从而产生新的有价值的信息。表 7.5 列出了可归为 L6 级智能机器的部分产品。

表 7.5　L6 级智能机器的部分产品

序　号	智能机器名称	主要特点	说　明	未　来
1	证明机器	主要用于完成各种证明题的解答	主要利用机器理解、推理和搜索等技术，采用软件方法实现，不同的领域可能有不同的机器证明软件	1. 对常见的数学、物理领域的证明题能给出正确的答案，但不能解决人类无法完成的证明题。2. 主要用于辅导学生学习
2	自动阅卷机器	能对学生的答卷进行自动评分	不同的学科有不同的阅卷机器	绝大部分学生的试卷可采用自动阅卷方式完成
3	网络情报自动分析机器	主要基于互联网上发布的信息获取情报	需要按不同的行业或领域进行分类开发	1. 根据用户的关注点自动生成有价值的情报。2. 成为各领域情报分析人员的重要助手
4	网络舆情自动监测机器	主要基于互联网上发布的信息获取舆情信息	获取网络舆情热点，分析形成舆情的原因	1. 根据用户确定的规则，对网络舆论进行监测，并自动生成舆情热点及相应的分析报告。2. 将成为宣传监管部门的重要工具

 ### 7.1.7　L7 级智能机器

L7 级智能机器应具有复杂的思维能力，其主要特征是能模仿人脑的想象能力、规划能力及其他各种能力；可针对问题自动生成解决方案，并能跟踪问题的解决过程，不断搜集新的信息，优化解决方案。表 7.6 列出了可归为 L7 级智能机器的部分产品。

表 7.6　L7 级智能机器的部分产品

序　号	智能机器名称	主要特点	说　明	未　来
1	智能医生	能与患者交流，可为患者提供咨询服务，可为常见疾病提供诊疗意见	主要进行常见疾病的诊断和治疗，可为患者提供远程服务	1. 未来将实现分级医疗，大部分常见疾病由智能医生进行诊断，智能医生无法解决的疑难杂症将自动转为人类医生进行会诊。 2. 患者有看病需求时，可在家通过网络直接寻求智能医生。对于大多数常见疾病，智能医生会回答患者的问题，指导患者去做检查，在获取检查结果后，给出诊断结论并开出处方。 3. 除必要的检查需要亲自检查并进行手术外，大部分治疗过程将由医生通过远程方式，指导患者在家中治疗。 4. 患者看病前先在网上提交主要症状描述，智能医生将自动匹配合适的医生为患者看病
2	智能作曲机器	可根据输入的歌词和乐曲风格，自动生成曲谱	作者可通过交互方式，对生成的曲谱不断进行调整优化	1. 智能作曲软件将成为音乐创作人的重要助手。 2. 未来的作曲家主要负责提供歌词和乐曲风格要求，并通过人机交互的方式，对自动生成的曲谱进行修改
3	智能新闻写作机器	可根据输入的素材以及对行文风格的要求，自动生成新闻稿	新闻编辑可通过交互方式，对生成的新闻稿不断进行修改完善	1. 智能新闻写作软件将成为新闻编辑的重要助手。 2. 新闻编辑主要负责提供素材和要表达的关键词，选择新闻稿的写作风格，并通过人机交互方式对自动生成的新闻稿进行修改完善
4	智能绘画机器	可根据画家的风格要求，自动生成绘画作品	画家可通过交互方式，对生成的画稿不断进行修改完善	1. 智能绘画软件将成为画家的重要助手。 2. 未来的画家主要负责提供素材、主题词，以及与要完成的绘画作品风格类似的其他画作，智能绘画软件将根据输入，自动生成画家需要的作品。 3. 未来优秀的画家可能并不取决于动手绘画的能力，而取决于其丰富的想象力
5	智能书法机器	可根据输入的文字和字体风格要求，自动生成书法作品	智能书法软件可学习已有书法作品的风格，并基于其风格生成不同的书法作品。书法家还可以通过交互方式对书法作品进行修改完善	未来书法家的主要任务是创作字体的风格，而不是书写。书写的任务将由智能书法软件完成

续表

序 号	智能机器名称	主要特点	说 明	未 来
6	智能家装设计机器	可根据用户需求，自动生成家装设计方案	智能家装设计将通过学习掌握大量已有装修风格，用户只需要输入风格要求和户型图即可	1. 未来家装设计将主要由用户自己完成。 2. 用户可通过语音交互方式表达自己所需的家装风格，智能家装设计软件将选出多个与用户需求相近的方案供用户选择，在此基础上用户还可以通过交流，对设计方案做进一步完善
7	智能服装设计机器	可根据用户需求，自动生成服装设计方案	可自动采集用户身材的三维数据，在用户选择服装风格后，自动生成适合用户的服装设计方案	1. 未来的服装将完全由用户自主设计。用户只需要从服装样式库中挑选自己满意的款式，智能服装设计软件可立即生成用户的着装效果。 2. 用户还可通过语音交互方式对选定款式的部分细节进行调整。 3. 确定设计方案后，将直接提交至网络进行招标，中标厂家将根据设计方案自动加工生产。 4. 未来的服装将真正实现个性化设计，比现有批量生产的服装更合体，更能满足用户的个性化需求。 5. 部分服装生产厂家将通过 App 或网站的方式向顾客提供个性化定制服务，从用户需求到服装生产的过程无须人工干预
8	智能法律助理	可针对案情提出初步判断报告	主要为用户提供法律咨询服务	1. 用户只需将描述案情的文本输入到智能法律助理，即可自动生成针对性的咨询分析报告，包括全国范围内的相似判例。这些报告将指导用户开展后续的法律行动。 2. 智能法律助理可支持大部分的常规性案件
9	智能理财助理	可为用户提供可行的理财方案	可结合当前市场行情，为用户提供针对性的理财解决方案	1. 智能理财助理可实时掌握当前的投资行情。 2. 用户只需输入要投资的金额、周期、回报率、风险承受等级等信息，智能理财助理即可自动生成理财投资方案。如果方案没有满足投资者要求的方案，投资者可在理财助手的提示下修改自己的需求，直至形成投资者满意的方案。 3. 理财方案生成后，智能理财助理将根据方案自动完成购买和卖出等操作。 4. 智能理财助理将成为大多数客户自助理财的重要助手

序 号	智能机器名称	主要特点	说 明	未 来
10	智能理发师	可根据用户需求进行发型设计，并提供理发服务	可通过交互方式设计发型，并根据发型设计方案进行理发	1. 顾客坐在理发椅上，先通过触摸屏选择自己喜欢的发型，智能理发师将自动生成相应的效果图。 2. 顾客选定发型后，只需躺在理发椅上，智能理发师将自动完成洗头、剪发等一系列操作。 3. 智能理发师可替代大部分理发师的工作
11	智能演奏乐队	可根据乐曲和音乐指挥的要求进行演奏	用智能乐器模仿各种乐器的演奏效果，用智能演奏指挥机器控制各种智能乐器协同演奏	1. 乐队指挥先根据乐曲选择需要的智能乐器，然后按要求将乐器部署在演奏区的不同位置上。 2. 将乐曲输入电脑，由电脑自动指挥各智能乐器进行演奏。 3. 可替代大型乐队的演奏效果
12	智能配音助手	可模仿各种声调自动生成配音	首先采集被模仿人的声音，生成描述其发声风格的技术参数，然后由智能配音助手生成类似风格的配音	1. 智能配音助手通过学习，可模仿任何一个人的声音。 2. 只要输入文本、声音风格以及要表达的情绪，即可自动生成需要的配音
13	智能影视制作机器	可根据剧本和演员的外形信息自动生成影视作品	首先需要采集演员的外形、表情和典型动作等信息，然后根据剧本的内容自动生成影视作品	1. 未来的影视作品将更多地依靠视频制作，而不是演员的表演。 2. 演员仅需提供各种典型的表情视频片段，为影视作品制作提供学习样本。 3. 影视作品将根据剧本情节和演员的表情视频自动生成
14	智能面试官	能与被试者进行交流并给出初步评价	基于试题库与被试者进行交流，并根据交流情况进行评判	可作为人才招聘中的初试官
15	智能教师	可为学生授课，并提供答疑服务	智能教师可应用于不同的学科	1. 智能教师主要完成教授知识、为学生解答疑问、阅卷等任务。 2. 人类教师主要负责教学组织、答疑解惑和引导学生情感等任务

7.1.8 L8 级智能机器

L8 级智能机器应具有超级思维能力，其主要特征是可模仿人脑，综合运用各种基本能力，解决具有大量不确定性因素的复杂问题，L8 级智能机器是智能机器智能化程度的最高等级。

如果机器的智能完全来自于艾克架构，则可能无法制造出智能等级达到 L8 级的智能机器。如果机器智能来自于一种新的技术架构，那就另当别论了。

 ## 7.2　人类未来

生产力决定生产关系，而生产关系又反作用于生产力。生产力和生产关系的这种矛盾循环往复，不断推动社会生产发展，进而推动整个社会逐步走向高级阶段。

AI 作为一种先进的科学技术，将广泛渗透到经济活动中，渗透到社会生产的各个环节中，并成为推动经济发展的重要因素。AI 不只使经济在规模和速度上迅速增长，而且使经济在经济结构、劳动结构、产业结构、经营方式等方面发生改变，并由此带来生产关系的重大变革，对人类未来产生深远的影响。

 ### 7.2.1　生产效率大幅提升

从科学技术发展的历史来看，一旦机器能替代人的某项能力，那么机器的这项能力将大幅超越人的能力，如汽车替代人的奔跑能力、轮船替代人的运输能力、工厂机械手替代人的操控能力、电话替代人的传信能力、计算机替代人的计算能力。AI 作为模仿人脑能力的一种技术，一旦能替代人的某种能力，可能会大幅超越人的能力。

目前，人类大多数生产活动主要以人工为主、机器为辅。随着 AI 技术的发展，机器将在更多的岗位上替代人工，许多生产活动将慢慢过渡到机器为主、人工为辅的方式。因此，生产效率将比传统生产方式大幅提升。

以客服机器人为例，大约十几年前，客服中心还算是一个新兴产业，由于印度的人力成本低、英语水平高，许多跨国公司的客服业务都外包给印度的公司，使印度一度成为该行业的佼佼者。然而随着 AI 技术的发展，大多数客服服务可由机器人完成，使各企业对人工客服的需求大幅下降，一个兴起十几年的行业很快就变成了夕阳产业。由此可见，在 AI 技术的加持下，生产效率的提升非常惊人。

总之，技术水平决定了投入的工作时间转换为商品与服务的效率。技术进步意味着能用更少的工作时间创造更多的物品，提供更好的服务。因此，随着生产效率的不断提升，人类可投入较少的工作时间来获得更多的闲暇时间，或者投入同样的工作时间创造更多的物品，并提供更好的服务以满足消费需求。

7.2.2 世界进入过剩经济时代

人类经济活动的主要目的是通过工作，创造物品和提供服务，从而满足消费需求。

人的消费需求基本可分为衣、食、住、行、教育、医疗、安全、娱乐等方面，其中衣、食、住、行等需求以物品方式为主，教育、医疗、安全、娱乐以服务方式为主。如果没有任何限制条件，则人的需求是无限的。实际上，满足人的任何需求都是需要付出代价的，只不过有些人愿意每天工作 12 个小时来维持更高的消费水平，而有些人却只愿意工作 5 小时，宁愿消费水平低一些。像这种受个人意愿所约束的消费需求，我们称为人的理性需求。显而易见，如果人口总数量确定，则人类理性需求的总和是有限的。随着技术的不断进步，人类创造物品和提供服务的能力越来越强，生产效率也越来越高，因此，在不久的将来，人类创造物品和提供服务的总能力将大于人类总的理性需求，人类将由短缺经济时代全面进入过剩经济时代。

下面我们对人类社会理性需求总和的有限性做进一步论证。人类自从进入封建社会，整个社会的分配机制基本上是按劳分配，人们要获取更多物品和服务，必须付出更多的劳动。这里的劳动并不完全指时间的付出，还包括个人能力劳动，更准确一点说，应该指有效劳动。由于人类整体来说是好逸恶劳的，在消费与劳动之间每个人都会有自己的平衡策略，这个策略取决于其对闲暇时间与消费需求的相对偏好，也决定了其是否愿意工作和想工作多长时间。因此，虽然每个人的偏好有所不同，但每个人愿意付出的劳动总是有限的，这就决定了其消费需求也是有限的，这个需求也就是这个人的理性需求。因此，只要人口数量一定，人类总的理性需求就是有限的。

随着技术的进步，人类创造物品和提供服务的能力一直在稳步提升，但至今为止，这种能力始终不能满足人类总的理性需求，因此，人类经济活动的基本制度就是多劳多得，鼓励人们以各种方式提高生产效率，更多地创造物品和提供服务。

随着 AI 技术的高速发展，人类创造物品和提供服务的方式将发生根本性变化，从过去以人力为主、机器为辅，过渡到以机器为主、人工为辅的时代。由于机器数量的增加比劳动人口数量的增加投入的时间和经济成本要低得多，而且机器的能力大幅高于人工的能力，因此，人类创造物品和提供服务的能力将大幅提升，并将在未来的某一天超过人类总的理性需求，这也就标志着过剩经济时代的来临。

短缺经济时代的主要标志是人类的生产能力不能满足人类总的理性需求，由此导致许多产品和服务短缺、人类投入劳动的时间过长、失业率较低。

过剩经济时代的主要标志是人类的总生产力大于总的理性需求，由此衍生而来的现象是绝大多数产品和服务过剩、大多数工厂产能过剩、服务业萧条、行业格局较为稳定、全社会失业率升高。

当然，从短缺经济时代迈入过剩经济时代不是一蹴而就的，可能存在较长的过渡期，在此期间，部分行业资源过剩和部分行业资源短缺的现象将同时存在。之所以存在过渡期，其主要原因是人口规模的增加不是突发式的，而生产能力的提升是爆发式的，可能是部分行业突然爆发，然后逐步波及其他行业。

人类从短缺经济时代进入过剩经济时代，标志着人类进入一个新的阶段，标志着人类从此有能力使全民过上衣食无忧的生活。人类进入过剩经济时代以后，大量的机器和少量的人工劳动即可支撑全人类的所有需求，人类将拥有大量的闲暇时间，像前人那样忙忙碌碌的生活将不复存在。也许在不久的将来，如何打发大量闲暇时间，使自己的生命变得更有意义将成为人类面临的最大难题。

不过需要特别注意的是，有能力并不代表总的生产能力一定能满足所有人的理性需求，能否将这种能力充分发挥出来将是未来影响人类生活水平的关键因素。这就好比现在的全球粮食生产能力足以满足全球人口的需求，但总会因为各种因素，使全球粮食的供需始终处于区域性紧张状态，以致饥荒现象仍不断在落后国家发生。

由此可见，过剩经济时代并不是人类发展的终点，同样存在大量的问题需要人类共同努力去解决。短缺经济时代的主要矛盾是如何提高生产效率，而过剩经济时代的主要矛盾是如何解决就业与分配。

7.2.3 人类迈入"懒 S"肩部区域

一个生命体的主要特征之一是其生命周期是有限的，任何一个生命体的生命周期都可以划分为孵化期、成长期和成熟期三个阶段。其中孵化期和成熟期是相对缓慢变化的过程，而成长期是一个相对快速变化的过程。这三个阶段的变化特征用曲线图来表示，有点类似于一个伸懒腰的 S 造型，我们称之为"懒 S"形发展曲线，如图 7.1 所示。所有生命体的生命周期，无一不可以用"懒 S"形发展曲线来进行刻画。

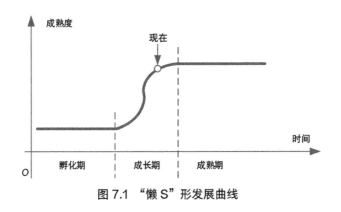

图 7.1 "懒 S"形发展曲线

人类作为聚合大量生命体的一个群体，其本质也是生命体，生命周期也应符合生命体的发展规律，因此其生命周期的发展变化也应遵循"懒 S"形发展曲线。纵观人类发展历史，人类发展进程目前正处于"懒 S"形发展曲线的肩部区域，主要论据有以下三点。

第一，自第一次工业革命以来，人类的发展呈现加速发展的特征，最近二百多年的发展成就早已超出过去几千年的发展。

第二，人类发展的最高境界是用机器完全取代人类劳动，尽情地享受生活是每个人，当然也是整个人类追求的终极理想。在计算机问世以前，主要是完成机器对人的体力劳动的替代，在计算机问世以后，随着 AI 技术的发展，机器将逐渐替代人的脑力劳动。可以预计，在不久的未来，大量的人类劳动将由智能机器所取代。

第三，在人类的欲望得到极大满足以后，驱动人类发展的动力将逐步减弱，人类发展的速度必将慢慢衰减，人类将缓慢地进入成熟期。

由此可以判断，人类的发展进程已基本迈入"懒 S"形发展曲线的肩部区域，未来虽然还存在一定的发展空间，但发展的速度将慢慢降低，并日益接近饱和水平。

7.2.4　减少人口不会带来更多工作

人们对 AI 的最大担忧是智能机器将抢走人类的饭碗。实际上，智能机器在很多领域取代人工的现象早已出现，而且还在不断进行之中，如富士康的"熄灯工厂"、海尔的"无人冰箱工厂"、长安汽车的"智能组装车间"等。这种趋势引发了有关机器抢走人类工作的忧虑，进而有人提出："随着技术的进步，很多工作将被机器取代，还要那么多人干吗？"

其实，这种担忧早已有之。例如，1955 年马寅初在《新人口论》中就担忧，"从前一千个人做的事，机械化、自动化以后，五十个人就可以做了，那其余九百五十人怎么办？"。为此马寅初提出计划生育的主张，其中机械化和自动化是他倡导节育的重要理由之一。

纵观人类历史，对技术进步导致人力过剩的担忧早已存在。例如，汽车的发明直接威胁到马车夫的生存，曾一度在西方国家引起许多人的抗议。好在汽车大幅提升了人类工作的效率，引发了汽车及零部件生产工人、驾驶员、维修工等工作岗位的出现，使人们较快地度过了汽车带来的冲击波。

那么，减少人口的数量能抵挡 AI 带来的冲击，为我们带来更多的工作吗？

我们不妨从一个简单的例子进行分析，我们将这个例子称为"酋长的烦恼"。

假设一个包含 21 人的原始部落生活在一个与外界隔绝的岛上，实现完全自给自足的生活。该部落包括 1 位酋长和 20 位成员，酋长不参加劳动，其余 20 人需要劳动，且每人每天需要劳动 12 个小时才能维持所有人温饱。后来因为耕作技术进步了，只要 10 个人每天劳动 12 个小时就能维持全部落的温饱，显然另外 10 个人就多余了。为了保证充分就业，不养闲人，酋长决定消减部落一半人口，将能力较弱的 10 人送出岛外，以保证剩下的 10 人每天工作 12 个小时。可是不久后，酋长发现新问题来了。因为部落人口减少了一半，衣食住行的需求也减少了一半。原来需要 10 个人每天工作 12 个小时，变成只要 5 个人每天工作 12 个小时就够了。因此酋长决定再减少一半人口。如此下去，全部落最后只剩下酋长和 1 位成员了。

酋长的做法虽然荒诞不经，但酋长的担心和我们今天担心工作效率的提升会让人变得多余是同一回事。其实，人类发展经济的目的并不是为了工作，而是通过工作满足自身的消费需求，工作只是为了满足需求而付出的代价。

机器使效率提升，意味着人类可用更少的工作时间创造更多的物品，提供更好的服务，即用更小的代价即可满足人类的需求。这怎么可能会使人类本身变得多余呢？

回到前面的例子，技术进步使原来 20 个人每天工作 12 个小时的工作量，变成只需 10 个人每天工作 12 个小时就能完成，那么其余 10 个人怎么办？一种办法是把 10 个人的工作分给 20 个人来做，让每人每天的工作时间从 12 个小时变成 6 个小时。这样每人每天多出 6 个小时的闲暇，但维持了原来的生活水平。另一种办法是依然让 10 个人每人工作 12 个小时，安排其余 10 个人去从事其他工作来满足人们更高层次的需求，如从事艺术或体育活动，为大众提供文化娱乐服务。这样整个部落付出的总劳动时间与之前一样，却享受到比之前更丰富的生活。

当然，还有介于两者之间的选择，如其中的 12 个人每天工作 10 个小时来满足部落的温饱，其余 8 个人每天工作 10 个小时满足部落的其他需求。这样，部落每人以更小的代价满足了更多的需求。

无论选择哪种方法，整个部落都会比以前生活得更好。到底是工作 6 个小时还是 12 个小时，或介于两者之间，取决于人们的工作意愿，即为了满足自身的需求愿意付出多大的代价。工作意愿越高，整个部落工作时间越长，能被满足的需求也就越多，部落的整体生活水平也就更高。

图 7.2 简单描述了三种应对方案及其效果。

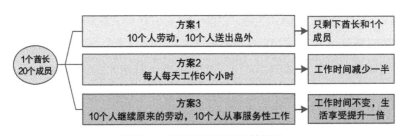

图 7.2　三种应对方案及其效果

实际上，较大的人口规模在一定程度上有利于充分就业。世界各国和中国的统计数据都表明，人口越多的地方，失业率越低。过去 30 多年，中国人的迁徙是从乡村去城市，从小城市去大城市，从内地去沿海，都是从人少去人多的地方找工作。大城市的就业岗位往往比小城市多，就业岗位多又吸引了更多的人，从而使大城市的规模变得越来越大。这个道理其实也很简单，因为所有工作机会都来自人的需求，人口越多，需求越大，工作机会自然就多。而且人口越多，需求和供给越容易细分，求职者与工作机会更容易匹配，就业可能更充分。另外，人口越多，社会的复杂性越高，就更容易孕育新的工作机会。例如，大城市交通拥挤，就需要更多的人去修立交桥；大城市地理区域大，就需要更多的公交车司机。一个数学天才在现代社会可能成为大学数学系的教授，但在农业社会可能是游手好闲之辈。另外，如果人口规模不够大，则像航天、高铁这些需要人口大国才能支撑的行业和职位就可能不存在了。

总之，某种工作被机器所取代，本质上相当于社会整体可用更少的工作时间创造出同样甚至更多的产品和服务，社会整体的收益要远大于失业带来的损失。当越来越多的工作被机器取代，人类就可以选择享受更多的闲暇，或者去创造更多个性化的、创意性的物品和服务。单纯依靠减少人口，弥补技术进步带来的工作岗位减少是不可行的，最有效的方法应该是为人类找到更多的需求，并引导人们通过工作满足这些需求。

7.2.5 市场之手解决不了失业难题

在人类历史上，生产力的每一次跃升，在短期内都可能引发劳动力市场的失衡。特别是在现代经济中，各个行业都高度专业化，一旦某个行业的工作被机器取代，该行业的失业者长期积累的技能将失去用武之地，那些由于年龄、教育水平等因素难以另起炉灶的失业者更是面临困难。但长期来看，只要不去人为扭曲结构，经济系统会通过市场力量进行自我调整，适应变化，最终形成新的均衡，让就业市场的问题得到缓解。

在前面"酋长的烦恼"例子中，生产力提升后，酋长其实可参考个人的专长和意愿，来决定人们的分工和工作时间，以达到工作意愿和工作机会的匹配。例如，让其中 10 个人继续从事原来的生产活动，其余 10 个人为部落修建房屋或打扫卫生。

在现代经济社会中，经济体系错综复杂，每个人的技能和意愿千变万化，这种匹配只能由市场来实现。政府的职责就是减少转型带来的冲击并加快转型过程，可采取的办法包括调整宏观经济政策、改善微观经济结构、通过创新创业促进市场需求、完善教育和培训机制等，以实现工作意愿与工作机会之间的最优匹配。

关于如何应对机器的高效给人类就业带来的冲击，较常引用的例子就是汽车对马车夫的影响。事实上，汽车的出现确实导致很多马车夫失业，但与此同时却创造了如司机、汽车研发、制造、修理等新职位，这些职位的从业者数量甚至远多于以前的马车夫数量。因此，汽车的大批量生产和使用并没有对就业市场产生

过度影响。

那么，AI 带来的冲击也会和汽车一样吗？这次也许会有所不同。

汽车的出现之所以未对就业市场产生较大的冲击，其根本原因是当时的人类社会仍处于严重的短缺经济时代。人的理性消费需求还远远没有得到满足，因此，多余的马车夫很快转移到其他岗位上，为人类社会生产新的物品或提供新的服务，以填补人类社会尚未得到满足的需求。

人类进入过剩经济时代后，生产力将会提升，然而人类的理性消费需求是有限的，因此较少的人力投入即可满足需求，更多的人力投入毫无必要。这时，希望将多余的人力转移到新的工作岗位上显然就行不通了，因为这时人类对新岗位已经没有太多的需求了。

当然，人类进入过剩经济时代的过程并不是一蹴而就的，而是一个缓慢的变化过程。在这个过程中，人类也许会不断创造一些新的物品和提供新的服务来扩大人类的需求，但其创造的岗位与被机器替代的人工数量相比，只不过是杯水车薪。之所以下这样的结论，主要有两个理由。第一个理由是新的物品和服务是面向高端需求的，如私人飞机、豪华游艇、个性化医疗等，中低端的大众化需求已经被现有生产力所满足，而高端需求服务对象的数量较少，显然并不能容纳大量的就业人员。第二个理由是即便创造了新的物品、提供了新的服务，也可能由智能机器来完成，并不一定需要更多的人类岗位。因此，希望通过创造新的物品或提供新的服务解决多余劳动力基本上是不可行的。

由此可见，在短缺经济时代，依靠市场的资源调配作用即可应对生产效率提升带来的失业问题，但在过剩经济时代，单纯依靠市场机制将难以解决 AI 带来的失业难题。

7.2.6　人类工作时间将逐步缩短

人类一直在追求用更少的劳动满足更多的需求，技术进步是让人类在这个方向上不断迈进的重要手段。不管 AI 以何种方式演进，其对人类就业模式和劳动力市场的影响都将难以估量。可以预见，大量重复性工作，甚至部分创造性工作都将被智能机器所取代，这不仅会严重冲击低端劳动力市场，也会对高端劳动力市场产生巨大影响。如果 AI 的进步速度一直快于劳动力市场的调整速度，则不久以后，大量劳动力失业的现象将不可避免。

如果 AI 发展到可以完成绝大部分人类的工作，则从经济角度来说，大部分人类存在的价值或许只是提供消费动力。

更进一步说，如果哪天机器可以胜任人类所有的工作，甚至天才都被机器完全超越，则意味着人类无须劳动就可以获得物品与服务来满足自身需求。到那个时候，人类可能需要重新探讨自身的价值和生命的意义。就目前的技术水平来说，这种由机器取代人类所有工作的情况，也许只会出现在科幻小说中，至少基于艾克架构的智能技术无法实现这样的目标。

无论如何，利用 AI 技术可使智能机器大量替代人工，人类社会用更少的工作时间创造出同样甚至更多的产品和服务，人类社会的整体收益大于失业带来的损失，因此，这样的发展趋势将无法阻挡，由此带来的失业、贫富差距等负面后果也将难以避免，最终可能导致人类社会对现有劳动力市场、社会福利保障等进行根本性变革，以适应过剩经济时代的到来。

参照前面介绍的"酋长的烦恼"例子，我们可行的道路有三条。第一条是大幅缩减劳动时间。例如，我们期待每周只工作三天，或将退休年龄提前至 50 岁。这样的调整就可以将有限的工作机会分配给更多的人共享，同时也让人们有更多的闲暇时间享受其他人提供的服务，并带来更多的工作岗位。这一条也许是较为公平和有效的解决办法。第二条是大幅提升公共福利服务，使更多的劳动力从事教育、医疗、养老、公共基础设施建设等行业。例如，所有的中小学教育实行小班制教学、大量增加医疗设施和医疗力量、免费提供全社会养老、大力开发旅游观光和文化体育娱乐产业。这些公共服务面向全社会提供，使整个社会的生活水平迈入更高的等级。第三条是投入更多的人从事生命科学和医学研究，通过高水平的研究成果大幅提升人口数量，延长人类寿命，以消化过剩的生产能力和服务能力。

总而言之，为适应 AI 技术的发展、充分共享技术进步带来的成果，不管未来生产关系如何调整，有效缩短人类的工作时间将是大势所趋。

7.2.7 智能机器将带来更美好的生活

智能技术的发展使机器具备更强的能力，从而替代人类劳动，短期来看，确实会给劳动力市场带来很大的冲击，长期来看，人类将以更少的投入满足更多的消费需求。因此，未来需要解决分配问题，包括如何把有限的工作分配好，如何把全社会生产的产品和提供的服务分配给所有个体。这个问题也许比如何提高生产效率更为简单，因为提高效率是科学技术问题，存在能或不能解决的可能性，而分配问题是一个纯粹的经济学问题，只存在解决得好或不好的可能性。

从经济学角度来分析，人类具备解决分配问题的有效办法。

如果全社会只有一个人，则工作机会和消费需求是完全匹配的。所谓的工作机会是指有事可做，这里的"事"可以等同于个人消费需求，消费需求强的人就多做事，反之少做事。因为个人总是在有需求的时候才愿意去做事，而做完一件事即可解决一项需求，因此工作机会始终与消费需求是匹配的。从单人社会推广至群体社会，工作机会和消费需求整体来说应该是基本匹配的，因为人们工作的目的是满足自身的消费需求。因此，从理论来说，无论是个体还是群体，无论是少数人还是很多人，无论是原始社会还是发达社会，工作机会与工作意愿基本上是匹配的，这就从经济学理论角度为人类能解决好分配问题提供了强有力的支撑。

当然，现实社会远比理论复杂。在现代社会中，社会化分工是提高生产效率的基本方式，因此工作机会与消费需求之间并不是简单的对应关系，如果将经济活动的范围进一步扩大，则这种对应关系将更加复杂。例如，人的消费需求是多样化的，有些人的需求是买房买车，有些人的需求是吃喝玩乐，有些人一开始准备买车，也许过一段时间改变主意想出去旅游了。因此，工作机会和消费需求的基本匹配关系，只有在长期和整体意义上才成立，各种变动都可能让这种基本匹配关系在短期和局域内失效。这种经济失衡是导致就业问题的根源。为此，在现代社会中，政府通常会采取一系列经济政策来进行调整，如宏观调控、货币政策、微观调控、政府补贴等。

令人欣慰的是，在短缺经济时代，政策调控的目标主要是提升效率，满足分配，在过剩经济时代，政策调控的目标转化为纯粹的分配问题。很明显，效率与分配之间的矛盾受生产技术的影响很大，经常会出现不可调和的矛盾。例如，不管采取哪种分配制度都可能无法提高生产效率，导致产品和服务无法满足所有人的需求。纯粹的分配问题只需要将社会生产的产品和提供的服务公平地分配给所有人，并不需要考虑分配的结果对产品生产和提供服务的影响。

可以期待，聪明的人类既然能造出解放自己的智能机器，那么一定有能力利用智能机器，使人类的生活更加美好。

参考文献

1. 尼克·波斯特洛姆. 超级智能 [M] . 张体伟，张玉青，译 . 北京：中信出版社，2015.

2. 蔡自兴，徐光. 人工智能及其应用 [M]. 北京：清华大学出版社，1996.

3. 史蒂芬·卢奇，丹尼·科佩克. 人工智能 [M]. 林赐，译. 北京：人民邮电出版社，2018.

4. 沈向洋，施博德. 计算未来 [M]. 北京：北京大学出版社，2018.

5. 雷·库兹韦尔. 人工智能的未来 [M]. 盛杨燕，译. 杭州：浙江人民出版社，2016.

6. 杰瑞·卡普兰. 人工智能时代 [M]. 李盼，译. 杭州：浙江人民出版社，2016.

7. 李开复，王咏刚. 人工智能 [M]. 北京：文化发展出版社，2017.